暗闇の思想を
明神の小さな海岸にて

松下竜一
Matsushita Ryuichi

影書房

明神海岸で原稿を書く著者（1974年6月）

暗闇の思想を／明神の小さな海岸にて

目次

暗闇の思想を——火電阻止運動の論理　◇目次

明神の小さな海岸にて ◇目次

凡例

一、本書は、松下竜一『暗闇の思想を——火電阻止運動の論理』および『明神の小さな海岸にて』の二著を合わせて単行本化したものである。

一、底本には下記の各単行本最新版を用いた。『暗闇～』＝河出書房新社刊『松下竜一　その仕事12　暗闇の思想を』一九九九年、『明神～』＝社会思想社刊・現代教養文庫『明神の小さな海岸にて』一九八五年。

一、本文表記は原則として新字体で統一し、底本中の明らかな誤植は訂正した。読みやすさを考慮し、新たに若干の振り仮名を加えた。年数の表記は原則として西暦に統一した。

一、今日からみて不適切と思われる表現があるが、著者が故人であるためそのままとした。

豊前火力発電所埋立建設予定地図

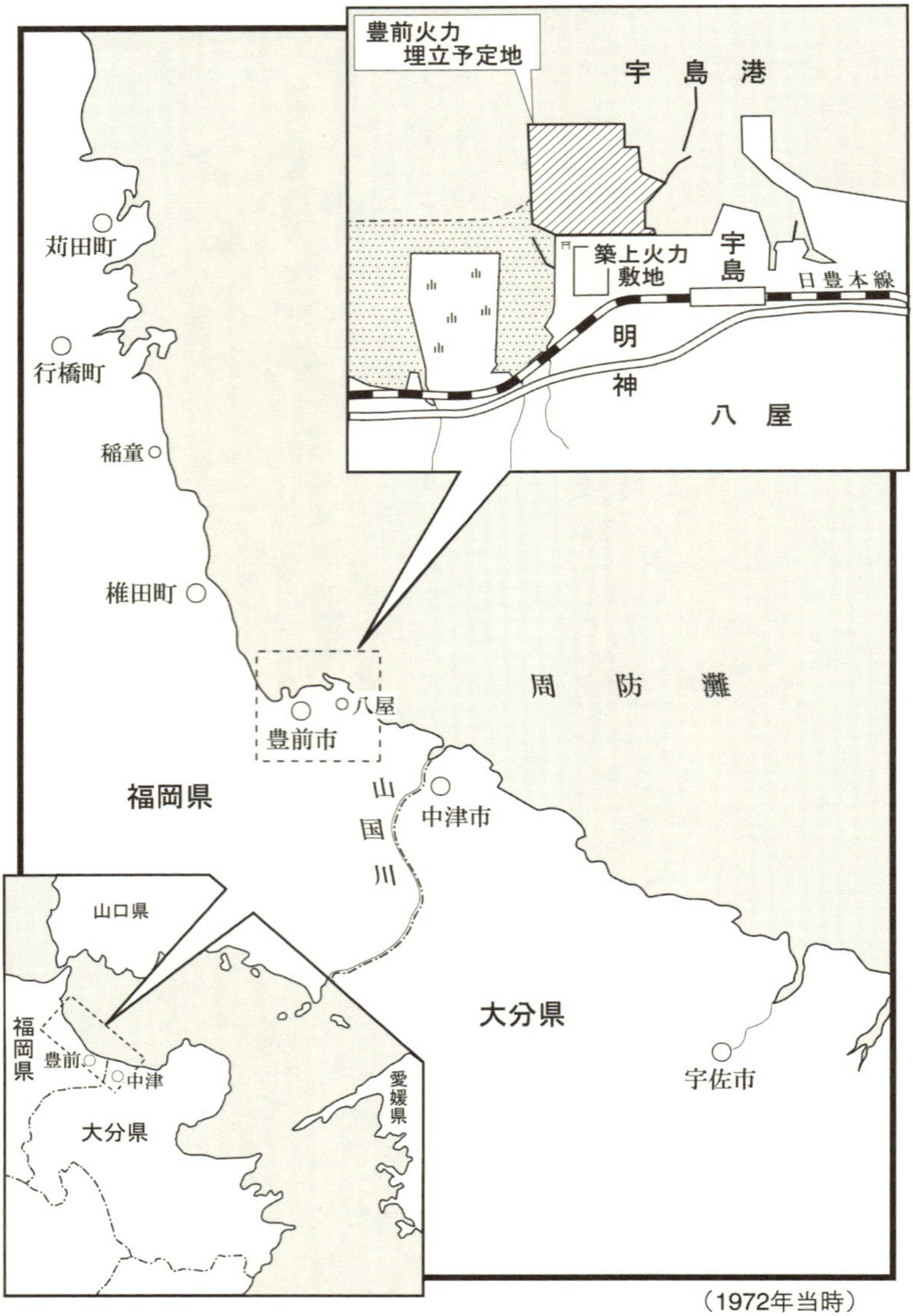

（1972年当時）

暗闇の思想を——火電阻止運動の論理

棲《す》み着く者にはそれ以外にありえぬ郷《さと》の地名も、遠い異郷では思いもかけぬ読まれかたに出あう。東京で豊前を〈とよさき〉と読まれたとき、私は一種の驚きに打たれた。そして、その驚きの底には、わが郷の丸ごとの状況はとうてい異郷の人びとに伝ええぬのかもしれぬという絶望に似る思いも湧いていたのである。

それなのになお、私は懸命に豊前《ぶぜん》平野からの報告を記録し始めていた――

第一章　始まり

貝掘りに行こうよ

「始まり」は、さりげなくやって来た。

一九七二年五月一日、私は一通の手紙を受け取った。差出人は、広島大学工学部都市計画教室・石丸紀興。未知の人である。

——私は瀬戸内海汚染総合調査団の一員ですが、瀬戸内海の西端に位置する周防灘のことが、気がかりでなりません。巨大開発による埋め立て計画が設定されているのに、巻き込まれる側の住民反応が皆無らしいのは、どうしたことでしょうか。遠くからのお節介になりますが、周防灘沿岸のどこかで、周防灘開発問題シンポジウムを開催出来ないかと考えました。つきましては、現地での準備を受けもっていただけないかと思い、手紙を差し上げた次第です——

という呼びかけの書状は、特に私だけというのではなく、沿岸各地の多くの人たちに出されているふうであった。石丸氏が私に呼びかけてきたのは、その前年末、私が「西日本新聞」に連載した、大分新産都市の公害追及ルポに目をとめてのことであったに違いない。

およそ運動などとは無縁な私が、なぜあの日、ためらわずに返信を書いたのか、思い返して不思議でならない。そのシンポジウムを是非大分県中津市で開いて下さい、その準備を引き受けたいと思います——という、あの簡単な、しかし我ながら思い切った返信さえ書かなければ、私にとっての「始まり」は、ついにおとずれなかっただろう。

臆病で非行動的な自分が、なぜあの返信を書いたのだろうと思い返してみれば、やはり周防灘開発への不安と嫌気が私の内部でようやく飽和状態になっていた時期だったのだと気付く。

一九六九年五月の新全国総合開発計画で主要プロジェクトとして打ち出された周防灘総合開発計画は、その内容は知られることのないままに、永い沈滞を続けてきた豊前平野一帯に、大規模工業化による発展浮上の期待をかきたてて、一種のはなやかさを帯びたささやきのさざ波を広げ続けていた。

周囲に瀰漫《びまん》する開発期待の中で、私の不安と嫌悪は、なぜ始まったのだろう。それを問いつめれば、本当に小さな「私的心情」に収斂《しゅうれん》されていく気がする。

私は、長い間豆腐屋であった。大分・福岡の県境を流れる山国川の河口の小さなデルタの町が、私の豆腐をあきなうおとくいであった。周防灘にそそぐこの河口こそ、私の青春の小世界だった。朝に夕に豆腐を積み行く私の頭上に、カモメは群舞した。蒼い水のあちこち、目にしみて白鷺が遊び、シギやセキレイがせわしげに飛んだ。ひそかに「私の風景」と名付けて愛着するこの小世界と、巨大開発計画は相容れないものである。スオーナダカイハツは、荒々しい土足で「私の風景」を踏みにじりにくるものだと、最初から私は直感し嫌悪した。のち、著述業に転じた私は、大分新産都市の公害状況や臼杵市風成の漁民闘争を記録化する過程で、すでに「私的心情」を越えて、幾多の事実を踏まえながら「反開発視点」を定めてきていた。

とはいえ、どんなに周防灘開発計画を嫌悪し心配するとも、その阻止運動を自ら始める意志は毛頭なかった。誰かが立ち上がるだろう、その時はうしろからついていこう。そんな思いで待ち続けていた日に受け取ったのが、石丸氏からの呼びかけだったのだ。私は、ついうっかりと返信を書いてしまった。そのあと、どんな大きな問題をしょいこむことになるかさえ、予感せずに——

私ははるかなる広島大学を訪れた。

豆腐屋の日々、どんなに進学の夢うずいたかを思い出しつつ、私は初めて大学構内に入ったのだった。石丸氏は、顔中ひげにおおわれた若い学究で、話し声がはにかむように低かった。私たちは、シンポジウム期日を、第一回国連環境会議前日の六月四日と設定した。期日まで半月しかない。広島から帰ると、直ちに準備行動に入った。なんの組織にも属さぬ私には、たよりになる同志もいない。まず、中津市と東隣の宇佐市でこのような運動に賛同し、かつ世論の指導者となれそうな人たちを選び、シンポジウム開催の「呼びかけ人」になっていただくお願いに、私は駆けまわった。その結果、両市で五七人の呼びかけ人が揃い、会議にもとづいてビラが出来上がった。

＝周防灘開発問題研究集会＝

〈私たち自身で考える集会〉

国の新全国総合開発計画に基づく周防灘の大規模開発は、海に陸に調査が進められ、いよいよ来年には青写真が作られる段階にいたっています。この計画が実施されれば、私たちの生活環境は激変するはずです。それにもかかわらず、まだ何の説明も私たちは受けていません。

> 私たちは住民の権利として、この開発計画の青写真作製を、私たちの立場から検討し、チェックしていかねばなりません。私たち住民が、この計画なら大丈夫だと事前に納得して、はじめて青写真は作られるべきなのです。
> そのためには、私たち自身、あらゆる方面から研究をつんでいくことが何よりたいせつです。その第一回の集会を開きますので、どうぞあなたも参集して下さい。私たちの愛するこの郷土の未来を、私たち自身で考えるために……

「住民サイドでの初めての研究集会」として、各新聞も大きな事前記事を書き、好調なすべりだしであった。スオーナダカイハツの言葉はささやかれながら、大多数の市民にとって、正体をまだ知らぬ幻の計画だったのが、やっとこの研究集会で解明されるという期待は、賛否を問わず高まっていた。

突如暗転したのは、五月二七日。集会があと一週間後に迫った午後のことである。

この集会に最も熱心であった宇佐市側の準備委員である共産党県委員のTさんから「今集会に関し重大問題が発生したので緊急会議を開きたい。皆を集めておいて下さい」と、電話がかかってきた。緊急会議は、私の家で午後二時から一〇人が集まって開かれた。Tさんが持ち出したのは、思いがけぬ難問であった。

「今回の研究集会を呼びかけ、また講師としてやって来る広島大の石丸、京都大の北尾、広島工大の地井らについて、わが党の組織を通じて調査しましたところ驚くべきことに、皆、民主運動の破壊分子トロツキストと判明しました。こうなった以上、今集会は中止すべきです。……どうも、わざわざ遠くからお節介してくるなんて、変だと思いました」

Tさんの説明に、私はうろたえた。

大学を知らず、労働組合とも無縁、一度も運動の世界に触れたことのない私は、革新運動の内部事情を、まるで知らない。トロツキストとは、どのような人びとをさすのかも知らないのだ。

一瞬、私はヘルメットをかぶりゲバ棒を持った一団が中津の研究集会に乗り込んで来て演壇を占拠する情景を想い浮かべてしまった。私だけではなく、皆そうらしかった。会議は、不安と恐怖におおわれた。つい数日前の新聞に最近の過激派学生は中央での活動拠点を失い九州に向けて動き始めているという公安情報が大きく載っていたことも、私は思い出していた。

「しかし、広島で会った石丸さんは、とてもそげなんおそろしい人に見えんじゃったが」

という私に、

「いや、トロツキストは、しばしば一見優しげな仮面をかぶっているものです」

と、Tさんは反論して、なおも納得せぬ私に、

「よろしい、ではみんなの前で広島の党委員会にもう一度確認しましょう」

と、その場で電話を掛けた。

「フムフム……常に破壊行為を……学生を煽動……大学で完全に孤立して追われようとしている……なるほど、京大農学部北尾らと緊密……」

電話の声を私たちに聞かせるために、Tさんは一言一言大声で反復する。その一言一言に私たちは絶望的にならざるをえなかった。

「これで疑いの余地はありません。今集会の呼びかけは、この平和な中津・宇佐にトロツキストの拠点を築くためです。さいわいその意図を事前に見抜きました。集会は中止にします」

Tさんの語気激しい主張に押されて、けっきょく、研究集会中止の結論で、夕刻遅くまでの緊急会議は散会した。

灯もつけぬ部屋にひとり残って、私はうちひしがれていた。臆病者が不似合な運動なんかに立ち上がって、のっけから強烈パンチのノックアウトさと、自嘲の思いに沈んでいた。それにしても、私にはどうしても石丸氏がそんなこわい人とは思えないのだ。Tさんの石丸氏裁断は一党の組織調査による間接情報によってなされたのだが、私自身は石丸氏と面接しているのだ。そして、私の目はくもっていないと信じている。

そもそも、一人の人間を一党の組織情報で、まるで極悪人の如く裁断し排除されることが許されていいのだろうか――。この研究集会は中止してはいけない。いつしか、いきどおりさえ湧きつつ、私の決意は固まっていた。

あくまでも集会を遂行しようとする私に、三日間にわたって共産党の人たちが説得に来た。応じぬ私を孤立させるために、呼びかけ人として名を連ねている人びとへの説得も重ねられているらしく、「都合により今集会の呼びかけ人を辞退しますから名前を消して下さい」という電話が相次ぎ、せっかく刷りあがった三万枚のビラを廃棄せねばならなかった。

けっきょく、最後まで残って私と共に集会準備に奔走したのは二人の同志だけであった。さいわい地区労が後援的な役割を果たしてくれるというので、それだけが頼りであったが、いったいこんなことで市民が集まってくれるだろうか、集会前夜を私は眠れなかった。

六月四日朝、共産党地区委員会は、ついに市議ら四名連記で「声明」のビラを出した。

「声明」

新全国総合開発計画にもとづく周防灘開発は関係住民にとって極めて重大であり、充分研究し、いのちとくらしを守る立場で大きく取りくんでいかねばならない問題です。私たちはこの立場で、民主的な団体、政党、個人が力を合わせてこの問題に取りくんでゆくために相談をすすめてきました。

ところが六月四日中津商工会議所での周防灘開発研究集会の主要報告者のうち、広島大学の石丸紀興、広島工大の地井照夫、京都大学の北尾邦伸なる者が、いずれも「左翼」の仮面をかぶりながら各地で暴力挑発行動をくりかえし、住民運動の発展と民主勢力の団結を妨害するトロツキストであることが明らかになりました。

このことは、民主運動にとっての死活の重大問題です。とくに連合赤軍事件以来全国民の糾弾をうけ、今日更にイスラエル空港事件で国際的にも指弾され孤立をふかめているこれらトロツキストどもが、政府、警察権力と結び泳がされながら、「社共指導部」も既存の労働組合も「反動」とののしって「粉砕」をさけびつつ、一方では人々の関心をひくあらゆる問題に一つ一つのり出して「内乱暴動に転化する導火線」にしようとして「武装闘争路線」をかくしもち、新しい装いで住民運動にもぐりこもうとしています。私たちは、これら住民運動の敵を明らかにし、彼らの意図を未然にうちやぶり、正しい住民運動を進めるため、共に手をたずさえてきた呼びかけ人の方々に、この集会をとりやめ、彼らを排除して、民主的住民運動の原則と充分な準備の上に正しい研究集会をもつよう真剣に申し入れをしました。

私たちは、研究集会の呼びかけ人たることを拒否するにとどまらず、真に広範な人々を結集し、いのちと自然を守る運動を発展させるためには、これらトロツキストの策謀を断固排除して、呼びかけ人全員の意見を一致にもとづく研究集会にすべきことを最後まで訴え、運動を正しく発展させることを訴えます。

前夜から到着していた石丸氏は、この声明を読んで、「ほう、ぼくは過激派幹部なんですな。びっくりしたなあ。学生たちが聞いたら大笑いだろうなあ。……それにしても、ひどい歓迎ぶりですね」と苦笑した。はるかな地から、身銭を切って駆けつけてくれた人を迎えるには、確かにひどいビラであった。

昼近く、不安に耐えかねた私は会場を飛びだし、公衆電話にとりついた。「おい、頼むから顔を出してくれ」悲鳴のような電話を知れる限りの友人に掛け続けた。

会場に戻った私は、唖然とした。いつの間に集まったのだろう。小さなホールは二百人を超える参加者であふれ、廊下にまで椅子が追加されていた。歓びが衝きあげた。

研究集会の内容は、まさにそのような熱気に充分こたえるものであった。これまで、おぼろげな不安でしかなかった周防灘開発計画が、具体的な数字まであげられて、問題点を鋭く剔抉《てっけつ》された。いかに地元の発展がいわれようとも、本質的には中央官庁の机上で一方的に設定された郷土破壊計画以外の何物でもないことを、そら恐ろしい思いで私たちは知らされたのだった。

この恐るべき内容を、この日の研究集会に来られなかった人たちにも知ってもらうため、私は百余ページの小冊子「海を殺すな――周防灘総合開発反対のための私的勉強ノート」を一五〇〇部作製した。全くのにわか勉強であったが、星野芳郎、宮本憲一、宇井純氏らの著書を参考にし、さらに大分工業高校教諭藤井敬久氏には、直接の教示を受けて一気にまとめあげた。次に引く文章は、小冊子の第二章「スオーナダカイハツって、なんなのだ?」の一部である。

〈貝掘りに行こうよ〉

周防灘とは、山口県室津半島（柳井市の近く）と大分県国東半島を結ぶ線から関門海峡までの大分・福岡・山口三県に囲まれた海域をいう。平均水深二四メートル、遠浅の海浜が多く、潮流は遅い。

山口県側には、すでに徳山市を中心とする周南工業地帯をはじめとして、光、下松、防府、宇部、小野田などの工業地帯が密集し、それに起因すると考えられる赤潮は、しばしば九州側の岸にまで達するほどになっている。九州側、ことに大分県域の海岸は、全くの無工場地帯である。

周防灘総合開発計画は、この三県にまたがる遠浅の海岸を、水深一〇メートルまで埋め尽してしまおうとする大構想であり、関係市町村は一一市九町四村にもわたる。埋め立て海域の膨大さを思えば、まさにこの計画で周防灘はほろぼされるのだと極論せざるをえない。

六月一〇日午前一一時半、私は家族を連れて貝掘りに行った。友人のオンボロ自動車は水しぶきを立てて、岸から三キロもの沖に乗り入れた。そこからさらに二キロも歩いたろう。二人の幼な子も素足で砂を踏みながら喜々として歩いた。中津の海岸は、それほど広大な遠浅の海なのだ。沖では、美しい絹貝を拾ってまわった。掘る必要もなく水底に出ている。振り返れば、浜の松原がはるかに遠い。――これだけの海域を埋め尽して巨大コンビナートがくるのかと思うと、私は悪夢を見るような気がするのだった。周防灘がねらわれた第一の理由は、この広大な遠浅のゆえにであった。大分県が発行している「周防灘総合開発の現状」という最新パンフレットは、周防灘の利点として、次の五条件をあげている。

①海岸線からの海底勾配が1／500～1／1000の遠浅で水深一〇メートルでの水面積が実に九万七〇〇〇ヘクタールにも及んでいる。
②瀬戸内海特有の温暖な気候と、波静かな海面を持っている。
③台風などの自然災害が極めて少なく、地震による被害は皆無である。
④陸、海、空の交通は極めて至便である。ことに港湾条件に恵まれ、関門海峡、豊後水道などを通じて外洋への出入りが容易であり、海上はマンモス輸送船の航行が可能である。
⑤北九州市をはじめ、周南地区、大分地区などには既存の工業集積があり、これとの有機的連関が容易である。

いうまでもなく、これは企業サイドでの一方的利点である。一九六九年六月一六日に周防灘を視察した国土開発審議会視察団は「沿岸後背地に近接して、広域にわたり市街地があるので公害防止対策がむつかしい」ことを指摘している。この一点だけからでも、企業サイドの利点という五条件を私たちは否定し去る権利があるのではないだろうか。

私は多くの市民が貝掘りに来ることをのぞむ。子供たちはどんなに健康な歓びを示して水しぶきを撥《は》ねることか！

そして、そこで考えてみよう。この海が埋め尽されることで、私たちはどれほど貴重なものを喪うのかを。もし喪われれば、もう永久にとりかえせないもののことを。

〈正気の沙汰なのか?〉

通産省は、昭和六〇〔一九八五〕年段階における全国工業生産規模についての推計を日本工業立地センターに委託したが、同センターは昭和六〇年の全国生産規模を四〇年の五倍、石油化学は一三倍にふえると推計した。そして国民総生産は昭和六〇年に一三〇〜一五〇兆円に伸びるとし、その場合の周防灘の年間出荷額を一五兆円とみて、一九七一年五月に周防灘の開発規模を表（次頁）の如く設定したのである。

いうまでもないことだが、新全総は中央の机上計算で設定されたものを、一方的にこのように押しつけてきたのであり、地域の側からの選択権など、初めから無視されているのである。新全総の中心的立案者である経済企画庁の下河辺淳氏がなんといったか。「志布志やむつ小川原は国にとっての台所である」と、まことに正直に新全総の本質を放言している。東京をはじめとする大都市が国の座敷であるなら、志布志やむつ小川原、周防灘は台所だというのだ。地方という台所で作り出される物、収益は中央という座敷に吸い上げられていく仕組みなのだ。台所だから少々汚れても仕方がないというのだろうが、台所に一生住まねばならぬ私たちは、たまったものではない。

この表にみる設定規模がどれだけ巨大であるかを具体的に比較してみよう。

まず鉄鋼であるが、現在世界最大の日本鋼管福山工場で生産一二〇〇万トンであるから、周防灘に新設される年産二〇〇〇万トンは、これをはるかにしのぐ。

石油精製一五〇万バレルがケタはずれに巨大である。大分の九州石油が一〇万バレルであるから、その一五倍。

石油化学工業年産四〇〇万トンに至っては、狂気の沙汰としかいいようがないほどである。通産省資料によれば、一九七二年の全国エチレン工場生産能力合計が四八一万四〇〇〇トンである。現在の全国生産に匹敵する規模を周防灘に設定するのだ。

火力発電一〇〇〇万キロワット。大分の火力発電所が五〇万キロワットであるから、その二〇倍。

西瀬戸内地域地区別開発規模

事項		西瀬戸内地域合計	地区別の開発規模(A)		
			周防灘（山口）	周防灘（九州）	志布志
基幹資源工業の生産量	鉄鋼（万t/Y）	2,000	2,000	—	—
	石油精製（万BPSD）	250	—	150	100
	石油化学（万t/Y）	600	—	400	200
	アルミニウム（万t/Y）	—	—	—	—
	銅・鉛・亜鉛（万t/Y）	72	72	—	—
	火力発電（万kW）	1,400	400	600	400
開発諸元（関連工業を含む）	工業用地（ha）	9,800	3,300	4,100	2,400
	工業用水（千t/日）	2,400	700	1,100	600
	労働力（人）	40,900	23,100	11,800	6,000
	出荷額（億円）	51,400	19,700	21,000	12,000

むつ小川原の開発規模にある年産一〇〇万トンのアルミニウムを、星野芳郎氏（技術評論家）は「正気の沙汰なのか疑いたくなる。これはケタ違いに日本最大の工場である」と呆れているが、周防灘にはアルミは書きこまれていない。ところが実際には予定されているのだ。磯村英一氏（東洋大教授）によれば、年産一〇〇〇億円のアルミがくるというのである。恐るべきことだ。

さて、周防灘開発計画に関する日本地域開発センターの調査報告が五月一九日に発表された。その中に、次のような意味の、まことに当然な指摘がある。

ある開発計画を策定するにあ

たっては、まずその生産計画から生ずるはずの産業廃棄物その他の公害を処理出来るかどうかを確認してから定めるべきである。つまり、産業廃棄物など公害を処理出来る範囲内での計画に厳しく限定されねばならないのである。これは当然なことであろう。

しかるに、新全総ではまず必要な生産高が算出され、それによって「正気の沙汰なのか」といわれるほどの巨大計画が設定されてしまったのであり、それによって生ずる巨大な公害には、事後対症療法しかないことになり、かくて私たちを襲うのは、未曾有の公害なのである。平和郷中津の荒廃が目に見えるようである。

匿名氏よ（私的勉強ノートつづき）

たとえば、こんな数字をあげてみる。

中津市の人口五万七〇〇〇。豆腐屋二九軒。大分市の人口二六万六〇〇〇。豆腐屋四八軒（一九七一年当時）。

——かつて、朝日新聞九州版の〝ふるさと紹介〟を、私はこんな突飛な書き出しで始めた。自分が長く零細な豆腐屋であったことの実感から、中津市の性格を、そんなとらえかたをしてみるのだ。

大分市が人口五五〇〇に付き豆腐屋一軒であるのに、中津市では二〇〇〇に付き一軒の計算となる。人口比にして、中津市にいかに豆腐屋が多いかわかる。つまり、小さな家内業としての豆腐屋がひしめいているということだ。

いいたいことはこういうことだ。零細な家族労働としての豆腐屋が、きびしい企業近代化の波にもさらされず、淘汰されずに結構生き残れているところに、この町の変化にうとい、住みよい、安定した静かな沈滞が象徴されているのではないか。商売下手の私と老父が、看板もあげずに豆腐屋を続けえたことでも、それは実証されている。

もともと中津市は大分市と北九州市のほぼ中間に位置する小都市で、城下町の伝統として近郊の農漁村からの買物客を集める商業の町であった。だが、それら農漁村の過疎化とともに沈滞が始まり、同時に中津市自体からも若者の流出が続くようになった。企業も大学もないこの町に、有能な若者の残る場がないのである。『広辞苑』第一版には登載されていた「中津」も、一九六九年の第二版から消えた。

今一度、商業都市としての殷賑《いんしん》を願って「スオーナダカイハツ」に多くの人びとが期待を寄せていったのは当然であった。

いきおい、今回の研究集会を機に開発反対を表明し始めた私への、賛成市民からの風当たりは激しくなっている。

ここに一枚のハガキを紹介しよう。差出人の名はない。いわゆる匿名氏であるが、中津市民には違いない。このハガキを引くのは、他の多くの匿名の手紙のようにいたずらに感情的攻撃をするのではなく、真剣に賛成派としての理を述べているからである。

周防灘開発のもたらす地域社会の経済、生活、文化向上の波及効果を真剣に考えてみて下さい。大分県は現在鹿児島県についで全国二位の過疎県です。もし大分新産都建設がなかったならば、それこそ全国一の後進県になったでしょう。私共の生活は社会福祉は日を追って向上しているものですから、中央の半分しかない所得でも得々として貧困の切実感がないかもしれない。昨年のドルショック以来周防灘開発は掛け声ばかりで画餅にしか過ぎなくなりそうなことを市民は余り知らない。自然を守ること結構、でも人間の生活、文化水準を向上させる為には産業開発しかないんじゃないか。公害も恐いけど住民のかしこさでそれを防ぐことが出来るし、なんにしても若者が、優秀な人材が出て行ってしまうような街の姿を、もっとつきつめて考えてみるべきです。松下さんも『豆腐屋の四季』を書いていた時のような労働の楽しさ、人生のやさしさ、たゆまぬ社会への奉仕の心に立ちかえるべきだと思います。

〈大スーパーがどっと来ますよ！〉

匿名氏のハガキに、私は次のように答えよう。

第一点、「公害もこわいけど、住民のかしこさでそれを防ぐことが出来る」というのは、この匿名氏の不勉強による全くの楽観論に過ぎない。住民の賢さくらいで防げるなら、どうして現在のように日本中に公害が噴出していようか。いかに技術が進歩しても、原理的に公害を一〇〇パーセント処理出来ないことは、良心的科学者の告白するところである。まして忘れてならぬことは、企業とは利潤追求が至上目的である以上、いかにすぐれた公害処理技術が開発されても、それが企業利潤を大きく圧迫するほどの出費を要するとなれば、決して採用せぬということなのだ。エコノミック・アニマルの非情さを、私たちは肝に銘じておくべきだ。さらに、企業を監督指導するはずの行政にも、私はまるで信を置いてはいない。各地の実例を知れば知るほど、そうなるのだ。匿名氏も、もっと現実を直視して甘い楽観論を捨ててほしい。

あえていえば、あなたのように素朴で善意に満ちて疑いを知らぬ市民が、実は公害企業導入の尖兵となってしまうのだ。

第二点、果たして企業誘致が匿名氏の期待するような中津市の生活向上につながるのかどうかを考えてみたい。中津に設定されているのは石油コンビナートであるから、それに即して考えよう。

まず雇用効果であるが、石油産業はいうまでもなく装置産業でありほとんど労働力を必要としないのである。石油タンクが巨大な施設面積を占めるにもかかわらず、人は要らないのである。先に掲げたプロジェクト表で、周防灘の九州側雇用人口が山口側のわずか半分しかないのはそのためである。しかも九州側の労働力一万一八〇〇人という数字も、磯村教授らの算出によれば多分に水増しだと指摘されているのだ。

さらに注意すべきは、あたかもこれがすべて地元雇用の如き錯覚である。石油化学は高度の技術に支えられており、当然既存工場（県外）からの熟練専門者が配置されてくるのであり、地元からは臨時工や雑役や下請企業の労働力としてしか雇用されないのだ。過疎対策として誘致したはずの鹿児島県喜入町の原油基地労働者はわずか一五〇人であり、このうち地元雇用は五〇人に過ぎなかった。なんという過疎対策！

さて次に、地元に波及効果があるのか。当然のことながら石油産業の原料である原油は輸入であり、地元とは関係ない。その装置も高度で地元からの調達は考えられない。

では、波及効果というものを、たとえば人口増しで商店街がうるおうというような意味で期待するのなら、これも幻想に終わりそうである。大分新産都市計画で、大分市内の商店街はどうなったか。なるほど竹町商店街はカラー舗装したりプロムナードを作ったりして美しく華やかになったが、実はそうしなければ進出して来た長崎屋をはじめとする外来大スーパーに太刀打ち出来ないからである。今や大分市は全国有数のスーパー激戦地と化している。相次ぐビル建設の谷間で、地元商店街があえいでいるというのが実情である。

某電気メーカーの小売店会が県下いっせいの売り出し月間をもうけたところ、売り上げトップが中津市で最下位が大分市であったという。繁栄の大分市で、地元小売店がいかに苦しんでいるかを如実に語っているではないか。

〈ギャンブルの方がもうかるんだって⁉〉

第三点、コンビナート誘致により、市の税収入がゆたかになるのか。三重県四日市市の場合を例に引けば、まずコンビナート誘致のための膨大な先行投資があった。事実上のヤミ起債までしたのである。その結果はどうなったか。

——私どもが三九年に調査した当時、市の当局者はこういっておりました。「四日市市自体が公共投資として一年間に使える金というのが九億円しかない。ところが先行投資のヤミ借金を返すためにはそれがちょうど半分あるので、そのことで新規投資は四、五億にとどまる。四日市は富裕団体といわれているが、実はこういう工場誘致に使ったヤミ借金の返済で十分な市民のための福祉投資ができない」その後四二年に来た時は、「ヤミ借金が終ると次の問題は公害対策費です」とのべていた。

——(『宮本憲一証言集』より)

事実、やっと起債返済が終わった時、待ち受けていたのはコンビナートが生み出した公害への対策費であった。四四（一九六九）年度の四日市市公害対策費は三億二〇〇〇万円であった。四〇〇〇億円という巨大投資によるコンビナートから四日市市はわずか一〇億円前後の税収しかあげていない。ところがコンビナートは一日約一億円の利益を、本社のある中央に吸い上げているのである。

しかも驚くべきことは、顕著な公害が認められながら、なお第三コンビナートが造られたことである。なぜそんなことが起きるのかを、宮本憲一氏（大阪市立大学教授）は次の如く分析する。コンビナートの税源として大きいのは固定資産税であるが、設備にかけられるこの税額は、設備の老朽化とともに急速に低下して、数年もすれば無税に近くなる仕組みである。しかもその頃には公害がひどくなっていて、市には公害対策費が必要である。それを捻出するためには、あらたに税収入をふやさねばならず、新コンビナートを誘致せざるをえなくなるのだ。なんのことはない、既存コンビナートの公害対策費捻出のために第三コンビナートを造らせ、それがまた公害を生む頃には第四コンビナートを造る。……このとめどない悪増殖は、住民にとって地獄だ。

原油基地喜入町の例を引けば、それがくるまで国庫から年間一億八〇〇〇万円の地方交付税を受けていたのが、日本石油が一億二七〇〇万円の固定資産税をおさめた途端に、わずか四〇〇〇万円の交付税に減らされてしまった。なんのことはない、一三〇〇万円の税収減ではないか。

周南コンビナートの中心、徳山市はどうか。「企業を誘致すれば地元がうるおうといわれているけれど、税金だけをとってみると、うるおうとはいえないですね」と、高村坂彦市長は語っている（一九七二年五月二〇日付「毎日新聞」）。公害都市の代表の如くなりながら、コンビナートらの税収わずかとすれば、市民は救われないではないか。事実、皮肉にも徳山市がコンビナートから得る税収は、なんと徳山ボートのあげるテラ銭の半分でしかないのである。

例をあげていけば際限がない。このような矛盾が起きるのは、ひとつは税収の中央集権的配分のゆえであり、ひとつは企業負担であるべき公害始末費を地方行政体が受け持っているからである。

〈おれ、貧乏なのかなあ?〉

さて第四点。匿名氏は、いみじくも次の如くいっている。「私どもの生活は……中央の半分しかない所得でも得々として貧困の切実感がないかもしれない」

私はこの部分を読んで吹き出してしまった。そうなのだ。それでいいじゃないか。おれ、貧乏なのかなあなどと無理に数字をくらべたりして悩む必要などありはしない。「ゆたかさ」とは、意識の問題なのだ。なにをもってゆたかと感ずるかの問題なのだ。家の中に物があふれたから即ゆたかだということにはなるまい。中央の半分の所得でも、私たちは美しい空の下に住み、遠浅の海では貝掘りも楽しめる。用を足すには、自転車でゆけば足りる広さの町。——これほど心ゆたかな生き方があろうか。

人口が少なくて文化水準が低いという問いかけには、私は次のように答えよう。確かに中津市では演劇を観る機会もない。だが演劇を観ることによる一時的感興と、幼な子たちが今の中津の自然の中で成育していくことのすばらしさを比較すれば、私はためらいもなく後者を選ぶ。コンビナート誘致により都市化すれば、なるほど中央からの文化が流れこむだろう。だが都市化により喪われた自然が市民の心の成育に与える根深い欠落は、他の何物によってもつぐないえまい。

バートランド・ラッセルは「人類が二一世紀に突入出来る可能性は五分五分だ」とショッキングな発言をした。今のような物質文明が続けば、あと三〇年で人類は滅亡するかもしれないというのだ。それを救うのは、「しあわせ」とか「ゆたかさ」の観念を、もう一度素朴に考え直すことであろう。それはもはや中央には求むべくもなく、地方からこそ興っていく新文明であろう。

さて、匿名氏のハガキの第五点、「周防灘開発は掛け声ばかりで……」は、決してそんなことはない。私たち市民には知らせぬまま、着々と調査は続いている。すでに昭和四五〔一九七〇〕年度から四億円の調査費が投入されて、運輸省、建設省、通産省による基礎調査も終わり、あらたに四七〔一九七二〕年度には水産庁、気象庁も加わって八億五四〇〇万円の調査費が組まれている。当市でも球場横にやぐらが組まれて伏流水調査がなされているから、匿名氏も行ってごらんなさい。

そして、とりわけ私たちが気をつけなければならないのは、単発的に出されてくる計画が、実はすべて周防灘開発計画の一環であるということだ。たとえば耶馬渓ダムは、開発のための工業用水確保であるし、三光村と中津市の合併問題も「開発の前には地域行政の合併」という定石通りであるし、さらに豊前火力も苅田沖空港の問題も、すべて周防灘総合開発計画の一部分なのだ。目の前に迫っているこれらの事実を前にしても、匿名氏はなお「画餅」の計画というか。

第六点。若者の流出は、確かに皆で考えねばならぬ深刻な問題である。だが、それを安易に大規模開発で解決するのではなく、われわれ全体の参加による中津市のマスタープラン作りの中で模索すべきことである（若者の流出に対する志布志の人たちの考えは面白い。若者が都市に働きに出て送金してくる現実を認めた上で、その若者たちが時折、帰郷して心身を休める日のためにも、あくまで美しいふるさとを残すのだという）。

〈本当にやさしいのは誰？〉

第七点は、ハガキの最終部分のお説教についてである。少々本論をはずれるが、私憤をこめて書いておきたい。匿名氏は、作家という仕事を労働とは考えていないらしい。『豆腐屋の四季』を書いた頃のように労働を愛する人に返ってほしいとは、恐れ入ったお説教である。私には今年は正月もなかった。年末から正月をつぶして『風成の女たち——ある漁村の闘い』執筆にかかりきりであった。朝一〇時から深夜二時まで連日ペンを握り続けた。指は脹《は》れ、腰は疼《うず》き、腕は痛み、眼はかすんだ。執筆とは、このような労働なのだ。

「たゆまぬ社会への奉仕」という言葉もやりきれない。社会奉仕などといううさんくさい言葉が、どうしてこんなところに飛び出すのだろう。眉につばを塗って聞く必要がありそうだ。

いや、私はこんなことをくどくどいいたいのではなかった。いいたいのは、なによりも「やさしさ」についてなのだ。私の最初の著書『豆腐屋の四季』が多くの人に愛された時、一番多く冠せられた評語は、「この著者の心のやさしさ」という一語であった。その頃から三年を経て、私は変わっただろうかと、自問してみる。——変わってなんかいない。以前にも増して、やさしい父であり夫であり、友人にも誠実なつもりである。そこで気付くのだが、匿名氏が意味している「やさしさ」とは、何に対しても発言せず、庶民の分《ぶん》を守って、ただ黙々と耐えて働いている状態のことらしい。豆腐屋の頃の私は、まさにそうであった。匿名氏の眼には、その頃の私がいじらしくもやさしく見え、今やっと社会に対して声をあげ行動に立ち上がった私が、にわかにやさしさを喪った心荒い人間として見え始めているらしい。

やさしさということを誤解すまい。闘うやさしさのあることは、あの臼杵市風成の主婦たちを見ればわかる。公害企業からふるさとを守るために、彼女たちは極寒の海上で機動隊とわたり合って闘った。「かあちゃんパワー」と呼ばれたが、心やさしい涙もろい母たちなのだ。当然であろう。やさしい母たちなればこそ、子らの未来を思って必死に闘ったのである。

志布志で石油コンビナート反対運動をしている柏原地区の人たちの機関誌名は『ルーピン』である。南国の海岸に咲く、やさしく清楚な黄色の花の名である。そうなのだ、可憐な花を愛するような、真に心のやさしい人たちこそが、そのやさしさを守るために闘いに立ち上がっているのだ。郷土の花を、川を海を山を詠《うた》い描きながら、それが破壊されようとする時、闘いの戦列に加わらぬ詩歌人や画家は、いかに作品が美しかろうとニセ者だ。

もし今、私たちが沈黙していて周防灘開発を許したなら、公害は幾年かののちの子や孫を苦しめるのである。その時の子や孫にとって、今一見やさしく沈黙して見過ごした父母がやさしかったのか、今一見荒々しく激しく闘ってこれを撃退した父母がやさしかったのか、そのことを匿名氏よ厳しく自問していただきたい。

「中津の自然を守る会」発足

「トロツキスト問題で、会を発足出来ず」

六月五日、各新聞の大きな報道を読みつつ私は暗然としていた。出来なかったのではなく、しなかったのである。二五〇人もの研究集会の熱気からすれば、その場で市民組織は結成出来たのであるが、共産党をも含むべきだという判断のもとに、会結成を見送ったのである。

新聞によって暴露されたトロツキスト問題は、市民の間に複雑な波紋を広げるかもしれなかった。苦慮した私は、新しい会の発足にあたって、著名学者を記念講演に招《よ》ぼうと企画し、準備会議で東大助手宇井純氏を提案し、皆の賛意を得た。その会議には共産党からも一人参加していて、異論はいわなかった。だが翌日、宇佐市の党員Nさんから電話で反対を伝えてきた。

「そういうあなたは宇井さんのどんな本を読み、どこを問題にしているのですか」

と、私は逆問した。何も読んではいないが、党の判断として宇井純は受け入れられないのだと、Nさんは答えた。私には、そういう態度が我慢ならなくなっていた。先の石丸氏たちに対する一方的切り捨てと同じく、今またNさんは会ったこともなく著作を読んだこともないという宇井氏を、組織情報だけで裁断しようとしているのだ。

「私は宇井さんの『公害原論』三巻を読み、その感銘によって氏を講師に迎えるのです。私は、人を判断するのに自身の目と耳と心を大切にします」

そういって電話を切った。さらに翌日、共産党県北地区委員長から、宇井純はトロツキストの理論的指導者ゆえ、あなた自身のためにも、彼を招ぶことは断念してほしいと、懇切な書簡が寄せられて、私は頭をかかえこんでしまった。

いっさいの社会活動、政治運動と無縁のまま三五歳まできて、今はじめてわが里を守る行動におそるおそる一歩を踏みだしてみると、もう政治の複雑な渦に巻き込まれてしまっている自分に啞然とするのだ。長い不屈の闘いを貫いてきた政党が宇井純氏をトロツキストとして裁断するには、それなりの事実経過があってのことであろうが、それにしても『公害原論』『公害の政治学』『公害―原点からの告発』を熟読して知る氏を、なぜ排斥せねばならぬのか、私にはどうしてもわからぬし、むしろ迎えて学びたい思いこそ強くそそられるのだ。なにしろ私は学ばねばならない。開発問題に関して、無知に近いのだから。

頭をかかえこみながら、しかしなによりも学びたいのだという自らの切望に忠実でありたいと、私は心に決した。政治にも運動にもしろうとの私は、いっそ「素朴なる心情派」を貫いていくしかないのだと、覚悟を定めるしかなかった。

新しく発足する会の名は、「中津の自然を守る会」と決められた。周防灘開発反対を趣旨としながら、「反対」という言句そのものがなじまぬ温和な風土を顧慮したのである。

会長には、中津市在住の唯一の大学教授で、市民の人望厚い横松宗氏（魯迅研究家）が地区労幹部から推薦され、氏も快諾してくれた。その横松先生の懇請によって、中津市連合婦人会長向笠喜代子さんが、副会長を受諾した。これは思いがけないことであった。これまで中津での運動といえば、地区労と革新政党という常に限られた部分でしかなかったのに、会員八〇〇〇の連合婦人会の会長が加わってきたことは、はかりしれぬ影響力であり、新しい出来事なのだ。事務局長としての私は、まさに心躍る思いであった。

もちろん、婦人会が加わるについては、絶対に過激的な運動でないことという厳しい釘をさされた。「たとえば、このビラはなんですか。こんな過激的な表現をする必要があるのですか」と、さっそく私は向笠さんに叱られてしまった。発会式案内のビラの見出しを、「歩く爆弾宇井純来る！」としたのが、いけなかったのである。氏の精力的な公害告発を、北欧の新聞が「歩く爆弾」と形容したのを、借用したのであった。「これから気をつけます」と、私は頭をかいて詫びた。

発会式前日、共産党県北地区委員長からの申し入れで喫茶店で話し合い、宇井氏の件は一応脇に置いた形で、「自然を守る会」には党からも参加するという確約を得た。嬉しいことであった。

七月三〇日午後一時半から市公会堂での「周防灘開発問題第二回研究集会」は、三五〇人の参加者であふれた。地区労と婦人会が真剣に組織動員したためである。この日、会の発足を宣言する声明文を、私は次のような言葉で始めている——

去る七月二五日早朝、すばらしい二重の虹が大きく沖代平野の空にかかっているのを仰ぎました。汚れのない朝空に、それはあざやかな弧を描いていました。私たちは、空の美しい町、中津に住むことを誇りとしています。しかし昭和六〇〔一九八五〕年を目標とした周防灘総合開発は……

集会は盛会であったが、しかし意外なことに、会員としての申し込みをしてくれたのは、五〇人足らずであった。それも、地区労、社会党、公明党、共産党、婦人会幹部といったところで、本当に無名市民の積極入会はかぞえるほどしかなかった。この町の人びとの消極性の現れであろう。

だが、とにかく発足したのである。この日から、私たちは当面の第一目標を、豊前火力発電所建設阻止にしぼっていく――

豊前市議会（二五名）が、九州電力の新鋭火力発電所誘致を決議したのは一九七一年一〇月二日であった。それに応じて発表された九電の計画は、第一期五〇万キロワット、第二期五〇万キロワット、第三期七五万キロワット、第四期七五万キロワット――計二五〇万キロワットという巨大規模である。

福岡県豊前市。私の住む中津市とは県境を越えてわずか八キロの距離にある西隣の町である。人口三万七〇〇〇。築上火力発電所（一四万五〇〇〇キロワット。老朽化して運休中）以外に、これといった企業のない農・漁業の町であり、職を求めて北九州市への通勤労働者の多いのは、中津市と同じ状況である（北九州まで汽車で一時間）。

周防灘開発による地域浮上への夢は、中津以上に切実であり、その開発拠点となる巨大火力発電所建設は、むしろ多くの市民によって歓迎された。豊前市商工会議所の外壁には、すでに二年も前から「新鋭火力を誘致して豊前市の発展をはかりましょう」という看板がかかげられていたのだ。

発端の頃、私はまるで豊前火力の問題に注意を払わず見過ごしている。その重大性に気付いたのは、やっと六月四日の研究集会においてであった。巨大開発は、まず電力基地から始まるという講師の指摘に遇《あ》って、私は初めて周防灘開発に占める豊前火力発電所建設の意味の大きさを知ったのである。

私たちの「中津の自然を守る会」に先だって、すでに四月には、県境をまたいで福岡・大分両県関係地区労による「豊前火力誘致反対共闘会議」（吉元成治議長・社党町議）が結成され、続いて豊前市に市民組織「公害を考える千人実行委員会」（恒遠俊輔代表）も生まれた。「千人実行委」は、高校の先生たちが中心で、発会式には富士市公害対策協議会の甲田寿彦氏、評論家飯田清悦郎氏を迎えて、記念講演がもたれた。名前は勇ましいが、会員は百人足らずである。

さらに、豊前市の西隣椎田町では、椎田町漁協から出された反対請願を町議会が採択し、豊前火力反対が決議され、八月に「公害から椎田町を守る会」を全町ぐるみで発足させたのである。

豊前火力発電所建設に対する反対運動は、七二年夏一挙に豊前平野に広がった。九電にとって、これは予想外のことであったろう。これまで九州電力は、発電所立地では誘致合戦に遇ってきたのであり、住民の反対運動など皆無であった。まして、おとなしい風土の豊前平野での反対運動など予測していなかったことであろう（だからこそ、のっけから正直に二五〇万キロワットという途方もない規模を発表してしまったのだ。反対運動が起きると、たちまち二期一〇〇万キロワットに訂正した）。

あわてた九電は、八月初めから豊前市、中津市、椎田町一円に、美麗な多色刷りのビラをシリーズとして新聞折り込みで配布し始めた。無公害発電所の宣伝である。

〈ビラ〉No.1

「かけがえのない自然をかけがえのないお客さまのために」

「九州電力はこの美しい環境を守ります」

〈暑中お見舞申し上げます〉

日頃九州電力をご利用いただき、ありがとうございます。電気のことで何かご不自由なことはございませんでしょうか。もし何かございましたら、ご遠慮なくも寄りの九州電力営業所にお申しつけください。

さて、御承知のように、当社では、豊前地区に火力発電所を建設させて戴きたいと、ただいま計画中でございます。

もちろん公害のない、キレイな発電所でございますが、これの実現には、どうしても地域の皆さまの深いご理解とご協力をお願いしなくてはなりません。つきましては、皆さまのご理解をいただくために、発電所計画のあらましをシリーズとしてお手もとにお届けいたしますので、ぜひ一読くださいますよう、お願い申し上げます。

〈ビラ〉No.2

「うさぎは眠ってはくれません」

うさぎと亀、足ののろい亀は、うさぎが眠っている間にせっせと歩いて競走に勝ちました。でも、電気の需要という現代のジャイアントうさぎは、決して眠ってなどくれないのです。皆さんのご家族や職場での電気のご使用は冷房装置などいろんな電化製品の普及や、産業の発展などによって毎年ぐんぐん伸びています。電源開発は、いわば足ののろい亀、よほど早目にスタートしておかなければ、あっという間にうさぎに追い越されてしまいます。ひょっとして、うさぎが眠ってくれるかも、そんな考えは、わたくし共には許されないのです。

「増加する電力需要に対処するために」

当社では、数年後の需要を見こして電源の開発に努めています。現在九州各地で約二五〇万キロワットにのぼる発電所を建設中ですが、それでもなお、急増する需要に応えるには不足が予測されています。

このたび、豊前地区に建設を計画いたしております火力発電所は、昭和五一〔一九七六〕年度の需要予測に対処する電源開発計画の一環として、最も重要な役割りをもつ発電所であります。では、なぜ豊前地区に建設を計画したのでしょうか。それは現在建設中の発電所がほとんど九州の南部と西部地区にかたよっており、一方九州の北部と東部地区で消費される電力は九州の全電力の六三パーセントていどにのぼり、将来この割合はますます拡大されると考えられることから、この豊前地区に建設するのが最も望ましいと考えられるからです。建設にあたっては、事前に気象や海などについてくわしく調査を行ない最新の技術と設備をもって万全の公害対策を実施し、いつまでも青い空と美しい海に囲まれた自然を守る発電所を建設することをお約束いたします。

その頃、私は、「西日本新聞」に次のような一文を寄せた。いわば豊前火力反対運動立ち上がりの弁である――

＊

「おおおお、自動車を飛ばして、徹夜でなあ……よう来たなあ」

関西電力多奈川火力第二発電所建設反対運動の中心者である小里大さんや浜田さんは、はるばると中津、豊前から訪ねて行った私たち四人を、えもいえぬなつかしさで迎えてくれた。和歌山市に近い岬町には、多奈川火力第一発電所（四六万キロワット）があって、関電はこれに巨大な第二火力を増設しようとしているのであるが、住民の抵抗に遇って、すでに二年余も立往生しているのだ。私たちの訪ねた八月九日、大阪府公害対策審議会も、現状では公害予防対策に疑点が多いと、中間答申を出していた。

九州電力が福岡県豊前市に建設しようとしている巨大火力の反対に立ち上がったばかりの私たちにとって、この小さな岬町の人びとの自信に満ちた運動は、どのような大学教授の説を拝聴するよりも力強い鼓舞であった。「これを持って帰って皆に見せなさい」と、小里さんは分厚い銅板の一部を切り取ってくれた。屋根に張られていたのが希硫酸の雨を受けるうちに腐蝕して、幾つも穴があいたのだという。火力公害の証拠物件である。

〝ばばたれ関電いんでまえ！〟などという痛烈な立看板が町をあげての闘いの熱気を噴き上げていた。その熱気に染められて、私たちはまたはるかな道を突っ走って帰って来た。

私は豆腐屋あがりの地方作家である。日本経済の見通しなどという巨視的見解を持てるはずもない。岬町のブリキ屋のおっさん小里さんも、事情は私と同じであろう。ただ、近くに巨大発電所が建設されれば公害により自分たちの健康も生活もおびやかされるゆえ、反対運動に立ち上がっているだけのことである。まこと、小さなしかし正当な地域エゴイズムに発した行動であろう。

だがしかし、痛烈に愉快なことは、相手が産業大動脈のエネルギーであるという特殊性である。私たちの行動の基点は、公害からの小さな地域防衛闘争以上のものではないとしても、ことは電力エネルギーのストップであるから、たちまちに日本経済の動向を制する巨視的問題とつながらざるをえなくなるのだ。

東北電力を相手に黒井の人たちが直江津火力を撃退したように、あるいは東京電力を相手に銚子の人たちが実に五二〇万キロワットという巨大火力を撤回させたように、全国で次々と反公害住民が火電や原子力発電所にストップをかけていけば、基点は公害からの素朴な地域闘争でありながら、その結果日本の産業経済にもたらす制動力ははかりしれまい。すでに関電では、通産省認可を得て、管内大口需要者に対し電力使用制限令を発している。そこまで関電を追い込み、同時に関西の大企業を生産制限に追い込んだ少なくとも一因を、ブリキ屋のおっさんたちがになっているのだと考えれば、痛快このうえない。

関西の産業界が電力供給制限（最高三〇パーセント）により操短を迫られたとしても、「そないなこと、わしゃよう知らんわ」と、小里さんらは笑っていい放つだろう。彼らには、目の前に多奈川第二火力がくるかこないかだけが問題なのだから。

年一〇パーセントの経済成長で突っ走っていくとして、昭和六〇（一九八五）年の膨大な電力、石油、鉄鋼などを中央の机上で算定し、志布志や周防灘に設定してきた新全国総合開発計画は、心ある学者をして、歴史上かつてない国土総破壊であり、まさに「暴力のデスクワーク」とすら断じさせた。それは、より断行の方向で田中内閣の「日本列島改造政策」に受け継がれた。

私たちが貝掘りに行く豊前海を埋め尽して、石油化学コンビナートがギンギラと光って立ち並ぶことになるのだ。で、何もわからぬ私でさえ、さすがに素朴な問いを発してしまう。

「いったい、そげえ物を造っち、だれに売るんじゃろうか？」

「ふたつの道しかありませんね」と、宇井純氏は中津での研究会の席上、きっぱりと答えた。

「ひとつは外国に売りつける。ことにアジアです。しかしエコノミック・アニマルとして嫌われ始めているアジアに、これ以上物を売りつけるには、武力による威嚇が必要になってきます。自衛隊の海外派遣は四次防で準備されつつあります。もうひとつの道は、国内にあふれる物をかかえこんで自爆でしょう。どちらをたどっても、破滅ですね」

それを救うには、年一〇パーセントなどという高度成長を下降させるしかない。そしてどうやら、その最も有効な手段が発電所建設反対運動だとすれば、地域エゴのはずの住民運動が、実は巨視的には救国の闘いではないか。

そうなのだ。もう、もうけもほどほどにしてのんびりいこうやと、昨年の年収五四万円の貧乏作家は呟きたいのだ。これでも一家五人、飢えはしなかったのだから。

私は今、同志と共に毎晩四日市コンビナートの状況を撮影した映画『あやまち』（東海テレビ制作）を上映して回っては、豊前火力建設反対を訴えている。ある夜は漁協倉庫にむしろを敷いて、ある夜はお寺のお説教の座に便乗して。もう十数回この映画を上映しながら、幼な子が喘息に苦しむ画面になると、やはり私は涙ぐんでしまう。この涙もろさが、私の行動の起点である。すぐに自分の二人の幼な子を想って「むげのうてたまらん」気持ちが、豊前火力反対に私を突き上げる。父性愛、地域愛というそんな狭小なエゴイズムからの涙もろい行動が、実は日本列島改造政策の首ねっこをおさえているのだと自覚すれば、なんとも愉しくて、今夜もいそいそと映画をかついで出かけるのである。

＊

それは、三日間の短くあわただしい旅であった。姫路と岬町と水島をまわった。同行は「千人実行委」

の恒遠俊輔、伊藤龍文、滝口寛彦三君で、いずれも二十代の高校教師である。伊藤君の徹夜運転で駆け回ったこの三日間の視察行で、私たちの友情は結ばれた。

思えば、豆腐屋としての私の青春に、旅など許されるはずもなかった。今、初めての遠い旅が、たとえ公害視察とはいえ、よき友人たちに囲まれて、ふと遅ればせの青春の旅とも思えて、私は浮き浮きしたほどである。

中津市議会に請願

旅から帰ると、なさねばならぬことが多かった。しばしば持たれる「自然を守る会」の会議には、毎回二〇人前後が集まり、具体的行動が組まれていった。夜ごとの公害映画地域上映には、婦人会の連絡組織網が活用されて、多い夜には八〇人もが集まった。ある夜、上映に出かけた村が地蔵盆で、盆踊りを一時間遅らせてもらい映画を観てもらったことがあった。映写機を片づけて帰る頃、稲田を風に乗って盆踊り唄が流れてきた。美しい月の夜で、いつまでもこんな中津であってほしいと私は感傷をわかせていた。

九月初めの三日間、私たちは会長を先頭に、全員でタスキをかけて街頭署名とカンパに立った。このような積極的運動の展開は、かつてないこととして市民に大きな波紋を呼んでいった。革新勢力と婦人会が協力しあうということだけでも、この田舎町では未曾有のことであった。

私たちがめざしたのは、九月中旬に開かれる中津市議会に「豊前火力建設反対決議」を請願することであった。豊前火力立地点が福岡県豊前市であることからすれば、大分県中津市の議会の反対決議がどこまで法的に有効かに疑問はあったが、実際には県境を越えて排煙の襲い来る隣市の意向は、九電として無視出来ぬはずだと判断したのである。

政治の仕組みなど何も知らぬ私は、請願という手法についても無知であった。本屋に行って立ち読みしたところ、地方自治法第一二四条に、請願書を議会に提出するについては紹介議員を必要とするとあった。

私たちは、請願書に重みを添えるためには出来るだけ多数の市議の紹介を得ようと考えて、三〇人の全市議の自宅を訪問することを、会議で決した。「自然を守る会」には、四人の市議（社二、共、公各一）が加わっているので、この四人が議員間での可能な限りの工作にあたり、横松会長、向笠副会長を中心に、九月一〇日から請願書持参の家庭訪問が開始された。

一方、訪問作戦とタイミングを合わせて、その朝私たちは初めてのビラを豊前、椎田、中津全域に新聞折り込みで配布した（三万枚）。九電の多色刷りビラはすでに四枚目に達している。「私たちは九電のようにお金がありませんから、とてもあんなきれいなビラは作れません。私たちが街頭カンパなどで作りあげたこのビラと、九電の美しいビラを読みくらべてみて下さい。あなたは、どちらのビラを信じますか？」と呼びかけた新聞半ページ大の私たちのビラは、大きな反響を呼んだ。

「あっ、これカンよ、これカンよ」

ビラの中の写真を指差して、私の幼な子がはしゃいだ。「若いおかあさん、なぜ黙っているのです？いとけない子がぜんそくに苦しみ始めてからでは遅いのです」という呼びかけに、私は自分の次男である歓の写真を添えたのだった。「公害を考える千人実行委員会」「中津の自然を守る会」「公害から椎田町を守る会」「豊前火力誘致反対共闘会議」が連名で出したビラであった。

運動なんて、いやだなと思う。逃げてしまいたいなと思う。人みしりの激しい私は、会長、副会長のうしろについて市会議員の家庭訪問をしつつ、つくづくそう思う。市会議員諸氏は、私には最も無縁で遠い人たちである。

もっとも、私はひとこともしゃべる必要はないのだった。横松会長は、永年中津市での民主運動、文化運動の中心に在り続ける人で、市議の大半は知己であるし教え子ですらあったし、向笠副会長に至っては、市内最大組織・連合婦人会を掌握する実力第一人者として、それこそ全市議に一目置かれる存在である。

この二人が訪ねただけで大半の市議は恐縮し、「豊前火力反対決議」の請願に協力を約し紹介議員としての署名捺印をしてくれた。あっけないほどであった。三〇人中、二一人の市議を獲得したのである。これで、もはや反対決議は圧倒的に成立すると、私は喜んだ。

九月二二日の市議会開会に向けて、私は連日宣伝カーの手配に苦慮した。運転免許も自動車も持たぬ私は、ある日は、運動などに無関心な友人の妻君にまで頼みこんで自動車を繰り出してもらわねばならなかった。

私の観測は甘過ぎた。市議会開会前になって、豊前火力推進派のM市議を中心に猛烈な巻き返しが起こり、豊前市議会からの介入工作も加わって、いったんは捺印した紹介議員の大半が寝返るらしいと情報が伝わった。それでも、まさかという淡い期待を消せなかった。捺印した市議の道義を信じたかった。

豊前火力問題の登場する九月二五日の中津市議会は、まれなほどの傍聴者であふれた。婦人会の積極的な動員のせいである。私も、市議会傍聴など初めてのことであった。

この日、不安は現実となった。紹介議員のはずのN市議が長文の草稿を広げて市長への質問を始めたのであるが、内容たるやまさに豊前火力賛成論なのだ。私はくやしさに、「裏切り者！」と叫んだ。

私たちの請願は、ただちに総務委員会（八人構成。共産一、残り七は保守系無所属）に付託された。その委員会が非公開であることを初めて知って、私は驚いた。調べてみると、市議会の委員会は公開が原則であるが、委員長の裁量で非公開にも出来る仕組みで、これまで中津市議会の委員会が非公開できているのは、市民が強く公開を要求しなかったということなのだ。

豊前火力問題を密室の審議にさせてはならない。会長、副会長は精力的に総務委員を訪問して公開工作をはかった。最終的には、多数の市民が公開要求をかかげて議場に押しかけるしかないと判断した私は、総務委員会の開かれる二八日朝、緊急ビラを出した。

『緊急号外』

〈市長は豊前火力発電所建設を許すハラづもり？〉

九月二五日の中津市議会には、たくさんの市民が傍聴に参集しました。しかし、議会事務局は、規則をタテにとって、僅か四五名の傍聴に制限してしまいました。後ろに立てば、なお十数人は傍聴出来るのに、なぜ制限するのでしょう。しかも大分市民（九電職員）に貴重な傍聴券を与えているのです。

さて、当日の一般質問には、福田正直（社）、吉田清（社）、高倉信（共）、宮本憲一（公）、田中博之（無）の五議員がこぞって豊前火力問題で鋭く八並市長を追及しました。豊前火力が中津に公害をもたらすことは、もはや明白なのだから、市長として反対を申し入れるべきではないかという追及に、ただ市長は「県の公害局など専門家ともっと研究相談したい」と答えるのみでした。そんなことでは間に合わないではないか、九電はもう埋め立てを強行しようとしているではないかと問いつめると、「万一強行されれば、きびしい公害防止協定を結ぶ」などと答えて、もはや豊前火力建設を認めるハラづもりがありありとうかがえました。この日、唯一人豊前火力建設に賛成的な八百長質問をしたN議員の暴論、珍論には傍聴市民から多くのヤジと失笑が浴びせられました。発言のいくつかを引くと、「このままの中津は、まるでアフリカのコンゴ並みだ」とか「公害は過密地だけが受けるのではなく全国が平等に受けるべきだ」とか「私は九電の排煙脱硫装置を信じています」などというものでした。

〈本日の委員会を公開させよう!!〉

豊前火力問題は、総務委員会に付託されました。本日午前一〇時からの予定です。しかしこの委員会は、私たち市民に非公開にされようとしています。中津の自然を守る会は、この委員会の公開要望を議会事務局に出しています。今日も、その要望を強くおこないますので、その交渉にはたくさんの市民が加わって下さい。私たち一人一人の熱意で、委員会を公開させましょう。本日九時から交渉しますので、中津市議会前にあなたも是非駆けつけて下さい。

豊前火力に果たして公害があるかどうか、もっと慎重に研究したいから建設反対請願は継続審議にしよう、という動きが議員の一部にあります。しかし、そんなことをしているうちに九電は強行着工してしまいます。出来てしまってからでは、もうどうしようもないのです。なんとしても、この委員会で反対決議を採択してもらわねば大変なことになります。そのためには、委員会を公開してもらい、私たち市民多数の傍聴の前で、正しい討論をしてもらいましょう。

この朝、市議会事務局前の廊下には、婦人会を中心に五〇人の市民が集まって、市議たちの登庁を待った。婦人会長も出て来たが、来るなり横松会長を激しく詰問し始めた。

「けさのこのビラはいったいなんですか！　市議や市長を一方的に個人攻撃するようなやり方は大嫌いです。これでは、ますます敵を作ってしまうばかりじゃないですか。あなたは会長として、ちゃんとビラの統制くらいとりなさいよ」

「いえねえ……ぼくもあのビラを見て、困ったなあと思ったんですよ。松下君の全くの一存で……」

と、会長が弁明し始めたので、私が行って答えねばならなくなった。

「一五日の夜、ビラの草稿を書いて印刷所にまわさねば、けさの折り込みに間に合わなくなるんで、横松先生には電話でビラを出しますからと相談しただけで内容まで見てもらわんじゃったもんですから……でも、このビラに書いてあることは全部事実じゃから……」

「事実がどうこうじゃありません。こういう決めつけかたをすると、相手にいい口実を与えて、きっと利用されるもんです」

婦人会長にピシリと叱られて、私は皆の前でしょげてしまった。彼女の予見は正解だった。昼前に議長室で開かれた総務委員との第一回交渉で、早速このビラが大問題となった。自然を守る会からは会長、副会長と私が席に着いていた。

「けさの、このビラはいったいなんだ。こげなんことすっから委員会公開出来んじゃろうが」

火力推進派の中心といわれるM市議が苦り切った口調でいい出した。

「私たちも、こういうビラは嫌いです。これは会としての正式ビラとは認めません」

と、会長、副会長が釈明して、同席した私はひっそり黙っているしかなかった。

「足くらい引っこめたらどうですか」

女子職員がお茶を運んで来た時、婦人会長に思いがけないことで叱られてしまい、私は赤面してしまった。日頃どこに行くにも下駄ばきの私が、議長室のじゅうたんの上では、野放図な無作法として婦人会長の神経にさわったらしい。いいとこなしの私であった。とうとう午後に再開された第二回交渉では、私はしめだされてしまった。午後三時、やっと交渉はまとまり、会長から発表された。

「本日は、もう委員会は開かれません。明日の委員会は傍聴させて戴くことになりました。ただしヤジったり拍手は絶対にしない約束ですから、守って下さい」

帰ろうとする私を、会長が呼び寄せた。

「実は松下君。皆にはいわなかったが、あとふたつの条件をのんでるんだよ。ひとつは、委員会の内容をビラなどで一方的に市民に知らせないこと、もうひとつは、けさの号外を詫びるビラを明日午後二時までに五〇〇〇枚作って議会事務局に提出せねばならんのです。……君もいいぶんあるだろうが、この際忍んでください。……いいよ、詫びの文章はぼくが書くから」

私がすねてでもいるように、会長はいいにくそうに伝えた。「どうも御迷惑かけました」と私はすなおに頭をさげた。

『緊急号外』

〈「九月二八日付」について訂正〉

豊前火力発電所問題については、中津市議会において真剣に討議されていることは、前号外のとおりでありますが、とくに総務委員会においては中津市民全体の生命にかかわる重大問題として委員会を公開して討議されることになりました。ついては、右の号外において、N議員の発言に対し「八百長質問」等若干の不穏当な表現をいたしましたことは、深く遺憾とするところであり、また反省致しておるところであります。
　われわれの請願に対して紹介議員の労をとられた各位をはじめ全議員のご熱意とご協力に改めて感謝するとともに、現在全国民の注目を集めている中津市議会におかれては、全市民の熱烈なる要望に答える賢明なる議決をお願いする次第であります。

二九日、やっと公開された総務委員会は、結局四対二の表決で継続審議に持ち込まれてしまった（委員長表決に加わらず、一委員欠席）。反対決議採択を主張したのは、共産党一、保守系無所属一の二名であった。私たちの議会作戦第一ラウンドは失敗に終わった。落胆は深かった。

豊前火力発電所の立地点が福岡県である以上、大分県中津市に税収などのメリットはない。しかも大気汚染は確実に県境を越えて降りかかるのである。それでいて、なぜ中津市議会が反対決議を採択出来ないのか。その問題を解明するには、豊前火力に賛成する市議の意見をみればいい。公的にはっきり表明されているのは、二五日、本会議一般質問でのN議員の発言である。氏は、次の如き前置きを付して、その時の発言をビラにして全市に配布した。

〈昭和四七年九月二五日、中津市議会に於て私の発言いたしました一般質問の内容と市長答弁の議事録が出来上がりましたので、ここに議事録記載通りの関係全文を抜粋しまして、御参考に提出します。御一読下さいまして、私の質問が果たして珍論或は暴論と非難を受ける内容であったのか、改めて中津市民各位の御意見をうけたまわりたいと思います〉

……私は今度の中津の自然を守る会の請願書提出に際しましては、紹介議員として署名捺印をしたものであります。その際、私は横松会長さんに次の様な内容の意見をただしてみたのであります。お互に日常生活の向上を望まない者はありますまいが、生活の向上、特に物質生活の向上の面では、必ず物質の消費増が伴うのは必然であり、ただ情緒的な満足感のみで生活が向上したと判断されるかたはごくまれだと思うのですが、（中略）……さすれば生活物資の取得のためには、工場設備は不可欠だと思われます。

さて当今の中津市の現状はいかがでしょうか。煙突を工場のシンボルとするならば、ある煙突はこわされ、ある煙突は休止し、またある煙突は作業内容を変化させ、わずかに一、二本の稼動煙突を残すのみの状態です。私共、戦後に当中津市における経済的発展に望みを託し、中津に踏みとどまった商工業者の一員といたしましては、全く心細い限りなのであります。

近代都市においては、生産工場なくして雇用の増大、経済効果波及を期待することはできません。無公害に近いと目される企業、あるいはまた環境基準許容量以下に押さえられた終末物資を排出する企業ならば、せめて中津市の周辺に五工場位の工場建設を認めてもよいのではないかという意味の質問をしましたところ、横松会長さんも、許容出来る無公害に近い企業なら認めるにやぶさかではないとの御返事でしたので、私はそれなら公害には全面的反対でありますので、紹介議員になりましょうと云って、署名したのであります。

……（中略）……

さて、話題を変えて考えてみますと、日本の先発型コンビナート地域では、さまざまな公害による弊害が発生して憂慮されておるわけですが、なにぶん一五年以前のコンビナート建設当時では、まだ企業側にも公害に対する認識が薄く、しかもまたその防止装置の技術もきわめて幼稚であったと思われますが、この技術革新の現今、現在の技術の進歩並びにその性能には信頼をよせ、かつ日本の技術に誇りを持ちたいと思うのであります。

……（中略）……しかし、旧設備を廃棄する場合、新しい技術を根底としての新しい工場であるというのに、その立地は認めない、それは公害の拡散をもたらすだけであるといういい方では、現在過密化におかれた地域の同朋に、君の所はすでに建設されているのだから、そのままやはり引き続いて引き受けておいてくれ、我々の近辺には、どのようなものでも来て欲しくないという態度に受けとれますが、負担公平の原則から云っても不公平ではないかと思えるのであります。

……（中略）……私はこのたびの九電問題にからみまして、私どもはかつての豊前繁華の地の中津市を田中内閣の提唱される日本列島改造のスケジュールに組みこんでもらい、せめて人口は一五万以上となり、近代工場の立ち並ぶ近代工業専用地域を持ち、近代ビルの林立する商業地域を有し、緑に囲まれた水洗便所に象徴されるモダン住宅の立ち並ぶ住居地域の住民一人一人の所得が向上するような近代都市に一日も早く変身して、福沢諭吉先生が、いみじくも我が中津は東部九州の海岸に他から隔絶された町と、そのへき地性を百年前に指摘され、あるいはまた先進都市の若き商工業者より、アフリカのコンゴの如き、煙突の一本もない町などと、その後進性をからかわれる如き、閉鎖的境遇から一日も早く脱却したいものだと、日夜念願しているのであります。

豊前火力反対決議の紹介議員となりつつ、議会では賛成論を述べるN市議の論理は右の通りである。公害には反対だから紹介議員となった。しかし無公害とわかれば反対をいいつのる理由はなく、むしろ地域発展には電力は不可欠である。無公害に関しては、日本の技術に誇りを持ちたいし、「九電の排煙脱硫装置は信用すべきだと思います」というのである。――かくて、N議員の内部では「反対決議」協力捺印と建設賛成論とが何の矛盾もなくなるらしい。

そして、この発言の中に色濃く表出されているのは、周防灘開発への熱い期待であり、そのためには豊前火力賛成は必然なのである。賛成に寄りゆく大半の市議の論理構造も同じであろう。要するに豊前火力問題は、火電一個の公害論争ではなく、「開発是非」論なのである。

そのことでは、反対運動の側においても、内部に微妙な食い違いが出来ていた。豊前火力単独の公害問題としてとらえる者は、それが無害とわかればあえて反対は続けないというのである。したがって当面の反対運動は九電に、より真剣な公害防止策をとらせるための手段だとする。

他方、豊前火力を巨大総合開発の出発点と考える私たちは、よしんば豊前火力が無公害たりとも、これを拒否する意向を秘めていて、この両者があいまいな形で反対運動に混在しているのである。ただ、両者の矛盾が表出しないのは、現時点で豊前火力が公害をもたらすに違いないという不信感ではみごとに皆一致しているからである。

第二章 「科学」への挑戦

「亜硫酸ガス出ます」

その頃、ひそかな困惑がつのっていた。

火電公害を激しくいいつのりつつ、実は豊前火力がいったいどれだけの亜硫酸ガスを放出するのか、私には指摘出来ないのだった。九電の積極的な無公害PRを論破するには、具体的な数字をあげねばならない。

豊前平野一帯に広がった反対運動の中で、奇妙なことに誰一人その計算をしようとする者がいなかった。化学、数学、技術に身震いするほど弱い私は、最初からそんな計算は放棄して誰彼に答えを聞きまわったが、皆首をかしげるだけなのだ。どうにも仕方なくて、私は自分の頭で考え始めた。

まず最初にひっかかったのが「排煙脱硫装置」である。九電は公害論争の高まりの中で、突如として四枚目のビラでそれを持ち出してきたのである。排煙に含まれている亜硫酸ガスを除去する装置である。「これで亜硫酸ガスの八〇~九〇パーセントを除去することが出来……亜硫酸ガスの心配は全くなくなりました」とビラは告げて、裏面にはその複雑な仕組み図まで刷りこまれていた。ところが各新聞の解説記事によれば、「四日市判決の住民側勝訴以来、各電力会社は排煙脱硫装置の設置を急ぎ始めた。しかし、まだテストプラントの域を出ず、豊前火力に設置するという二五万キロワット処理能力の湿式排脱装置の効力は実証されていない。一種の住民向けのアドバルーンか」というていどなのである。

この記事によって、私は初めて、九電のいう排脱装置は全処理規模ではなく、五〇万キロワットの発電所に二五万キロワット処理能力の装置だと知ったのだ。排脱装置の巨大化が難しく、九電がいう二五万キロワット能力の装置も実は現在世界のどこにもなく、一九七六年までには完成させますということなのだ。

私が首をかしげたのは、いったいなぜ半分処理能力の装置でもって、ビラのいうように「八〇〜九〇パーセントの亜硫酸ガスを除去」出来るのかということであった。その疑問を幾人かに問いまわったが答えは得られなかった。

考え悩むうちに、ふっと気付くことがあった。私は「機械」にたぶらかされているのではないか。機械とか技術に弱い私は、排脱装置という複雑な機械にたぶらかされて、事を難しく考え過ぎているのではないか。これを単純な算術問題とみたらどうなるだろうか。——排煙量の半分処理の機械しかつけないのなら、残り半分の未処理排煙中の亜硫酸ガスはそのまま放出されるだろう。そして、あと半分の処理排煙中八〇パーセントの亜硫酸ガスが除去されるということになれば、これは全体の排煙量中の亜硫酸ガスのわずか四〇パーセントしか除去されないということではないか。残り六〇パーセントは煙突から放出されるのではないか。

九電のビラは、さりげない表現で、あたかも亜硫酸ガス全量の八〇〜九〇パーセントを除去出来るかの如く私たち市民を誤解させようとしているのだと気付くと、その卑劣さに私の怒りはこみあげた。

怒りのままに立ち向かってみると、なんのことはない、単純な計算式で豊前火力一〇〇万キロワット工場が放出する亜硫酸ガス量がつかめたのである。それは思いがけないほど大きな数字であり、「亜硫酸ガスの心配は全くなくなりました」という九電のビラは全くいつわりだと思えた。

しかし私には自信がなかった。しろうとの私は、自分の計算の正しさを確かめるすべを知らなかった。思いついて、これを朝日新聞の『声』欄に投稿してみることにした。正しければ登載されるはずだと考えたのだ。一〇月一一日、「計算が示すこの害――豊前火力に反対する」は掲載された。

――九州電力が、豊前市に建設しようとしている火力発電所に、隣市の中津市の市民である私たち「中津の自然を守る会」は反対運動を続けています。しかしながら、市民の中にも「公害は絶対反対だが、九電は公害を出さないと約束しているのだからつくらせるべきではないか。電力は絶対必要なのだから」という意見が少なくありません。

　本当にそうでしょうか。ごく簡単な計算をしてみます。豊前火力が使用する重油量は一〇〇万キロワット工場で年間一四〇万キロリットルです。これは重量換算ほぼ一四〇万トンです。そして九電は硫黄分一・六パーセントの重油を使うといっています。したがって二・二四万トンの硫黄が燃焼されます。$\left(140万\times\frac{1.6}{100}=2.24万\right)$この硫黄燃焼で発生する亜硫酸ガスは四・四八万トンです。（S32に対し$SO_2$64の重さ）これに対し九電は排煙脱硫装置を取り付けて、亜硫酸ガスを除去するといっています。しかしこれは半分規模の装置なのです。そして装置自体も八〇パーセント能力なので、完全稼動しても四〇パーセントしか除去出来ないわけです。したがって四・四八万トンの亜硫酸ガスのうち六〇パーセントは空中に放出されます。つまり二・六八万トンもの亜硫酸ガスがまき散らされるということです。現在ぜんそくで有名な四日市コンビナートが全工場で吐き出す亜硫酸ガスが年間四〜六万トンと計算されていますから、実に豊前火力一社で四日市コンビナートの半分量の亜硫酸ガスが放出されるわけです。これで建設に賛成出来るでしょうか。

六日後、「九電公害関係技術者」の反論が載ったが、それには私の計算間違いを指摘する一行もなかった。

一〇月一一日付の本欄に、中津市の松下竜一氏から豊前火力の亜硫酸ガス排出量について投稿がありましたので、これに対する考えを述べさせていただきます。

亜硫酸ガスは自然界の浄化作用（雨に流されたり植物の栄養分として吸収されるなど）によって自然消滅する性質をもっており、大気中ではおよそ三時間で半減するといわれています。したがって、松下氏は豊前火力の亜硫酸ガス排出量が年間二万六八八七トンになると指摘されていますが、亜硫酸ガスは有機水銀やカドミウムのようにそのまま蓄積されることはありませんから、年間排出量だけでは地域に与える影響を判断することはできません。

一般に亜硫酸ガスが人体や動植物に及ぼす影響の程度は、私たちの住んでいる地上の濃度がどのくらいあるかで決まります。四日市の場合は裁判記録によると、地上の濃度が六カ月平均値〇・一四ｐｐｍ（昭和三八年）、その他の資料では一時間値一・六四ｐｐｍ（昭和三九年・人の健康に害のない一時間閾値《しきいち》濃度〇・一ｐｐｍの一六倍）という高濃度汚染が局地的に出現し不幸な事態を招きました。

豊前火力ではこうした事態を絶対におこさないよう、集合型高煙突を採用するとともに排ガスの温度や排出速度を十分高くして高空に拡散希釈させ、また排煙脱硫装置を設置するなど、四日市とは比較にならない低濃度（四日市の数十分の一から一〇〇分の一程度）に抑えられるようにします。
無論、亜硫酸ガスの排出量自体を少なくすることは環境汚染を防止するうえで、もっとも基礎的な対策でありますので、九電では今後とも積極的に低減対策を推進することにしております。

要するに、亜硫酸ガスの排出総量が問題なのではなく、地上濃度が問題であって、それに対しては高煙突拡散による希釈をしますから安心して下さいというのである。言外に、私の指摘した数字を認めているのだ。しかも皮肉なことに、この日の社会面には大きな見出しで次のような記事が出ていたのである。「空の汚れもドーナツ型。徳山・新南陽／工場近くより周辺。高い集合煙突が原因／山口大調査」

この日から、私には奇妙なほどの自信が居座ることになった。自分如きにはとても分からぬはずだと投げていた計算を解いたことで、いや自分如きでも積極的に考えれば必ず分かるのだと思い直したのだ。本当は誰にだって分かる単純計算でしかないのに、初めて自力で解いたという興奮のままに、私は「自信」という自己暗示を得たのである。

大切なことは、自分はしろうとだからとても分かるはずはないとして「思考放棄」をしてはならぬということだと気付く。その姿勢がなければ易々とだまされてしまうのではないか。わずか四〇パーセントの亜硫酸ガスしか除去出来ぬのに、あたかも全量の八〇パーセントを除去するかの如きビラを配布してくる企業との闘いなのだ。私の「疑う視線」は鋭くなった。

一〇月一七日夜、初めて「中津の自然を守る会」と九州電力は直接に話し合う機会を持った。これまで九電は、市議会、商工会議所、漁協役員、農協理事など各種団体幹部には積極的に説明に出かけながら、

「自然を守る会」との接触は避け通していたのである。なぜ会わぬのかという申し入れをやっとのんだ九電は、「守る会」からの出席を一五人以内に制限し非公開という条件で応じてきた。九電側からの出席は吉田勝亮火力部調査役ら一〇人。

この夜の話し合いで私たちは二点を確認した。一点は、年間二・六八万トンの亜硫酸ガスを放出するということ、二点は必ずしも一〇〇万キロワットでやめるつもりはないということ、場合によっては二五〇万キロワットまでの増設もありうるということだ。

残念ながら不勉強のまま対席した私たちは、ほとんど鋭い追及をなしえなかった。ただ「温排水」の問題では、九電の「嘘」を暴露して迫った。火力発電の場合、熱効率は四〇パーセントであり、タービン回転に消費されたあとの余剰蒸気が六〇パーセントもあるので、これを冷却して復水しボイラーに循環することになっている。この冷却用に多量の海水が必要とされる（火電立地が必ず海岸であるのはこのため）。冷却水として使われた海水はだいたい摂氏七度高温化して海面に排出される。これが「温排水」で、火電でも原発でも大きな問題点となっている。ケタはずれに量が大きいのだ。豊前火力一〇〇万キロワットで予測される温排水は毎秒四〇トン、実に一日に三五〇万トンの海水が高温化されるのである。海の状況変化は必至である。

これに対して九電が宣伝ビラで示した対策は「深層取水方式」であった。もっともらしい名称であるが、要するに水温の低い沖の海底の水を汲みあげるので、やや高温化しても海表面に排出した時の温度差は僅少だというのである。

「本当に豊前海沖の海底水温は低いんですか?」

という私たちの問いかけに、九電側はハイと答えた。

「ここに私は豊前海の水温表を持っているんですがねえ、海底も海表面もほとんど温度差はないんですよ。数字を読み上げましょうか……」

私は「公害を考える千人実行委員会」から提供された豊前水試調査の水温表をかかげてみせた。その表を読めば、真冬の一時期などむしろ海底の方がやや高温なのだ。

「豊前海のノリの種つけをする一〇月を例にとりますと、海表面は二〇・一度、海底は二〇・〇度でまるで差がありませんよ。……あなたたちはノリの種つけが二二度を超えると出来んごとなるのを知っていますか。海底二〇度の海水を汲みあげて七度ぬくめて排出したら二七度でしょ。これでノリの種つけが出来ると考えますか」

言葉に窮した九電側の答えは、

「いえ、豊前海に出される温排水は、ほんのバケツの中にそそがれるサカズキいっぱい程度だといって間違いありません。第一、わが社の温排水で赤潮が出たという例はありませんし、むしろ温排水に寄って来る魚もいるほどです」

というものだった。温度差の「嘘」が暴露されたとたん、たちまち違ったいいぬけを始めるその不誠実を、私はどなりつけたい怒りで聞いた。しかし、この夜の話し合いを冷静に紳士的におこなうというのが会長の指針であり、「今晩は九電さん、われわれのためにわざわざおいで下さりご苦労さんです」というあいさつで始まった雰囲気からしても、あらわな怒声はおさえるしかなかった。

翌日、「毎日新聞」をひらいた私はあっけにとられた。前夜の話し合いが記事となった末尾に、吉田調査役の談話が添えられているのだが、「話し合ってみて、あるていど納得してくれた人もいるようだ」というものであった。いったい、出席者の誰が納得したというのだ。怒りがこみあげた。九電を「敵」と規定しない紳士的な懇談がむしろ有害であったことを、くやしい思いで私は気付いたのだった。

九電を「敵」呼ばわりしない紳士的な運動への疑問は、豊前側の運動に加わることで、いよいよ私の内部につのるのだった。

豊前の運動は激しかった。次の問答は、中津からたった一人私が加わった日の、「千人実行委」と豊前市助役のやりとりである——

「おい助役、あんた亜硫酸ガスと空気とどっちがおもてえかいうちみないちゃ」

「……そげなん中学生んテストんごたるこつを、おれは答えん」

「おれは答えんち……ほんとは知らんのじゃろうが。知っちょっなら答えちみないちゃ」

「…………」

「なあ助役さん、あんた亜硫酸ガスが大丈夫じゃちゅうんなら、ひとつ硫酸入りの水を飲んでもらおうか」

紳士的な運動を何よりも遵守するわれわれの会の会長や副会長がこの場に居合わせたら、たちまちアレルギーを起こして運動から身を退くだろうなあと思いつつ、しかしその痛快な珍問答に私は哄笑していた。

豊前の運動がこのように激しい形をとるのは、ひとつには婦人会などが最初から賛成に立ちまわっているので、そのような組織への顧慮が必要ないのであった。

さらにもうひとつの背景は、「千人実行委」の中心に立つ豊前・築上高教組の先生たちが、名だたる福岡県の反動教育行政と対決し、日常の組合活動を激しく展開する中で、真の闘いとはどうあらねばならぬかを体得しているということであった。

それだけに教育行政の側からの豊前火力反対運動への弾圧干渉も露骨であった。右の問答の交わされた日の交渉が写真入りで新聞記事となり、たまたまA先生の顔が見分けられて、欠勤理由調査に福岡県教委は人事管理主事をA先生の勤務高校に立ち入らせたのである。

あるいはまた、教職員住宅の屋上から掛けていた「豊前火力反対」のたれ幕の除去も、県教委から管理高校長に職務命令が出されて、とうとう校長自身が屋上に上って取りはずしたのである。

わずか八キロ足らずの隣町ながら、ほとんど疎遠であった豊前市に、私はしげしげと出入りするようになり、「千人実行委」の同志たちと親しんでいった。共に最初の視察行をして以来の仲の恒遠、伊藤、滝口の三者に加えて、坪根侔、牟田豊、西山雅満などの先生も知ったし、とりわけ豊前の中央商店街で毛糸屋を営みながら「千人実行委」の中心に立っている異色の若者釜井健介君を知ったのは愉快であった。彼の周囲には有門正則、佐藤勝利、鈴木倍吉君など若い労働者がいた。

「千人実行委」が先生たちを中心にした学習会活動を展開するのに並行して、「豊前火力誘致反対共闘会議」（福岡・大分両県にまたがる関係地区労連合組織）は、その巨大な組織動員で集会に威力を発揮していた。

一〇月一五日、「共闘会議」主催による「豊前火力反対総決起集会」が、豊前市平児童公園でひらかれ、集会後、初のデモ行進は豊前の町並みを通って築上火力発電所の閉ざされた門前にまで至った。このデモには、全九電北九州支部の労働者三〇名も加わって、内部告発のビラを配った（九電労組は、九電労と全九電に分かれていて、全九電は圧倒的少数となっている。このデモ参加ののち、全九電北九州支部への会社側からの圧力は一段と激化し、以後全九電はわれわれの運動に加われなくなった）。

翌朝、某新聞をひろいた私は、アレッと思った。築上火力門前でシュプレヒコールをあげている私たちの写真入り記事が大きく載っているのだが、老朽化して運休中のはずの築上火力の二本の煙突から太々と黒煙が吐かれているのだ。これは新聞記者の演出でトリミングされた写真だったのであり、九電からの抗議でこの新聞社は陳謝させられたという。愉快な挿話であった。

一一月一〇日には、「共闘会議」が中心となって九電本社に数十人が押しかけて抗議行動。この時の交渉で、豊前市においての大衆団交の約束をとりつけ、これが一一月一七日に豊前市民会館大ホールで開かれた。

豊前、中津の地区労を中心に八〇〇人が結集した大衆団交は、いわば「激しい運動」のひとつのクライマックスであった。九電からは吉田正勝常務取締役ら七人が出席し、ホール正面舞台下に設けられたテーブルに、われわれと対面して座った。共闘会議と千人実行委の幹部連が前列で対決し、中津から参加の私は二列目に座った。

共闘会議議長吉元成治さんは巨体である。その彼が、時にはテーブルを打ち叩いて放つ怒声には、九電幹部らも青ざめる。同じく共闘会議の吉永宗彦さんは、対照的に冷静に理詰めに追及の矢を放った。私も、この夜の交渉では、中津の運動での気がねをかなぐり捨てて怒声をあげ続けた。私には抑ええぬ怒りがあった。その四日前、大分新産都二期計画に反対する大分市民と共に大分市議会に座り込んだ私は、機動隊にひきずり出されたのだった。市民のささやかな願いが、巨大な権力によって踏みしだかれていく過程をくやしいまでに体験した憤りは、なお私の中に突きあげていて、それがこの夜の九電に向けて激しく放たれるのであった。

だが、なんとしたたかなものか。いくら八〇〇人が声荒く豊前火力中止を迫っても、九電幹部七人は、色青ざめはしても、ただひたすらに耐え忍ぶと決めているらしく、じっと沈黙を続けながら、それでも「造らせていただきます」という一言だけは絶対に撤回しないのである。午後五時半に始まった団交は九時四〇分に至って、ついにさしたる成果も獲得出来ずに終わったのであった。

豊前市の運動の弱点は、全く労組組織の運動に偏してしまって、一般市民を含みえない点にあった。「千人実行委」は、一応市民組織のたてまえでありながら、中心的行動者は高教組の先生やその他労組員たちである。豊前市の一般市民をどのように運動に巻き込んでいけばいいのか。最初から頭の痛い課題であった。

その頃、幾百の市民が豊前市役所の廊下を占拠して座り込むという問題が起きていた。市庁舎移転問題である。現人口三万七〇〇〇の豊前市は、豊前火力を導火線として急速に展開されるであろう工業開発に期待し、早くも列島改造論のいう二〇万都市を想定、それにふさわしい豪華な新市庁舎構想を打ち出したのである。現庁舎の一帯は当然豊前火力と共に工業専用地域に入るので、ずっと山際に移転しての建設となる。これに対して、現市庁舎近くで商店を営む八屋《はちや》商店街の人びとが大反対して、ついに座り込みの実力行動に入ったのである。新市庁舎が遠のくことで、町の中心が移り、現商店街がとり残されることを恐れたのだ。

その商店街の一員でもある釜井健介君は、千人実行委のメンバーと共に、この座り込み廊下で、豊前火力問題を訴えた。「市庁舎移転」も「豊前火力建設」も、実は「周防灘総合開発」という巨大構想の同根から発生しているのだから、「市庁舎移転」反対を貫くためには、「豊前火力反対」にも立つべきなのだという訴えであった。

しかし、座り込みの人びとにそれは通じなかった。市庁舎移転には反対なのだが、豊前火力には賛成という彼らの矛盾をついに突き崩すことは出来なかった（後日、豊前市議会は押し寄せる市庁舎移転反対市民を恐れて、真夜中に懐中電灯で議会をひらき移転地を決定した）。

秋深む日々、私には匿名市民からのいやがらせの電話や手紙が続いていた。

ある日、脅迫状も届いた――

しみん運動からすぐてをひいたほうがみのた目ジャないでスカねえ！　みみをかさないとどういうことになるか　よあるき　出火　子ども　いくらでん手はある　だいたい作家しちょるがらではないだろう　思いあがるな　せむしのこおとこ

何かの古雑誌から小さな活字を一字一字切り抜いて便箋に貼り綴ったこの脅迫状には、単なるいやがらせを越えて、なにか私怨までがこめられている感じであった。古雑誌のページから丹念に文字を探し出して、多分剃刀でていねいに切り抜き、そのかすかな紙片ひとつずつを糊づけにして貼っていく男の、うつむいた暗い表情を想像してみるだけで私の心は冷えた。

この脅迫状は、私よりももっと臆病な妻を震えあがらせて、しばらくは二人の幼な子を一歩も外に出さない家ごもりが続いた。

硫黄分一パーセントに？

「重油硫黄分一パーセント以下に」――一一月一五日の各新聞はいっせいに大見出しで、九電の低硫黄燃料への努力を好感をもって報じた。

九電は初めて「豊前火力公害防止計画案」を公式発表したのである。その目玉部分が、「硫黄分一パーセント以下に」であった。なにしろ、これまで非公式ながら九電の示してきたのは硫黄分一・六パーセントだったから、かなり下げたことになる。

燃料重油中に含まれる硫黄（S）が燃焼して亜硫酸ガス（SO_2）となる以上、火電の最大の公害防止策は、いかに低硫黄燃料を確保するかにかかっている。深刻な公害都会地では、硫黄分一パーセント以下が常識であるが、九電はこれまで最低一・六パーセントを使用してきたのであった。それを一挙に一パーセントに下げるのだという。その朝、新聞を読んだ「守る会」会員の幾人もから電話がかかってきた。皆、動揺している。九電がここまで硫黄分を下げてきた以上、もはや豊前火力反対の根拠がなくなるのではないかという素朴な心配なのだ。

各紙を精読するうちに、地元紙「大分合同新聞」の社説が目にとまった。

……たとえば、九電が最も力を入れているといわれる亜硫酸ガス対策について、九電は使用燃料の硫黄分を排煙脱硫装置を採用して〝排煙濃度換算〟で一パーセント以下とするとしている点である。まず、使用燃料中の硫黄分を〝排煙濃度換算〟としたことである。これは使用燃料中の硫黄分がたとえ一パーセントを超えていても、排煙脱硫装置によって排煙中の硫黄分を除去するため大気中に放出される排煙中の硫黄分が少なくなり、その結果硫黄分一パーセント以下の燃料を使ったことと同じになるというものである。したがって、使用燃料そのものの硫黄分が一パーセント以下ということではないのである――

この指摘にしたがって、もう一度計画案を読むと、なるほど「排煙脱硫装置の効果も勘案して、排煙濃度換算の燃料硫黄分を一パーセント以下とする」とある。またしても、九電の巧妙なごまかし発表である。

しろうとには理解出来ぬ〝排煙濃度換算〟という言葉を突如持ち出してきて、硫黄分一パーセントといえば、誰しも燃料そのものの硫黄分が一パーセント以下だと誤解して読むではないか。むしろ、九電はそんな誤解を期待して発表したのではないか。現に、専門の新聞記者さえ、たぶらかされて大見出しの好感記事を書いたではないか。

全国紙がそろって九電発表をうのみにして誤報した中で、鋭く見抜き解説した唯一紙が小さな地元紙だったとは皮肉である。

では、〝排煙濃度換算〟一パーセントとは、実際には何パーセントの硫黄分燃料をたくということか。やっと計算の筋道がたったのは、便所にかがんでいる時だった。これも〝排煙濃度換算〟という技術用語にまどわされねば、やはり単純な算数計算で解けるのである。次のように計算する——

豊前火力一〇〇万キロワットでS分一パーセントの重油をたくと、年間の燃焼硫黄量は

140万$t \times \frac{1}{100} = 1.4$万$t$……$y_1$

これが燃えて発生する SO_2 量は　二・八万トン

さて、排脱装置（全体の四〇パーセントしか除去出来ない）を取り付けてS分 x パーセントの重油をたいた時の年間 SO_2 放出量 y_2 は

$$y_2 = 140万t \times \frac{x}{100} \times 2 \times \frac{60}{100}$$

$y_1 = y_2$ であるから　$140万t \times \frac{x}{100} \times 2 \times \frac{60}{100} = 2.8万t$

$$\therefore \quad x = 1.666……$$

答えが出てあきれてしまった。これまで九電のいってきた一・六パーセントをむしろ上まわるほどの硫黄分ではないか！　なんという巧妙なごまかしであろうか。もちろん九電としてはいい抜けの理屈はあろう。〝排煙濃度換算一パーセント〟といっているわけで、それの意味を理解出来ずに誤解する方が悪いということだろう。しろうとにどうして理解出来よう。私とて「大分合同新聞」の適切な指摘に目をとめねば、たぶらかされて終わったはずである。私の「疑う視線」がまた鋭くなる。

したたかな企業を相手に、たぶらかされぬためには、しろうととてもそれなりの知識で武装せねばならぬ。そんな考えで、私は青年部学習会を始めたばかりであった。

きっかけは、一一月一一、一二両日、大分県佐賀関町で開かれた「大分の自然を守る県民大集会」である。県内各地の全住民運動が結集して立木大分県政の開発優先政策に痛打を与えようという集会で、「中津の自然を守る会」からもタスキを掛けて参加していったのだが、九人の参加者がまるで申し合わせたみたいに若者ばかりだった。

「中津の自然を守る会」の主体を占める諸組織の幹部諸氏は、それぞれの地位の重さゆえにか、容易に自らの身体を動かして運動に駆けまわることが乏しく、それが早くも私たちの会の運動停滞の一因となりつつある最近の傾向に私は心を痛めていた。はるかな佐賀関まで駆けつけて来たのが無名の若者ばかりだったのは、偶然の暗合なのではなかった。そのことを思い、私は帰りの車中で、梶原得三郎君に提案した。

「どげえかなあ。こげえして、県の集会に出て来るんも、わけえもんだけんごたるし、これからん勉強も行動も、実際の中心はわけえもんがせんならんちおもうし、こん際、いっそこのメンバーで青年部学習会をつくろうか」

その場で全員の賛成を得た。「青年部学習会」は一一月一二日夜、日豊線の汽車の中で誕生したのである。

梶原得三郎。今はもう「得さん」と呼ぶ仲だが、その得さんが運動に加わって来たのは途中からだった。八月頃の会議だったと思う、見慣れぬ若者が参加して来て、帰りにカンパだといって二〇〇〇円くれた。おやっと思った。中津のような小さな町では、運動に加わって来る若者も、たいていは知った顔なのに、まるで見慣れぬ若者が自分の方から参加して来てカンパまで置いていくのは、驚くべきことであった。

間もなくの日、婦人会に公害映画を上映する会場に来て、黙って加勢してくれた。ぽつぽつ話し合ってみれば、なんと私の家から一〇〇メートル程の近くに住んでいるのだという。年齢まで同じなのだ。とすると、どうしてこれまでどこかで出遇わなかったのか、そのことの方が不思議だなあといって二人は笑い合った。もっとも北九州の住友金属に通勤している鉄鋼労働者なので、中津にはやっと眠りに帰るだけみたいな日々で、誰とも顔を合わせないのだという。

得さんは以後、私には欠かせぬ同志となってきた。彼自身も、この運動とのかかわりにおいて、初めて「わが町」としての中津が見え始め、勤務を終えて帰って来るのが、これまでになく楽しくなったと告げるのだ。

彼の参加の直接動機は、一人娘の玲子ちゃんが喘息気味なので、豊前火力によって中津の空気が北九州のように汚染されるのではないかという真剣な不安に衝きあげられてのことであった。

だが、彼の尋常でない燃えようを見ていると、単なる動機を超えたものを私は感じてしまう。それはおそらく、労働組合さえ丸がかえにされた巨大企業の単純作業労働者としての没個性の青春を経てきた彼にとって、今やっと自らの意志で取り組み挑んでいくに足る対象を見付け出したという感じなのだ。

得さんの影響で、成本好子さん（二三）が加わって来た。彼女は得さんの奥さんの妹で、幼い頃父母を喪ったままに姉さんとの生活を続けて、姉さんが得さんと結婚したのちも、同居している。歯科医院に勤めて助手をしている。やがて彼女が、かつて中学時代の同級生だったという須賀瑠美子さん（二三）を誘って来た。彼女は東京での学生生活のほとんどを学園闘争で過ごした。卒業の年、健康をそこねていると診断されて就職もならず、療養もかねて失意の帰郷をして来たのだという。ぬるま湯のような中津で、家業の洋品店を手伝いながら目的も見出せぬ暗い日々に、好子さんと会って私たちの会に誘いこまれたのだという。

まだ得さんと遇う少し前頃だったと思う。ある日、陽に焼けた娘さんが訪ねて来て、ぽつりぽつりとした聞き方で「自然を守る会」の趣旨など尋ねた。今井のり子さん（二二）だった。短大の農園芸を出て、「人嫌いだから、田畑にいればあんまり人とつき合わんですむやろ」と考えて帰郷し、自宅でカーネーションなどの栽培をしているという。ミミズや蝶が好きで、そんな虫たちまでを守る視点に立った反公害運動であるべきだと、現在の「人間本位」の運動に批判を抱いているが、それを強く主張して他に押しつけるふうでもない。はにかみ屋なのだ。

それに中尾洋子（小学校教諭）、江良汐美（幼稚園保母）、不動吉則、井上寿幸、吉田澄美（いずれも労働金庫）君らが、発足した青年部学習会のメンバーであった。

一一月二八日、私たちは翌夜に予定されている対九電交渉第二回のための作戦会議を持ち、会長、副会長には内密のまま、これまでの懇談調の対面を排し、はっきり九電を「敵」と名指しての徹底追及を決めた。

中津のような保守風土の中で運動を育てていくには、何よりも微温的であらねばならぬという基本方針で持たれてきた対県交渉も対市交渉も、第一回九電交渉も、相手方になんの痛打さえ与えずに、かえって軽くあしらわれてきたのだ。もはや怒りを殺すのではなく、怒りを叩きつけることで、われわれの気迫を示す時なのだという点で青年部学習会は一致したのである。

二九日夜は寒かった。暖房のホールを用意したいという九電の申し出を私は拒否した。電力問題を論争する者が、電気暖房のぬくぬくした部屋におさまることなど出来ぬ。この夜、九電側の制限を無視して、青年部学習会全員が繰り込んだので、「守る会」側は三〇人にもなった。

これまで「中津の自然を守る会」は、各組織の幹部連が中心なので、無名の若者たちが表面に出るような機会はなかった。この夜が初めての登場であった。作戦通りに、私たちはのっけから九電に嚙みついていった。

まず問題にしたのは吉田調査役の新聞談話で、「あの夜、誰が納得したとあんたは見たのか、指でさして答えてみなさい」と詰問した。さらにまた、中津漁協幹部を集めての九電説明会で、大賀利雄調査役が「自然を守る会」は科学性も進歩もないと勝手な放言をしたことも合わせて激しく詰めよった。

冒頭からの大荒れに、血相を変えた筏島九電大分支店次長は、横松会長に、

「こんな会の約束じゃなかったはずです。こんな雰囲気で話し合いは出来ません。帰らせていただきます」

といい始めた。そんなことに容赦なく、怒声を叩きつける私たちに、九電側は沈黙戦術に閉じこもった。それにいらだって、青年たちの怒声は罵声にまで変わっていった。会長がさすがに困惑して、

「そんな言葉は慎みなさい。松下君、もう今夜は終わりましょう」

というのを無視して、結論の出るまで九電を帰すつもりはなかった。私たちは単なるいいがかりをつけているのではないのだ。誰一人納得していないのに、あたかも納得者のいたが如き談話をぬけぬけと発する姿勢は、まさに巧妙な用語をあやつって私たちを誤解させようとした宣伝ビラと、同じ根から発していると思うのだ。その根とは、「住民軽視」にほかならず、それを追及し切れぬ限り、対等の話し合いには入れぬのだ。

「あんたら、そげえやって黙るんなら、いつまででん黙っちょってんいいんど。俺たちは徹夜してんがつき合うぞ」

けっきょく、二人の調査役が立ち上がり、

「発言が軽率であったことを反省します」

と詫びたが、しかし新聞で広く県民に誤解を与えた責任は、こんな非公開の席上で訂正されたくらいですむものではない。

「そうだ、ビラで詫びろ。おまえんとこは、くれともいわんのんに、もう七枚もきれいな宣伝ビラを配ってきたろうが。ビラ宣伝はおとくいん手じゃねえか。ビラを入れろ！」

「それは、私の一存で即答出来ません」

「じゃあ責任を持てる者と電話で相談しろ」

「……そうまでしなくても、しかし多分今夜の模様は新聞記事となるはずですから、それでいいのではないでしょうか」

と、支店次長がいい出して、横松会長は後ろの記者団席に相談に行った。

「それは、われわれは記事として書きます。しかし記事採用選択はデスクの仕事ですから、一〇〇パーセント載るとは答えられません。まず載るに違いないとは思います」

という記者発言で、

「どうだろう、こういうことで事をおさめましょう。もう遅いんですから」

という会長収拾を、私たちはしぶしぶ了承した。しかし、もし載らなかった時の処理交渉をも含めて、次回は必ず冷静に公害防止計画案の説明を聞くから、近々第三回交渉を持つことという確約だけはとりつけた。散会したのは、午前零時を過ぎていた。会場として借りたホールの管理人のおじいさんが、真夜中まで眠れなかったことに立腹したらしく、帰って行く私たちの背に、

「バカもんどもが！　電気がなけりゃ、くらやみになっちしまうんに、いったいなんの考えよんのんか！」

と毒づいたのがおかしかった。

一二月一日付各紙は「九電幹部が謝罪」の記事を載せて、両調査役の放言問題は一応落着した。会長からは「松下君。私に無断であんな勝手をされては困りますねえ」と電話で叱られてしまった。覚悟の上だったので、すみませんでしたと詫びた。

青年部学習会が燃え始めた――

九電との三度目の交渉の意義を皆で討議する。いったい九電と話し合うとは、どういうことなのか。建てさせないという者と、ぜひ建てますという者の間に、本当は話し合いなどありようはないのだ。テーブルに対面するなら、徹底的に激しく反対の気迫を示して、相手の翻意を促すしかない。二度目の追及はそれであった。では、三度目も怒声と罵声のみで迫るべきか。だが、私たち若者一〇人足らずがいくら激し

く九電に迫りののしるとも、そのことによって大事業を翻意することなどありえない。とすれば「激しい交渉」も、一種の自己満足的爆発でしかないのではないか。

要は、いかにして多数市民を運動に巻き込めるかに尽きる。そのためには、九電の示す公害防止計画案が決して完全ではないことを、九電との理論対決の席上で暴露し、その成果を市民に知らせること以外にないだろう。

そのような結論が出てみて、さすがに私はたじろいでしまった。とても出来ない。相手は大九電の技術専門陣である。私たちのグループには一人の技術屋も研究者もいない。そろって学問に無縁な労働青年の集まりである。どうして太刀打ち出来よう。あっけなく言いくるめられてしまえば、とり返しのつかぬ敗北となってしまうのだ。

しかし、もはやそれを避け続ける時期ではない。誰かがそれをやらねばならぬのだ。私は第三回を理論戦に持ちこむと決意した。毎夜の学習会が始まった。短期に迫った目標に向かっての猛勉強である。皆、その日の勤務を終えると夕食をとらずに集まって来た。昼間何の仕事も持たぬ私が調べておいた資料を講義しながら、皆で考え合うのである。高校で習ったはずの化学式などきれいに忘れている私は、今さらに頭を悩まさねばならなかった。

「まさか今頃になっち、こげなん勉強をさせらるっとはなあ」

と、私は得さんに笑う。楽しい夜々だった。職業も違い、これまで親しくもなかった若者たちが、たとえ一〇人足らずとはいえ、こうして不慣れな学習行為の中で、にわかに緊密に結ばれていくことに私の心ははずむのである。

今、新しいことが始められているのだ。そしてこれは、やがて「中津における若者の復権」につながっていくのかもしれぬと、早くも私の内にひそかな夢がふくらむ。大学も企業もないままに、有能な若者は流出し、残った者はまるで無能者のように己も周囲も思ってしまう。そんなコンプレックスが、この町の若者たちを無気力にしてきた。それを打ち破れるかもしれぬと、私は考えるのだ。

だが、そのためにも勝たねばならぬのだ。若い同志たちには、「なあに、九電の技術者なんち、たいしたこたあねえよ」と鼓舞しつつ、本当はその困難を思って、眠れぬ夜さえあった——

第三回交渉を前にして、九電から会長に幾点かの条件がつけられた。①あくまでも冷静、紳士的話し合いたること。前回の如きであれば直ちにひきあげる。②前回は人数が著しくオーバーしていた。今回は二〇人を厳守し、それも前回の如く若者たちでなく、婦人会関係者の出席がのぞましい。③正確に九時で終了する。④あらかじめ、当日質問したいことを書面で提出してほしい。

「松下君。ぼくは承知したから、今度はちゃんと守ってくれよ」

という会長に、

「ハイ守ります」

と答えておいて、九電の中津営業所長に電話した。

「質問事項を書面で先に出せとは、どういうことなんですか」

「ハイ、そうしていただきますと、こちらもちゃんと正確な答えを用意して行けますから」

「あのねえ、私たちは今度初めてあなたがたの公害防止計画案の説明を聞きましょうというんですよ。質問とは、説明を聞いたあとに出るもんでしょ。説明会前に質問書なんか出せませんよ」

そういって私は拒否した。本当は、私たちはそれこそ綿密な作戦を立てて、誰がどの点をどのように質問し、誰が援けるかまでの割りあてをすでに終えていた。あらかじめこちらの手の内をあかせて、ずるいいい抜けを用意されてはかなわない。

なにが、科学か！

一二月一二日も寒い夜だった。

七時から九時までの二時間を折半、先に九電が説明をすることになった。

「それではまず、九州における電力需要を……」

といい始めた途端に私がさえぎった。

「待って下さい。なんで、この席で電力需要の説明が出るんですか。われわれが問題にしているのは公害なんですよ。どうしても電力はいるから公害は我慢してもらおうじゃ、承知出来ませんよ。あなたは座りなさい」

電力需要担当者は、とまどった顔をしたが、

「ではまたあとで時間が余りましたら……」

と呟きながら着席した。作戦通りのすべり出しであった。九電の説明は予定より短く終わり、私たち青年学習部の鋭い質問が飛び始めた。他に出席している「守る会」会員は、ただ黙って見守り続けた。

私たちが連夜の学習会で立てた作戦は、九電が絶対安全としてふりかざす亜硫酸ガス最大着地濃度〇・〇一一七ｐｐｍの根拠を徹底的に突き崩すことであった。年間二万六〇〇〇トンの亜硫酸ガスも、高煙突拡散で、地上に降って来る時はわずか〇・〇一一七ｐｐｍという微量ゆえ無害なのだというのが九電の説

明である。高煙突拡散に関しては、二〇〇メートルの集合型煙突でジェット式に噴きあげる（排ガス温度一四〇度C、排出速度毎秒三二・四メートル）ので、煙はまっすぐ四七〇メートルの高空まで上昇し、そこでなびき始める（これを〝有効煙突高サ〟といい、ボサンケの式で求められる）。こうして拡散した煙は、はるか一八キロメートルの先の地点に降りて、この時の最大着地濃度が〇・〇一一七ｐｐｍだと説明する（この拡散はサットン式で求められる）。

「すみませんけど、そのサットン式を黒板に書いて下さい」

「さあ、どうでしょうか。ちょっと専門的ですから……」

「いや、わからなくてもいいから書いて下さいよ」

「いいから君、書いてあげなさい。あんなにいうんだから」

「じゃあ、まあ書きますけど……」

「では尋ねますが、いったい煙のなびきかたが、本当に計算式なんかで出せるんですかねえ。煙は、生き物みたいに千変万化するはずですがねえ」

「ハイ、これはですねえ、ちゃんと国の大気汚染防止法施行規則で認められた式なんです」

「いや、国が認めちょろうが認めちょるまいが、ぼくらにはそんな計算式なんか信じられないんだよ。煙の流れ方が数字で解けるはずがないでしょうが」

「どうもそういわれると困りますなあ。……あのねえ、科学とはそういうものなんです。多様な複雑な現象の中から法則をみつけて数式化出来る、それが科学の力なんですよ」

「冗談いうなっ！　なにが科学だ。これまでその科学にどれだけ各地の住民がだまされてきたか！　やれ、ボサンケの式だのサットンの式だの、もっともらしい式を持ち出して、これなら安全ですといっておきながら、建ってみると公害は出るじゃないか。四日市をみよ！」

「あっ、四日市なんか持ち出されても困ります。あれは全く特殊な例でして……」

「あのう、いいですか……ちょっと教えて下さい。そのサットン式の中の拡散係数cz／cyですけど、それには豊前の状況を特に加味した数字を入れたんでしょうか……」

「いえ、ここに使った拡散パラメーターはですね、特に豊前の特徴というんじゃなく、だいたい全国一律に通用するものとお考え下さい」

「そうしますと、おかしいですね。その数式には豊前現地の条件は全然どこにも反映してないじゃないですか。東京で二〇〇メートル煙突建てて計画しても、豊前と同じ着地濃度しか出ないじゃありませんか」

「それはまあ……そういうことです」

「何をふざけてるんだ！　それはまあそうですとはなんだ。そんなことで〇・〇一一七ｐｐｍですか、ああ安心ですなどと信じられるっか」

「まあ、そう大きな声出さなくっても……。われわれはですね、風洞実験やりまして、その結果と理論計算とが合うわけなんです。つまり、証明されてるとお考え下さい」

「で、風洞実験はどこでやったんですかあ」

「長崎の三菱重工です」

「で、九電から誰が立ち会ったんですかあ」

「……………」

「誰なんです。栗林さん、あんたですか」

「いえ、誰も行っておりません」

「エッ、ほんとに誰も立ち会わんのですか。これほど重要なことを三菱まかせなんですか。無責任もいいとこじゃないですか」

「…………」

「ところで三菱重工の風洞実験では、幾メートルの風を吹かせて実験したんですかねえ」

「ちょっと待って下さい（数人で相談）……あのう、今から長崎に電話してみます……」

「あのねえ、冗談をいい合いに来てるんじゃないんだ。問い合わせんでもよろしい。私たちが知ってる。いいですか、三菱重工の風洞実験は風速毎秒六メートルを吹かすんですよ。そこで風洞実験の模型は二五〇〇分の一に縮尺されていますよね。小さな箱庭みたいなもんですね。その中を地上そのまんまの風を吹かすなんち、おかしな話ですね。毎秒六メートルを二五〇〇倍したら秒速一五キロメートルですよ。こんな途方もない風がありえますか」

「困りましたなあ。あなたがたしろうとはそういいますけどねえ、それが科学というものなんですよ。風洞実験は、関門大橋の設計などに役割を果たしてきてるんですよ。……あなたがたのように科学や工学を信じないんでしたら、世の中の進歩なんかありませんよ。ひとつ聞きますが、松下さんは何なら信じるのですか」

「私は、この目で見て確かめたものを信じますよ。ｐｐｍ計算や風洞実験は信じられんけど、どこかの発電所を完全に無公害にしてみせてくれたら信じますよ」

「ですから私共は豊前に無公害の……」

「俺たちを人間モルモットにするんか！　まだありもせん排脱装置を五一（一九七六）年までには完成さ

せますなんちゅうて、出来んじゃった時は俺たちは人間モルモットじゃないか」

「排脱装置は、はっきり自信があります」

「しかしねえ、大阪府公対審は排脱装置があてにならんちゅうて、多奈川第二火力の公害防止計画からはずしたじゃないか。関電に出来んことが九電には出来るんか！」

「多奈川のことは、私初耳ですが……」

「またそんな……知ってるくせに」

「いえ、本当に初耳で……」

「ちょっと逆転層のこと聞きますけど。さっきあなたたちの説明は、この豊前地域に通常発生する逆転層は一五〇メートル以下だから、煙突はその上に出るんだから問題ないというふうにですね、いったと、ぼくは聞いたんですけど、いったい逆転層の調査は、いつ、どのくらいしたんですか」

「二度やっております」

「二度？ ……ただの二度ですか」

「ハイ、昨年一一月に二日半、今年四月に二日ですね」

「一年に合計四日半の調査で……それで、通常このあたりの逆転層はなどと、いえるんですか」

「それが科学なんですよ。……科学とはそういうものなんです。気象データがちゃんと統計化されていますから、一年のうち二度調べるだけで、類推出来るわけです。あと、毎日調べてみても、無意味なんですよ」

「なにをとぼけたこというんだ！ お前たちは侵入者じゃないか。俺たちが豊前に呼んだんではないんど。俺たちはここに住みつく人間ど。俺たちだけじゃない、子も孫も、ここで生きるんだ。俺たちはいのちを賭けた問題として今夜も出て来てるんだ。それを……なんだそのいいぐさは！　たった四日半の調査で、ハイ大丈夫ですとは、なにをほざきやがるんだ！　俺たちの土地に火電を建てたいんなら、毎日毎日三年間連続気象調査した上で、出直して来い！」

「…………」

「〇・〇一一七ｐｐｍですから全く安全です、信じて下さいといわれても、これじゃあまるで信じる根拠がないじゃないか。こんなにひどいもんだとは知らなかったなあ。……サットン式は豊前の状況なんか少しも加味してねえちゅうし、それを補足証明した風洞実験は、今じゃほとんどの学者も首をかしげよるし、おまけにまあ、一番大事な気象調査がたった四日半とは……いったい何を信じろというのか。これでも自信をもって無害だといえるんか。栗林さん、あんた断言出来るんか」

「私は技術者として、無害だと信じます」

「あんたの信念だけでは、俺たちは救われないんだよ」

「もう水かけ論ですね……」

「いや待ちなさいよ。まだ聞きたいことあるんだよ。井上さん、聞けよ」

「窒素酸化物のことですがねえ、これは燃焼方法で抑制するしかないと思うんですが、そんなこと本当に出来ますか」

「ハイ、出来ます。四〇パーセントはカット出来ます。……ボイラー会社が出来るといってます」

「エッ、ボイラー会社ですか。九電の責任じゃないのですか。ボイラー会社が出来るというから出来るんでしょうと、こういうことですか」

「いいえ、そうじゃなく、私たちがボイラー会社を指導して必ず造らせます」

「おかしいんだよ。あんたたちの答えは、みなどこかで責任が抜けてるんだ。風洞実験で証明しましたといいながら、誰も立ち会ってない、窒素酸化物は燃焼方法を工夫して二五〇ｐｐｍ以下に押さえられますからといいながら、それはボイラー会社がそういいましたという。いったい、あんたたちは本気なんか。こんなことで納得しろちゅうんか！」

「………」

「窒素酸化物について、一番基本的なことがわからないんで教えて下さい。いったい、一時間に何グラム煙突から出るんですか？」

「だから……二五〇ｐｐｍと」

「私たちはｐｐｍじゃわからないんですよ。何グラムか教えてほしいんです」

「ちょっと……それは計算出来ていません」

「冗談じゃないでしょ。こんな基礎的なことを、あなた方が計算してないはずないでしょうが」

「いや、本当に計算出来てないんです」

「それこそが問題じゃないか。あんたたちの姿勢はいつも、そうなんだ。ｐｐｍ濃度のことばっかりいって、絶対量のことは隠してばかりいるんだ。窒素酸化物二五〇ｐｐｍとかいわれたって、俺たち無知なしろうとには、まるきり量の実感がつかめないんだ。グラムでいってくれよ。……絶対量で答えてくれよ」

「さあ……とっさにいわれましても」

「待つから、ちょこちょこ計算しろよ。お手のもんだろうが、そんな計算くらい……」

「ちょっとこの場では……だから私がいったでしょうが、二日前までに質問状を出しておいて下さいって……」

栗林火力部次長のつぶやきに、私たちはあきれて、思わず笑ってしまった。これまで九州を支配してきた九電王国の技術陣の正体が丸見えに見えてしまった気がした。

その笑いで、私たちは未練なく三回目の交渉を打ち切った。聞くべき要点は、すべて聞き出していた。

「あれが本当に九電の技術プロジェクトチームなんかなあ」

私たちは興奮の醒めぬままに、寒い夜道を寄り添って歩き続けた。私たちのにわかな学問が、専門家を相手に一歩も退かなかったのだ。

よし、学習の輪をもっと広げよう。私たちは夜の路上で、正式に「中津公害学習教室」開講を決めた。毎月五のつく日の夜を開講日と定めて第一回は一二月一五日とする。

翌日案内ハガキを刷って、あちこちに呼びかけた。だが第一回公害学習教室に新入生はなくて、これまでの内輪な学習会の延長となった。この夜の学習会で、私たちは九電がついに答えなかった窒素酸化物排出量を計算してみた。

これまで私たちは大気汚染物質として亜硫酸ガスのみに焦点をあててきたが、窒素酸化物（NO_x）がもっと恐ろしいのではないかと考え始めていた。都会で頻発する光化学スモッグの元凶と目されているのだ。厄介なことに、物を高温で燃やせば、空気中の七九パーセントを占める窒素が酸化現象を起こすのである。

私たちは、次のような計算をしてみる――

豊前火力　一〇〇万キロワットの総排出煙量は　2934000m^3/h

この　一二五〇　ｐｐｍ　が窒素酸化物だとすると

$$2934000 \times \frac{250}{100万} = 733.5\,m^3/h$$

NO_2は　$46kg = 22.4\,m^3$　∴　$x \fallingdotseq 1500kg$

豊前火力一〇〇万キロワットは毎時約一五〇〇キログラムの窒素酸化物を排出するのだとわかった。

「しかし、一時間に一五〇〇キログラムちゅうてん、どげなん量か、とんと実感として分からんなあ」

そんな率直な声が出て、誰もそう感じていたことゆえ、考えこんでしまった。

「そうだ、自動車の排気ガスと比較してみっか。排気ガスも窒素酸化物出しよるし……」

私の出した案に皆賛成した。つい一週間前の新聞記事に「新車にも排ガス基準」という見出しで、明年四月からの新車排ガス基準が実施されれば、乗用車の窒素酸化物は一キロ走行あたり二・一グラムと見込まれると解説されていた。

時速六〇キロメートルで一時間走る自動車の出すNO_Xは　$60 \times 2.18 = 130.8$

∴　$1500000 \div 130.8 = 11400$

そんな結果が出て、私たちは目をみはった。豊前火力が毎時吐き出す窒素酸化物量は、実に自動車一万一四〇〇台の排気ガスが含む窒素酸化物に匹敵するではないか！　これでは、さして自動車も走らぬ豊前平野で光化学スモッグの発生も予測されるではないか。二五〇ｐｐｍなどといわれてもわからなかった正体が、こうして自らの学習で丸見えとなる。

第二回学習教室の一二月二五日、新聞は福岡県が豊前火力建設にともなう環境保全協定案を九電に申し入れたことを報じた。これは、先に九電の示した案を、もっと厳しく訂正したもので、たとえば亜硫酸ガスについては一〇〇万キロワットで毎時の排出総量を一一六一N立方メートルとしている。この時の最大着地濃度は〇・〇〇九ｐｐｍで、無工場地帯としては日本一厳しい案だと村上福岡県環境保全局長は自賛している。九電もこの協定案をのむらしい。協定は煮つめられたのだ。この協定案は排出総量でチェックされていて、硫黄分何パーセントの燃料になるのかは示されていない。この夜の学習会で私たちはそれを計算した。

SO_2は　$64\text{kg}=22.4\text{m}^3$

1161m^3 を重量換算すると　$\frac{1161\times 64}{22.4}=3317.1\text{kg}$

年間に排出するSO_2量は

$$3317.1\times 24\times 365\times \frac{70}{100}=20340\text{t}$$

(kg/h)　(h)　（年間稼動日数）

$$1400000\times \frac{x}{100}\times 2\times \frac{60}{100}=20340 \quad \therefore \quad x=1.21$$

つまり一・二パーセントの硫黄分の重油をたくという計算になる。これまで九電の示してきた一・六パーセントからすれば確かに低く下げたことになる。だが、本当に九電は一・二パーセントの重油を確保出来るのか、という強い疑問がわくのだ。今や世界的な石油危機の深刻化の中で、あたかも先になるほど低硫黄重油を入手出来るかの如き九電の宣伝に不安を感ずるのだ。

私たちは、先の九電との討論をも含めて、このような問題点を広く市民に伝えるため、年が明けるとすぐに「火力発電所問題研究ノート」というパンフを発行することを決めた。

漁民の苦悩

一二月一〇日、私はまだ暗い宇島港（豊前市）を出漁するNさん（五四）の船に同乗させてもらった。四・八トンの櫂漕《かいこ》ぎ船である。近所の若者が相方で働いている。

沖に出た頃、国東半島の山際に朝日がのぞき、みるみる全円をあらわしてきた。時計を見ると七時九分。全円の輝きは波のうねりの面を紅く染めて、そのひとすじの紅い照り返しは船の進行とともに、波を乗り越え乗り越え、どこまでも走り続けて美しい。

七時五〇分、第一回の網を入れる。六〇本もの歯を持つ鉄櫛で海底をかくのである。船腹から両脇に突き出した太い丸太からロープでこの鉄櫛を曳《ひ》いている。この丸太は、鉄櫛から引っぱられる力で先端がこっくりこっくりと揺れるので「こっくり・まんが」と呼ばれている。こっくりこっくりと揺れることで、海底の鉄櫛もピョンピョンとはねて、それで海底のどべ（泥）が網に溜まらないという仕掛けになっている。網を入れた地点は沖合い一五キロで、ちょうど周防灘の中央にあたる。ここらの水深は二〇メートルである。

八時三五分に第一回の網を揚げる。デレッケ（やぐら）にロープでつり上げるのである。つり上げた網から甲板に吐き出された収穫を見て、私は唖然とした。ゴミの山である。ありとあらゆるゴミの堆積である。農薬の袋、洗剤のポリ容器、サンダル、缶ビール、タワシ、木片、それにどべ。私の、海への詩的幻想は一瞬に粉砕されてしまった。蒼い美しい何くわぬ顔の海の、その小暗い底がこれほどの汚穢《おわい》におおわれているのか。

Nさんと若い衆は、そんなどべ混じりのゴミをかき分けながら、乏しい獲物を拾い出していく。見ていると、七種に分けてそれぞれの容器に放りこんでいく。①アカガイ②ツベタ③カレイ④ベタやタコ⑤アカエビ⑥シロエビ⑦ガンショエビ。一番値になるというアカガイとガンショエビが一番少ない。

網を入れて船で曳いて行く間がNさんたちの短い休息で、網が揚がるとゴミの山をかき分けて漁獲を探し、そのゴミを捨てて甲板のどべを洗い流すという作業の繰り返しなのだ。どこで網を揚げても、ゴミとどべはごっそりと揚がってきた。周防灘の海底全域がゴミの堆積場になっていることは間違いない。

幾度目かの網入れの頃、向かいに工場群が見えて、私は北九州沖だと思ったら、それはもう対岸山口県の宇部の工場群だった。周防灘の狭さを痛感した。

つい先日、私たちの招きで講演した林智大阪大学助教授は、周防灘と大阪湾の不思議なまでの相似性を指摘した。形状、面積、水深等そっくりだという。したがってもし、周防灘総合開発が実施されれば、現在の大阪湾以上に死の海となろうという警告を、林氏は説いた。

まさに周防灘は狭小な湾に過ぎない。それをあたかも巨大な環境容量を持つ「海」としてとらえるところから、無謀な巨大埋め立て計画が生まれるのだ。いったい中央官庁の机上で周防灘埋め立ての設計図を描いた下河辺淳氏らは、一度でも漁船でこの海上に乗り出したことがあるのだろうか。

寒風の海上で、歓びにはずまぬ網揚げは、何度繰り返されただろう。帰港は午後五時過ぎ。この日の水揚げは、さあ一万五〇〇〇円ぐらいかなと、Nさんは見積もった。これから油代三〇〇〇円を引き、あとを三人で分ける。Nさんと若い衆と、船や機械の償却費を一人前とみるのだ。

したがって、この日の一人の取り分は四〇〇〇円。

「漁師ほど割に合わん商売はねえち、つくづく思うのう。官庁なんかに出よりゃ、子供が成長して一番金のいる頃にゃ、退職金が入っちくる。漁師は逆よ。子供に一番金のいる頃にゃ、もう思うように働けんごつなっち、水揚げも減る一方よ……」

Nさんは息子を大学にやっているという。無論漁師を継がせる積もりはない。自分の代で終わると考えている。


豊前火力発電所は、豊前海八屋明神地先三九万平方メートルを埋め立てて建設される。すでに一〇月に、豊前海漁協組合長会（一八組合）は、豊前海六八万三〇〇〇平方メートルの共同漁業権放棄を決めた。豊前海沿岸（北九州市門司から大分県境まで）には一八の漁協が点在していて、それら一八組合が全域に共同漁業権を有している。たとえ八屋明神地先の埋め立てについても、はるか六〇キロ隔たった門司の田の浦漁協の承認が必要という仕組みなのだ。しかしながら、実際には直接埋め立て地域の漁協とその両隣が賛成すれば、他の一五漁協は自動的に同意するという慣例が組合長会で出来上がっている。

一〇月の組合長会と九電の協定書によれば、九電は漁業権喪失の補償に二億二五〇〇万円プラス五〇〇〇万円を出すとある。五〇〇〇万円は漁業振興費という名目での上積み額である。この金額は、直接埋め立て地八屋漁協とその両隣の宇島、松江漁協で分けられる。かりにその比率を六対二対二として分割してみると、八屋漁協の取り分は一億六五〇〇万円であり、組合員六三人で均等割りして二六〇万円となる。組合員の多い宇島漁協に至っては一人平均三〇万円前後となる。

この三漁協以外には、それぞれ見舞金が出る。協定書第八条には次の一項がある。「この協定の締結により一八組合の漁業権に関するいっさいの補償問題は解決したものとし、一八組合は九電に対し、いっさいの異議苦情を申し立てないものとする。もし漁業上第三者およびこの水域に権利を有する他の漁業者から異議苦情の申し立てがあっても、一八組合はいっさい自己の責任においてこれを解決し、九電に迷惑を及ぼさないものとする」

要するに、いったん補償を払ったあとは、どんな事故が起きても九電は知らない、組合内部で解決せよという大変な協定なのである。しかも、その補償額は、あきれるほどの低額である。

なぜ、これほど屈辱的な協定を一八組合長会はのんでしまったのか。豊前海漁民の多くが、豊前海に絶望し、もし高値がつくなら海を手放したいとさえ考えているからなのだ。

夏の夜々、四日市コンビナートの映画をかかえて上映してまわったとき、幾つかの漁協も訪れた。中津市竜王の漁協集会場で映画を上映した夜は、雨にもかかわらず八〇人もの漁師や家族が集まり、私が訴える豊前火力による温排水やタンカーの油もれによる海域汚染に耳を傾けた上で、豊前火力建設反対署名をしてくれたのであった。一〇日もしてからである。ダマサレタ、ダマサレタと、竜王の人たちが憤慨している噂が私の耳に届いた。

「自然を守る会の連中は、豊前火力ん公害んことんじょういうき、つい反対署名しちもうたけんど、よう聞いちみりゃ、周防灘開発にんが反対しちょるちゅうじゃねえか。ダマサレタ、ダマサレタ」

というわけである。

確かに私はだましたのである。その夜、私はただ豊前火力の公害による海域汚染のことばかりを説いて、周防灘開発には一言も触れなかったのだ。あとで、誰かが入れ知恵したらしい。豊前火力に反対することは、周防灘開発反対に密接につながるのだと。そこで彼らはダマサレタと気付いたのだ。

中津の漁民の多くが、海を売りたいとのぞんでいる。そのために、周防灘開発による埋め立てを一日も早く断行してほしいと願っている。彼らは、ここ二年間の大分漁民が手にした巨額の補償金をみているのだ。大分新産都二期計画をあくまでも遂行しようとする大分県当局は、埋め立て海域の漁協に巨額の補償金を支払ってきた。大在《おおざい》、坂の市などの組合は各戸別平均二〇〇〇万円を受けとっているのだ。遠くない所の漁民仲間が手にした巨額の札束に、今や中津の漁民の心は動揺している。その事情は、福岡県側豊前海漁民も同じである。

もちろん、その背後には漁民を絶望に追いこんでゆくほどの、豊前海全域の深刻な汚染問題がある。三年前から赤潮は頻発し始めた。環境庁による昭和四七（一九七二）年八月調査をみて奇異なのは、周南コンビナートを中心とする対岸の山口県側海域のCOD値より、むしろ工場皆無の豊前海域の汚染濃度の方が高い現象である。潮流の関係で、対岸の汚染が豊前海に運ばれて来て澱《よど》むのだと考えられる。赤潮の頻発は「もらい公害」なのだ。

周防灘開発反対を説く私たちに「そんなら、あんたどうが海ん汚れをこれ以上止めちくるっちゅう保証がでくっのか！」と激しく逆問する漁師があった。私たちは答えられなかった。答えられるはずもない。瀬戸内海に発して周防灘に及ぶ広域汚染をくい止めるには、国の抜本策しかありえない。その国が海を汚し漁民を棄民化しようとしているのである以上、私たちはどんな答えが出来るのか。

それに対する答えがただひとつあるとするなら、「だから共に闘いましょう。国の政策を変えさせるために」ということなのだ。

国の政策が漁民を淘汰していく方向にしかないことを、豊前海漁民のほとんどが肌で感じている。だからそれに対して闘うという反発とならず、だから金になるうちに海を売りたいという安易な逃げ道に短絡している。

豊前海漁民の中で、ものの見える漁師に遇うと、必ず聞かされるのは、一九七一年から突如周防灘海域の漁船の出力制限が一〇馬力から一五馬力に上げられたことへの不信である。もともと周防灘の漁業資源保護の観点からきびしいまでに一〇馬力以下を守らされ、時には臨検に遇ったりしていたのに、ある日突如一五馬力まで許されることになったのである。それを決める会議には、三菱やヤンマーというエンジン・メーカーが参加していた。

結果はどうなったか。漁民は競争で馬力アップし、エンジン購入とそれにともなう船具改良に百万円からの借金をつくったのである。さらにどうなるのか。馬力アップした漁船群は、乏しい周防灘の漁業資源を遠からず根こそぎ取り尽してしまうであろう。国や県の指導は、漁民に借金させて、しかも海を涸れさせてしまおうとしているのだ。そうなれば漁民たちが海を売りたがるのも時間の問題であろう。

もうけたのはエンジン・メーカーである。漁船エンジンだけではない。海苔漁業にも、機械購入借金が少なからぬ負担となっている。この冬、中津市小祝の者たちは、まるで競争のように全自動海苔乾燥機をとり入れた。

一台八〇万円もかかるこの機械は確かに労力を省く。海苔漉《す》きから乾燥選別までやってのける。だがしかし、その機械購入に当たって、果たして一人ひとりが収支勘定をしてみたかどうか、きわめて疑わしい。端的にいえば、多くの漁業者が「二反百姓が耕耘機を入れた」愚を繰り返しているのだ。海苔機器は海水に浸っていたみが激しい。一台八〇万円の機械が二年ほどで駄目になるとしたら、その償却費を勘案してなお、有効であったとするためには、よほどの海苔生産高でなければなるまいが、今の豊前海にそれほどの収穫はない。

小祝の漁業者たちが全自動機に金を投じたことを知った時、まだまだここの人達は海に将来を賭けているのだと信じて、私は嬉しかった。そうではなかった。とにかく今のうち頑張って海苔生産高の実績をあげておけば、いよいよ漁業権放棄の時に補償額が高くなる。それを楽しみに精を出していると告げられて、哀しみがわいた。

漁民は海を売ろうとする。

後背地住民の私たちは、コンビナートによる公害を恐れて、なんとか海を売らせまいとする。ついには、漁民と町の住民の対立すら想定される。しかも争い合う漁民も町の住民も、ともに国の政策に翻弄される弱い被害者同士のはずである。すべては仕組まれた罠だという気がする。

わずかな補償金で豊前火力に賛成した八屋漁協を考えてみても、一九五五年頃築上火力発電所が来るまでは、タイ、コウヅル、ナマコ、ウニの宝庫だったのだ。それが築上火力の温排水と、灰の堆積場としての一部埋め立てによる海流変化で、漁獲も海苔生産も年々減ってゆき、今では平均年収一二五万円まで落ち込んでしまったのだ。それゆえにもうあきらめて、豊前火力建設に賛成せざるをえなかったのだ。

つまり九電は、年々首をしめてゆき、ついに今年引導をわたしたということになる。そして、それらの交渉に介在するのは、有力県議であり市議である。彼らが漁協に「俺の顔をつぶしてくれるなよ」とひとこと声を掛ければすむのである。

ある日「公害を考える千人実行委員会」の恒遠君たちは、私のところから四日市の映画『あやまち』のフィルムを持って行った。その前日、宇島漁協の若者と話し合って漁協での上映を決めたのだという。だが行ってみると、若者の態度は一夜で急変していて、けっきょく映画上映は出来ずに帰って来た。漁協内部で、少しでも新しい動きをみせれば、たちまちに押さえこまれてしまう。そんな漁協に、どうしても私たちは入りこめずに苦慮を続けるのだ。

私たちにとってさいわいなことに、いったんは一八組合長会で決定した協定書に、しかし椎田町漁協が反対を表明したのである。椎田町は、埋め立て地の八屋漁協の西隣の松江漁協のもうひとつ西隣にあって、海岸線の湾曲の関係もあって埋め立て現地から三キロも離れてはいない。二五〇〇万円の見舞金が予定されていたが、漁協総会は反対決議を打ち出したのである。これまで組合長会で自動的に賛成してきた慣例を、水産者協同組合法を楯にしてくつがえしたのだ。

一二月半ばの暖かい昼、椎田漁協集荷場近くの岸辺で、蛭崎勉さんと待ち合わせた。椎田漁協を反対に引っぱっている中心的立場にある漁協監事である。箱船に海苔を積んで引いて帰った彼と、岸の石に座って語り合った。この冬は暖かくて、どうも海苔がよくないという。

「どうですか、蛭崎さんは、豊前海の漁業に将来の見通しがありますか」

という私の問いに、五三歳の監事はしばらく沈黙したあと、

「国や県が漁業振興策をとらぬ限りジリ貧でしょうね」

と答えた。若い後継者は乏しく、組合員の半数以上はもう海に出ていない、そんな現況からすれば、もし九電が見舞金をもっと上積みすれば果たして最後まで反対を貫けるかどうか。福岡県漁連の圧力も加わっている。組合長の態度もおかしい。――そんな苦悩を蛭崎さんは、ぽつりぽつりともらした。

私は黙って聞いているしかなかった。

第三章　冬から春へ

分　裂

私の一九七三年は陰鬱に明けた——

「中津の自然を守る会」幹部間に次第にわだかまりつつあった青年部学習会への偏見が急速に表面化したのである。それは、とりわけ私への批判であった。

年末に、私は「自然を守る会」の会議を招集した。年明けとともに豊前市も中津市も協定調印必至という緊急事態に対処するための作戦会議であった。

もう、事態は煮つまっていた。一二月二五日の福岡県当局案を九電が受け入れると表明した以上、福岡県と豊前市対九電の協定調印は時間の問題である。あとは、中津市との越県協定の問題だけとなる。九電は、これまで県境を越えて大分県中津市とは独自に協定を結べないと表明してきた。この点に触れて、中津市議会で八並操五郎市長は「私としましては、もし中津市と協定を結ばないなら、豊前火力に絶対反対します」と答弁して、あたかも市長が反対の立場を強調するような印象をみせて、「自然を守る会」内部にすら市長発言に好感を抱く者があった。

私ははっきりと、これは九電と市長の巧妙な演出と見ていた。九電は当面、中津市と越県協定は結べぬと突っぱねて、一方市長は、では絶対反対だというポーズを見せながら、ある時期で両者が折れ合い、協定が調印され、市長が賛成することは目に見えるようなのだ。九電にとって、豊前市と協定を結ぶ以上、隣の中津市と結ぶことも実際には苦痛ではないはずなのだ。

中津市長八並操五郎。さしたる対抗馬もないまま二期目をつとめる、この役人育ちの、愛想のいい市長は、豊前火力問題に関しても老獪《ろうかい》である。

「自然を守る会」は市長と二度交渉を持ったが、そのつど、

「私も基本的には豊前火力に反対です。しかし建設地元でありませんから法的に阻止権限がないのです。そこは皆さんの住民パワーで頑張って下さい」

などと逆に励まされたりして、奇妙な気分のまま、のれんに腕押しの感じで何ひとつ鋭い追及をなしえないのだった。横松会長、向笠副会長が市長と昵懇《じっこん》であることも、どうしても市長を「敵」と規定しての追及が出来難い私たちの弱点であった。そんなうやむやな形で引っぱられてきて、しかし、もう九電との調印は時間の問題だとみえてならず、私の焦りは深かった。年明けとともに、ただちに反対市民を総結集してのデモを敢行して、市長と議会を牽制すべきだと、私は年末の会議で提案するつもりであった。

その夜の会議に婦人会長は欠席していた。重要な会議だから、是非婦人会長に出席してもらわねばということで、横松会長が電話を掛けに立った。戻って来た会長は、

「向笠さんは、もう今のような過激な運動のやり方では一緒にやれないので、これからは婦人会は婦人会独自でやります、守る会副会長もやめますから、会長さんあなたも今のうちにやめたがいいですよと、いわれてしまいました」

と告げて、

「実は、ぼくも会長をやめたいと思って今夜は出て来たんです」

という。

唐突な会長、副会長辞任発言に、もう市民大会の討議どころではなくなった。出席していた幹部たちが、口々に慰留し始めた。

「この会は、横松先生の温厚な人徳でまとまっているんじゃないですか。先生が会長だからこそ、これまで婦人会も安心してきたんですよ。この一番大事な時に先生がやめたらどうなるんですか」

という婦人会副会長の声に、

「しかしぼくは会の内部統制もとれない会長ですから……」

と答えた。ははあ、私のことをいっているのだなと、その時になって私には会長の意図が読めた。会長が引くか、事務局長である私が引くかの二者択一を、暗に「守る会」幹部たちに問いかけているのだ。その問いかけは誰にも察しられたらしく、大勢の雰囲気が、私の辞任を求めていることを私は感じとった。会発足から半年足らず、いったい私は、排斥されねばならぬどんなあやまちを犯してきたのだろう。寂しい思いでふりかえってみる。

婦人会長は、私と青年部の動きを過激だという。どんな過激行動があったのだろう。たった一度九電をつるしあげはしたが、あれは「計算した過激」であり、あくまでも作戦にすぎなかった。それ以外に、どんな過激行動も慎んできたはずだ。

「公害学習教室」をかってに会の内部に作ったという非難もある。とはいえ、それは会議などにはかって生まれる種類のものではなく、汽車の中で本当に盛り上がった意欲で自然発生したものであった。そして、それは何よりも「中津の自然を守る会」を、より強いものに高めていく支柱となろうとしたのであって、いわゆる分派活動ときめつけるべきものとは性質が違う。しかも、私たちは「公害学習教室」を、常に誰にでも開放してきているのに、「守る会」幹部連の誰一人、その学習に参加してこないのだ。

私にいいぶんは尽きなかったが、しかし事務局長を引くことに異存はなかった。そのことで会長、副会長を慰留出来ればいいのだ。ただしかし、「公害学習教室」の存在だけは、「自然を守る会」内部の学習班として、この際はっきり認知させておきたいと考えた。

私の思いは甘かった。年が明けて、会長との話し合いに行った梶原君は「私の方針にしたがうか、学習教室を別組織にするか」の二者択一を迫られて帰って来た。私たち青年部は幾度も集まって、この選択を検討した。なんとしても分裂は避けたかった。

一方では九電との協定調印は逼迫《ひっぱく》しているのに、それへの牽制として私たち青年部が提案した市民大会と市中デモは開かれそうもない。それへのあせりが深まっていった。

婦人会などのつごうでそれが開けないなら、とにかくそれに代わりうることを考えなければならぬ。私たち青年部は、とりあえず一月二一日「公開・公害学習教室」を全市に呼びかけて開くことを企画した。一月末に開かれる市議会の前に、ぶつけたのである。

だが、この計画を「守る会」に持ち出してみると、これは正式な会議にかけてはかられた件ではないという理由で「守る会」を名乗って開くことは認めぬという結論になった。

私たちは呆気にとられてしまった。この緊急事態の中で、何をくだらぬ形式論にこだわるのかと思うと、怒りさえわいた。会議にはからなかったからという理由は、確かに一見もっともらしい。だが、この緊急時に市民大会の件をさえ決めえぬ会議にはかって、何がまとまるというのか。私とて、「会議」の重要さは否定しない。だが今や、「守る会」の会議が行動の情熱をそぐ方向でしか作用しなくなっているのが事実なのだ。各組織から出て来ている幹部たちが、それぞれに「もう少し検討して」とか「いったん組織に持ち帰って検討した上で」とかいう遅延が、事態の緊迫に対応しえなくなりつつあるのだ。

豊前火力反対運動の流れの中で、今がどんなきわどい時期かを認識すれば、なんとしても早急な市民アピール行動は必須なのであり、それが会議を経なかったなどという瑣末《さまつ》な形式論は吹っ飛ぶべきなのだ。私たち「中津公害学習教室」は、ついに「守る会」を離脱してでも、「公開・公害学習教室」を開くことに決した。

迷いがふっ切れると、私たちは大多忙になった。一方では「火力発電所問題研究ノート」を製作しつつ、連日のように二一日の公開教室準備に打ち込んでいった。

これまで「守る会」主催で幾度か開いた研究集会は、すべて中央の著名学者を講師として招いてきたのであるが、今回はいっさい講師を招《よ》ばずに、全く無名な青年たちによる発表だけを、私は考えた。「若者の復権」をひそかに切望する私にとって、当然な発想である。

これまでの集会でも、常に壇上に立っての意見表明やあいさつは、各組織の幹部ばかりで、無名な若者の登壇は中津では許されぬことであった。その慣例を突き破りたかった。まず、私自身今度の研究集会ではひとこともあいさつしないと宣言して、いっさいを青年たちに任せることにした。

全員討議の結果、豊前火力の主要問題点を次の八テーマにしぼった。「豊前火力の規模及び建設の意味するもの」「発生する亜硫酸ガス量と被害予測」「亜硫酸ガス対策の問題点」「拡散式と風洞実験の問題点」「窒素酸化物とばいじんの問題点」「温排水・タンカー等海の汚染問題」「公害防止協定の問題点」「各地の運動と、今後のわれわれの問題点」

一テーマを二人か三人で担当した。全電通や全逓の労働者が応援参加してくれて、各班ごとに発表方法に工夫をこらした。出来るだけ図示を試み、あるいはもっと立体的な考案もなされた。たとえば、九電が受け入れた最終案の硫黄酸化物一時間一一六一N立方メートルという数字をどのように市民に伝えるかの工夫の中から立体サイコロ製作がなされた。数字を単に数字として受けとめる限り、どうしても恐ろしさは実感されない。容量の大きさがつかみきれないのだ。そこで一立方メートルの大きなサイコロを作りあげた。「皆さん、この大きな箱が一立方メートルです。この箱いっぱいに亜硫酸ガスが入っていると想像して下さい。さあ、こんな箱が実に一一六一個並ぶのです。それだけの亜硫酸ガスが一時間に煙突から出るのです——これが、無工場地帯で日本一という厳しい協定の正体ですよ」と訴えるのだ。

夜ごと、安旅館の寒い一室に集まって、このような作業に熱中していった。

私はどの班にも属さず相談役という立場をとった。皆を励ましつつ、心中ひそかに不安は濃かった。「守る会」から離脱して、果たして市民が集まってくれるだろうか、さらにまた、この若い同志たちが果たして人前で発表出来るだろうかという不安。それぞれも不安なのだろう、模擬発表会をしたいといいだした。

発表者は各班ごとに一人、発表時間は一五分。けっきょくこの模擬発表会はあまりうまくいかず、かえって私の不安は高まった。

「おいおい、早口過ぎてわからんど」「一五分を、とうにオーバーしたど」「なんかかんじんな説明が抜けたごたる」「正面ばっかり見らんで、もっと図を振り返っちしゃべれ」などと一人ひとりに注文が飛んだ。その二日後にもう一度模擬発表会をして、それでもなお不安のまま本番にのぞんだ。

一月二一日、「公開・公害学習教室」は六〇人の市民の参集で開かれた。これまでの研究集会が二〇〇人から三〇〇人を結集したことからすれば、小さい人数である。しかし、もはや諸組織からの動員がないのであってみれば、この日の自主的参加六〇人は、小さい数どころではないのだ。

私はただもうハラハラしながら発表を聴いていたが、さすがに本番では、皆及第点をつけたい出来ばえで、素朴な懸命さが伝わってくるのだった。

この研究発表会には、私たちの会員である一女性の母親と祖母が聴きに来ていた。どこからどう伝わるのか、私たち公害学習教室は過激派グループだとの噂が流れ始めていて、大事な娘が夜ごとに遅い帰宅となるのが、親にとって心痛事だったのだ。疑われた彼女は、今日の発表会に母と祖母を呼んだのである。彼女の発表は一番最後であった。その必死な、しかし落ち着いた発表に、私は涙ぐんだ。翌朝の「毎日新聞」は、〝聴衆に多大な感銘を与えた〟と報じた。

この日、三四ページのパンフレット「火力発電所問題研究ノート」一〇〇〇部も発行。これ以後豊前平野全域に貴重な資料として広がっていった。

それでひとまずの休息というわけにはいかなかった。わずか一週間後の二八日に、宇井純氏の第二回公害自主講座を中津でひらくことになっていたのである。これは、氏の九州一巡の公開自主講座の一環に組み込まれて決められたことであった。一方、年末に私たちが「守る会」に提案していた市民大会は紆余曲折ののち、六者共闘（婦人会、自然を守る会、社、公、共、地区労）で、同じ二八日に開かれることになった。私たちが早期開催を焦ったのは、一月議会への牽制のためであった。だが、ついに間に合わずに、二七日に議会は三度目の継続審議に持ち込んでしまっていた。

私たちは二八日の市民大会のデモ解散後に宇井氏の講座を持つことにして、「豊前火力反対市民大会」案内ビラに、その件も刷りこんでほしいことを「守る会」に申し入れた。だが、六者共闘から拒否されてしまった。

同じ日に同じ目的で開かれる市民大会と学習会がどうして一枚のビラに並べられないのか。それはもう理屈を越えた感情のこじれでしかなかろう。だが愚痴をいっている時ではない、私たちはあわててガリ版刷りのビラを作った。学習教室の須賀瑠美子さんは、東京教育大学で絵画を専攻した人で、私たちの貴重なポスター係で、迫力あるビラを作ってくれた。

一月二八日、公会堂での市民大会は、六組織の動員で五〇〇人を結集した。「守る会」の内紛はまだ市民には知られていなくて、世上なお私は事務局長なので、この日の大会ではあえて事務局長としてあいさつして欲しいという幹部たちのいいにくそうな要請のままに、私は壇上からあいさつした。しかし、この日の決議文はもう、私の文章ではなかった。

中津の町をデモが行く。婦人会を先頭にデモが行く。最先端には、会長、副会長と私が並んだ。婦人会と労働組合や革新政党の共闘デモは中津始まって以来の光景であった。

もちろん、婦人会がデモに参加するについては、いくつかの条件がつけられていた。「ヤッケなど異様な服装はしない」「赤旗をかかげてはならない」、さらに注目すべきは「プラカードには豊前火力反対以外を書かない。周防灘開発反対も書いてはいけない」というのである。

私はデモ途中から引き返して、自主講座準備にあたった。窓からデモを見降ろしたという宇井さんが「大した人数ですなあ……今日の自主講座は満員になりますかな」と笑った。だが、デモはそのまま散ってしまい、自主講座に参加してきたのは八〇人足らずであった。けっきょく市民大会に参集した五〇〇人の大半は、それぞれの組織から駆り出された動員であり、真に自主的な参加ではなかったのだとしか思えない。本当に豊前火力阻止に心を砕くのなら、なによりも学習せねばならぬのであり、そのために私たちが設定した「公開・公害学習教室」や「公開自主講座」にも参加してくるはずではないか。

たった今、中津の町を静かにデモしていた五〇〇という人数が、私にはにわかに「虚数」めいてくるのであった。

暗い冬

すでに前年九月から自治労京築総支部（福岡県豊前市、行橋市、築上郡、京都郡）は、豊前火力反対現地闘争本部（責任者、市崎由春）をもうけて、真剣な取り組みを続けてきていたが、この冬二月半ば、面白い企画を立てた。豊前市内に一〇カ所ある公民館を利用して、豊前火力賛成側講師、反対側講師を組み合わせて、市民に両者の意見を均等に聞いてもらい、賛否の判断をあおごうというのである。主催は豊前市教育委員会で、名目は社会教育の一環として行うのである。

このユニークな試みが、豊前市当局の発意で始まったのであれば、全国に誇ってもいいすばらしい企画であったというべきであろう。

なぜなら、本来企業を誘致するかどうか（開発を進めるかどうか）に関して、自治体はそれこそ虚心に可能な限り多数市民の意見に耳を傾けねばならぬはずである。そして、それを聴くにあたっては、前提として可能な限り市民に賛否の判断の基になる全資料を公平に知らしめねばならぬはずであろう。とすれば、社会教育という名目での、公民館利用による賛否両講師の学習会は、行政体によって率先してなされねばならぬことである。実際には寡聞にして、それを実施した地方自治体の話を私は知らない。豊前市当局は、ひょっとして全国で初めての試みをなしたのかもしれなかった。

実態は、豊前市当局の企画ではなく、自治労現地闘争本部の要求に屈しての、いやいやながらの実施だったのである。

最初から豊前火力誘致に狂奔している市当局は、これまで公民館などを使って一方的に九電側の説明会を続けてきていたのだが、豊前市役所職組を中心とする自治労現地闘争本部は水野薫市長との団交で徹底的にこの点を突き、ついに市長は公民館での反対派講師説明会を持つことを認めざるをえなくなったのである。

だが、現闘本部も迷った。今の豊前の市民感情からすると、はたして反対派講師に市民が集まって来るだろうか、自信が持てなかったのだ。いっそ、賛否両者の講師を立てて、市の教育委員会に主催させれば、市民も偏見を抱かずに集まり易いのではないかと考えた。これを市長も了承して、全国でもユニークな地域学習会が始まったのである。

反対派講師の選択は自治労に任されて、私に声をかけてきた。賛成派講師は、豊前市当局の選択で、九州大学工学部で電気を教える講師西村博氏と決まった。思えば、我ながら奇異ななりゆきである。科学にも技術にもまるで縁のない、もの書きの私が、反対派の理論講師として受けて立たねばならぬハメになったのだ。まさに今度は真剣勝負である。

なにしろ、豊前市民は賛成派講師と私の反対説明を同時に対等に聞き、それぞれ自らの賛否判断の天秤に掛けるのである。まして賛成派講師は電気の専門家であり、かつての築上火力所長を勤めた豊前名誉市民第一号という人物なのだ。

もし飛び出す質問のひとつにでも答ええなければ、一夜の参集市民の大半を一挙に賛成側にまわしてしまうかもしれなかった。私は文筆家であり、技術問題には答ええぬなどという弁明が許されようはずもなかった。せっかくここまで舞台をしつらえてくれた豊前自治労の努力と期待を裏切ってはならない。小心者のくせに、もう私には今さらのたじろぎはなかった。小心者ほど、追いつめられた時の覚悟はいち早く定まるのかもしれぬ。

二月一四日第一夜、豊前市黒土公民館。まず教育委員長があいさつをして、私が先に一時間を受け持ち、次に西村講師が一時間を受け持つことになった（受け持った一時間のうちに質問時間を作ること。一夜ごとに講師の順番を入れ替えるという約束）。

この夜の対象地区は農村だったので、私は主に大気汚染による農業被害に焦点を合わせて話をすすめた。各地での被害例を具体的に資料をあげながら説いた。九電が結ぼうとしている協定に基づく正確な数字を引きながら、それをわかり易い表現に置き換えて話した。

たとえば、

「皆さんのお家の六畳の部屋に亜硫酸ガスがいっぱいつまっていると想像してみて下さい。さあ、そんな部屋四七個分の亜硫酸ガスが毎時間毎時間煙突から吐き出されるんですよ。これは協定にある数字ですから、おおっぴらに出せるわけです」

と説けば、ホーッと驚きの吐息がかえってきた。

いくつかの質問に答えて、西村講師に番を譲ったが、今の私の話がどのように専門家によって論破されるのか、私はいたく緊張して聴き入った。氏はニコニコ笑いながら登場した。

「エーッと、ここからこうして見回すと、ずいぶんなつかしい顔なじみが見えますねえ。ご承知のように私は築上火力に長年勤めさせていただきまして、所長時代は婦人会や何やほんとによく話をしてまわりましてねえ、こういっちゃ失礼ですが、豊前市に関しては皆さんより隅々まで知り尽していますよ。豊前は、いわば私の第二の故郷です」

そんな調子の饒舌が果てしなく続いて、いつまで待っても本題に入らない。自分は九大で電気を教えていること、その技術と理論は海外でも評価高く、「ごらんなさい。これはドイツから招かれた手紙です」と、風呂敷包みから横文字の手紙をとり出して掲げてみせさえするのだ。ついには脱線してしまって、自分が八女市の市長にかつがれかかった裏話まで飛び出してきた。——やっと私には講師の意図が読めてきた。豊前市という田舎町の人びとを相手に、己の権威ぶりを徹底的に見せつけようとしているのだ。その権威をもって、豊前火力賛成論を押しつけようというのだ。

けっきょく肝心な本題に触れる時間は乏しく、私があげた予測公害に関する理論的反駁はいっさいなく、「断言してもいいですが、九電は良心的な会社ですよ。ほんとです。いや、私は今は九電に籍を置いてませんから何も九電のご機嫌とりいうわけじゃないんですよ。いいですか、豊前火力建設費二七〇億円のうち六〇億円が公害防止費用なんですよ。エッ、六〇億円ですよ。これはあなた、以前なら全く使わないはずの金なんですよ。これだけのことをする会社だから信頼して間違いありませんよ。世の中、信頼関係がなければ成り立ちませんよ。まっくらですよ。だいたい、公害公害と騒ぎますけどねえ、心の持ちようによっては、それこそなんだって公害に見えてしまうんですよ」

という荒っぽい話で結んでしまった。いささか漫才めいた饒舌に、途中で「もっとマジメにやれ」との野次まで飛んだ。聴衆の反応をみていて、はっきりと私の勝ちだと自信はわいた。

翌夜は、さすがに西村講師の話も整理されてきたが、それでも聴衆の反応は、はっきりと私の方に傾いていた。自治労も千人実行委も、必ず聴衆の中に加わり、西村講師に質問をぶつけていった。閉口した氏

は、

「もっと本当に地域の素朴な方の質問に限って下さい」

といいだした。夜の一〇時に学習会が終わると、私たちは遅くまで聴衆の反応を分析し研究をした。豊前市で初めて不安を抱く市民がふえ始めたことは確かであり、このような人びとをどのように運動に巻き込んでいくかを、早急な愉しい課題として私たちは検討に入った。

だが、情勢は一挙に暗転した――

二月一九日、これまで豊前火力建設反対を決議していた唯一の関係自治体である椎田町議会が突如臨時議会で一転し、「発電所は公益事業であり、建設を認める」と議決したのである。

新聞は、「コペルニクス的転換」と皮肉って報じた。九電の裏工作の成果であった。もともと椎田町は反対運動の一番弱い地区であった。町議会が反対決議をして、町ぐるみで諸団体が「公害から椎田町を守る会」を結成しながら、皮肉にも、それゆえに反対運動の展開は停滞してしまったのだ。町ぐるみで反対を決めているのだから、運動の必要がないという奇妙な情勢であった。九電がつけこまぬはずはない。一挙に議会で逆転され、と同時に椎田の「守る会」は機能をほぼ失ってしまったのである。

それが序幕であった。二一日、福岡県と豊前市は、ついに「豊前火力建設に伴う環境保全協定」を、九電との間に調印したのである。

私たちは怒りとくやしさで震えた。公民館学習会で、やっと初めて問題の本質を知り不安を抱く市民がふえ始めているのに、それを無視して押し切ったのである。否、「知る市民」が急速にふえ始めたことに驚き、あわてて押し切ってしまったというのこそ真相であろう。まだ地域学習会は七カ所も残っているのである。

その夜も公民館で、「残念ながら、けさ協定は結ばれてしまいました」と、私は告げた。しらじらしくも、なお中立司会をよそおいつつ、豊前市当局はもはや意義を失した地域学習会を予定通り続けるのである。落胆は深いが、私もまた懸命に訴えていくしかない。怒りをこめて、私は唐突な協定調印の非を説いた。一人の農業のおじいさんが立ち上がった。

「協定が結ばれたちゅうけんど、そらあどうもおかしいのう。わしんとこには、なあも相談にこんじゃったが」

おじいさんの発言に、あちこちで失笑がわいた。このおじいさんは、これほど重大な協定が結ばれるについては、豊前市当局は当然自分にもその可否を相談に来るはずだと考えているのだ。まさかお百姓のおじいさん一人ひとりにまで意見を尋ねてまわるはずはない。それは今の社会機構を知る者の常識からすれば、つい失笑したくなるほど突飛な発想ですらある。だが考えてみれば、むしろこのおじいさんの考え方こそまっとうなのであり、それを失笑する常識人こそ現代の「衰弱した形式民主主義」にすっかりならされてしまっているのだ。真の民主主義とは、本当に一人ひとりの声に耳を傾けることでなければなるまい。現代の複雑多岐な社会機構でそれは現実に無理としても、そういう姿勢だけは根本に持たねばなるまい。

いったい、豊前市当局は、協定調印にあたってどの程度に市民の声を聞く努力を払ったのか。確かに市議会はほとんど全員一致で賛成した。だが豊前市民は、豊前火力問題を想定して市議を選任したわけではないのだ。彼らに火電賛否の票を預けたわけではない。彼らが火電問題を討議するに十分な知識を有しているとも、市民は信じていない。まして豊前市議の大半は開発に利益関係の深い土建業者で占められているのであってみれば、とうてい一般市民の「声」の代弁者とは呼べまい。

そこで市当局は「民主的手続き」を整えるために市民代表で構成する公害対策審議委員会を作り、これに諮問したのである。そして委員会は協定案了承の答申を出し、これで「市民の声」は賛成であったとして「民主主義の手続き」は完了したわけである。

ところで、この公対委は市長の選任であり、岡本二郎会長は九電のコンクリート電柱を造る九州高圧コンクリートKK社長である。なんのことはない、九電の身内である。他の委員も幾人かは九電との密着者で、これで賛成以外の答申が出る方が不思議だろう。

さらに各団体から総花的に選任された委員は皆、公害学習などしたこともない人びとであり、「千人委」と自治労の面々が、各委員を訪問して公害問答をした結果、満足に答え得る者は一人もいなくて、ついに六委員が辞任して大きな新聞記事となる始末であった。それにもかかわらず、いったん成立した「民主的手続き」は有効なのである。

お百姓のおじいさんにまで、相談には来ぬのだ。

皮肉にも、豊前火力建設の協定が結ばれる直前、周防灘総合開発計画はタナ上げとなったのである。二月一四日夜、三木環境庁長官は同庁に瀬戸内海環境保全知事市長会議（沿岸一一府県知事と三市の市長）のメンバーを招き、瀬戸内海汚染問題について話し合った。

その中で一〇項目にわたる対策が提案され、沿岸の埋め立て、工場の新増設をストップしなければ四九（一九七四）年度から実施する浄化五カ年計画は進展しないと、各首長は決断を迫られた。大分県から出席した石見副知事は、帰郷と同時にあっさりと「周防灘総合開発計画」のタナ上げを表明したのである。

あまりのあっけなさに信じられぬ思いであったが、引き続いて宇佐市で県北三市三郡の周防灘開発促進協議会を招集して正式に断念を表明、今後は中津市を核とする県北内陸型機械工業の開発に政策転換することを打ち出した。もともと周防灘開発に関しては、山口・福岡両県はすでに早く熱意を失い、大分県だけが固執していたのであってみれば、大分県の断念により、「スオーナダカイハツ」は当面遠のいたわけだ。

二月六日、豊前市民会館で誘致反対共闘会議が設定した九電との二度目の団交で、私がしつこく「豊前火力と周防灘開発の密なる関連」を追及した時、九電の吉田正勝常務は、「私共は周防灘開発についてはいっさい知りません。豊前火力とは無関係です」という、これまで繰り返してきた答えのあと、よほど腹に据えかねたのか、きっと私を見据えて、

「あなたは、さも周防灘計画が今にも始まるようなことをいっていますが、本当に知っているのですか」

と逆問してきたのだった。

「ああ知っていますよ。田中首相が表明したばかりじゃないか」

と、私もたじろがず答えた。わずか二カ月前、衆院選応援に大分入りした首相は、周防灘開発計画に関して、

「環境保全に留意して実施すべきだ。立地条件はよいのだし、関係者と十分協議すべきだろう。今まで遅れたので〝待てば海路の〟というように持っていきたい」

と語っているのだ。百の議論より断行の一歩を標榜する首相のこの発言により、いよいよ一九七三年は「幻の計画」も稼動の年になるのだと、私が覚悟を厳しくしたのも当然だったろう。それが二カ月後には、突然のタナ上げだという。思えば、中央政府においてすら、現在の環境破壊の破滅的加速度状況の中で、たった二カ月先の定見すら立てえない渾沌があるということではないか。このような者たちによって政治

が動かされているのかと考えると、そら恐ろしくなる。

九電がどのようにシラを切ろうとも、豊前火力が周防灘開発計画の拠点として出発したことはまぎれもない。そもそも総合開発計画の規模を設定する「日本工業立地センター」なるものには必ず電力会社が一枚加わるのだ。そうでなければ開発計画の設定のしようがないではないか。電力のない開発などありえないのだから。

周防灘開発が唐突にタナ上げされた今でも、豊前火力の断念を九電がいうはずはない。東の大分新産都(ことに新日鉄)、西の北九州工業地帯（ことに響灘《ひびきなだ》開発）をにらめば、豊前火力一〇〇万キロワットは重要な電力基地なのだ。

周防灘開発反対を叫んできた私たちにとって、しかしタナ上げのニュースに歓びはわかない。

第一に、それが私たちの運動の成果で得た勝利ではなかったというむなしさである。ドルショックによる遅延と、瀬戸内海汚染のすさまじい加速度のために、中央政府での一方的判断によるタナ上げに過ぎず、これはまた、いつ中央が一方的に断行へ転じてくるかも知れぬ不安を残すのだ。これがこのまま断念されるとは、私は信じない。

第二に、あらたに策定されようとする内陸型開発がどのようなものであるのか、それへの不安が始まる。県北市町村は、この五年間ひたすらに周防灘開発に地域浮上の夢を託して待ち続けてきた。それが突如中止された今、逆に追いつめられた焦燥が、もはや国も県も当てにならずとして、熟慮も何も欠いたまま、遅れをとり戻すべく極端な内陸開発に暴走する危険が予測されるのだ。

けっきょく、スオーナダカイハツは、私たち地元住民にとって何であったのか。ある日突如中央で発表された計画案は、実に五年間にわたって、多数の市民にバラ色の夢をかきたてながら、またある日突如として隠れこんだのだ。この間の調査費六億五〇〇〇万円という血税の濫費は誰が責を負うのか。そして、それより何より、そのバラ色の夢によって、素朴な住民がいつしらず抱かされてしまった繁栄への飢餓感は、誰がどのようにして慰するのか。

周防灘開発タナ上げのあとに、しかし厳然と豊前火力は残った。しかも協定調印により建設への一歩はいよいよ踏み出されたのだ。中津市との越県協定も、もう間もないのであろう。しかも、それを阻止する力は、私たちには無い。もはや、どうしようもないのだという無力感は、この真冬、反対運動内部に急速に瀰漫《びまん》していった。

暗い冬である。

環境権訴訟をすすめる会

三月に入って、かえって寒い日が続いた。

「中津公害学習教室」は、夜ごとの地域学習教室を始めた。お寺や公民館や教会に会場を設定して、夕暮れ、私たちはビラを抱いて出かけてゆく。一軒一軒、灯ともし頃の家の玄関を訪ねてまわる。

「今晩は、そこのお寺さんで豊前火力の話し合いがあります。どうぞおいで下さい」

手分けして二百戸も回ると、私たちは会場で待っている。だが、待っても待っても誰も来ないのだ。

「駄目じゃったなあ。引き揚げるか」

そうつぶやいて、私たちはむなしく帰っていく。その翌夜も、その翌夜も。ビラを配る私たちに、霙《みぞれ》の降る夜もあった。「中津公害学習教室」の孤立は極まっていた。中津という温和な風土の中で、本当に真剣に行動すればするほど、私たちは過激派だとされて、そんな誤解は驚くほど急速に市民に浸透しているらしかった。

私個人の風評の悪さも、大きく響いていた。しばしばかかってくる匿名電話は、私に中津を出て行けと迫った。ある日、我が家の前の店屋の主人が、

「お宅はいよいよ中津を出られるそうで、そんなら私の方に家を売って下さい」

といって相談に来た。私を中津から追い出したいという多くの人びとの思いが、もうそこまで噂を広めているのかと、哀しみがわいた。

――四年前、私は、中津の町の人気者であった。初めて書いた著作『豆腐屋の四季』は、緒形拳、川口晶、淡島千景さんらの出演で半年間のドラマとして全国にテレビ放映されていた。華やかにロケ隊が訪れて、私は中津の名を高めた模範青年として、市長をはじめ町中の人びとに頭を撫でられた。

つらい豆腐屋の労働に耐えて、五人の姉弟を愛し、貧しさと闘ってきたいじらしい素朴な若者として、県知事表彰も受けた。そんな思いがけない華やぎの渦中で、しかし私の憂鬱は深んでいた。本当に自分は模範青年なのだろうか。自分の家庭を守るだけでも精一杯だった過去の日々、私は一歩も社会との連帯行動に足を踏み出したことはなかった。そしてどうやら、私が模範青年だとされているのは、そんな家庭に閉じこもったおとなしさの故らしいのだ。それはちょうど佐世保のエンタープライズ事件などでゲバ棒を持って機動隊とぶつかり合っている学生たちとの対極に置かれた模範青年像とされかかっているのだと、私は気付き始めた。

「学生と違って、この若者はどうです。世の中にどんな不満があろうと、黙々と胸内に耐えて、ただひ

たすらに豆腐屋としての分《ぶん》を守って勤労にいそしんでいますよ」こんな若者になりなさいという形で利用され始めている己がようやく私には見え始めたのだった。誰も彼もが、私みたいに物言わぬおとなしい若者となるとき、誰が一番喜ぶのか。

それに気付いた時、私は自らにかぶせられた模範青年像を突き崩さねばならなかった。そのためには、豆腐屋をやめる以外になかった。豆腐屋であることが、模範像の主要な条件となり始めていたからである。

三年前の夏、私は唐突に豆腐屋を廃業し、作家への転身を表明した。意図通りに模範青年としての私の像は一気に砕けて、私への非難は集中した。たった一冊の本の好評で思いあがって作家になるとは、もはや勤労の意欲を失ったのか、などという声に痛いほど刺されつつ、私は忍び続けた。

一四年間、豆腐屋という寸暇ない労働に縛りつけられて一歩も家庭を出られなかった私は、ようやく自らを解放して、これから初めて世間に踏み出し、連帯行動に立つのだと、ひそかに意を決していた。そして、私が社会に声を放ち始めた時、この町での私の嫌われかたは尋常ではなかった。

無口で素朴でいじらしい若者としてこそ愛好したはずだのに、そいつがにわかに社会に波風を立てるような発言を始めたことが、多くの人びとの目には許し難い裏切りと見えるらしかった。

私はもう、そんな風評の悪さを諦めている。それを打ち消すためには、もう一度声をのんでひっそりと家庭にとじこもるしかないのであってみれば、もはや風評の悪さに居直り続けるしかない。「俺ん評判の悪さのために、あんたたちにまで迷惑かけて、すまんなあ」と、ある夜のむなしい地域学習会で若い同志たちに冗談めかして詫びたのだった。

呼びかけても呼びかけても誰も来てくれぬ地域学習会を、ついに半月間続けた。それでもむなしさをいわぬ若者たちの忍耐力に、私はひそかに感動していた。

そんなある夜、本当は得さんは会社の慰安旅行のはずであった。だが少数の同志が、寒さに震えながら戸ごとのビラ入れをしているのだと思うと、とうてい旅行に出ると告げえずに、とうとう諦めてしまったことを、のちに奥さんからふと聞かされて、私の胸は熱くなった。むなしい半月間の地域学習会であったが、しかし一〇人足らずの若者たちの連帯は、この厳しい行動の中で、いいしれぬ濃密さを深めたのであった。半月間の地域学習会の終わる頃、もう早い桜が咲き始めていた。

三月二三日、中津市議会総務委員会は、前年九月から継続審議してきた「豊前火力建設反対決議」の請願を、ついに四対二で不採択とした。この日の委員会が不採択に決することはすでに予測されていて、私と梶原君は、この日の委員会を実力阻止で流会にさせたいなあと話し合った。無念ながら「公害学習教室」にはそれだけの動員力がない。私たちは、それとなく地区労幹部の意向を打診してみた。「そんなことをしてみても、今の情勢ではやっと一日か二日事態を遅延させるだけのことで、やっても無駄だ」というのが幹部の判断で、「せめて野次と怒号の中での不採択という形に持って行く」ために、傍聴席に若い勢いのいい組合員を配置していた。

午後一時からの委員会は休憩が続いて、今さらなんのためらいがあるのか裏工作が続き、やっと四時から審議が始まった。地区労組合員などから野次が飛び始めると、「自然を守る会」の横松会長が「静かにしてくれ、野次を飛ばしてはいけない」と、しきりに制止しようとする。この瀬戸ぎわにきて、野次を飛ばさずにいる方がおかしいんだと、温厚な得さんさえ激怒して、

「お前たちは人殺しか！　中津六万市民の命を売るんか！」

と鋭く叫び始めた。私もまたこらえ切れずに、漁村出身の一委員を名ざしで叫んだ。

「E議員。あんたは渥美火力の温排水でバカ貝が全滅した事実を知っちょるんか！　漁民代表として、責任を持てるんか！」

野次と怒号の中で不採択が決定されたのは、夕六時半であった。あっけない敗北。

それを見届けてから、私はその夜の汽車で千葉県銚子市に発った。「反火力全国住民組織第二回勉強会」に出席するためであった。寝台車の中で、眠れぬままに落胆に沈んでいた。議会が「反対決議」を不採択にしたことは建設賛成を意味するわけであり、たぶん私の留守中に、九電と中津市の協定は調印されてしまうであろう。こうなってみて、実に手痛い敗北だと、今さらに気付くのだ。自分たちの一番手近な行政体を相手に徹底的に闘うことこそ住民運動の勝利の近道だとは、私自身『風成の女たち』の中で強調したことであった。企業や県を相手に闘うよりは、市を相手に闘う方が効率的なのは当然であり、しかも市が否といえば、企業とて県とて国とても、どうにもなりはしないのだ。それを心得て市議会や市長を相手にしながら、うやむやのうちに敗れてしまったのだ。これからはもう、中津市から問題は離れてしまう。闘う相手が急に見えなくなった感じで、私は途方に暮れてしまう。

今さらに悔いは深い。どうしてもっと激しく闘わなかったのか。市長を敵と規定し、市議会の大半を敵として、激しく闘わなかったことへの悔いに、涙がわいた。

温和な中津の人情機微の中で、いっさい敵を作ってはならぬという「守る会」幹部の方針に牽制され続けて、なんと私たちの行動はにぶらされてしまったことか。そんなにまで気を遣って、しかし運動は少しも広がりはしなかったのだ。ならば、いっそ私たちは激しく闘うべきであった。どうせ過激派のレッテルを貼られるなりゆきであったのなら、少数でも市議会座りこみを敢行すべきであった。あとからあとから愚痴がわく。

ふとポケットの中のものに触れて、取り出してみると、出発の駅頭で「学習教室」の同志たちが私の手に押しつけたカンパの封筒であった。あけてみると一万二〇〇〇円も入っていた。たった七人で、よくも無理をしてくれたなあと思うと、落胆の底からなお微笑がわいた。

「反火力全国住民組織勉強会」の第一回は愛知県渥美で開かれたが、これには豊前火力からは誰も参加出来なかった。第二回の銚子で、私は初めて全国反火力運動の中心に立つ人びとと顔を合わせた。事務局長格の仲井富さん（公害問題研究会）、銚子の会の松本文さん（神父）、渥美の北山郁子さん（女医）、橘進さん（検査技師）、北海道伊達の正木洋さん（高校教諭）、帆江勇さん（学生）、富山の犬島肇さん（高校教諭）、福井顕男さん（画家）、三河の金子泉さん（農業）、川崎の前田文弘さん（漁業）、和歌山の宇治田一也さん（学習塾経営）、姫路の清水康弘さん（牧師）、金沢の飯田克平さん（大学講師）、三国町の西田英郎さん（大学講師）等々多彩な顔ぶれで、九州から初めての参加である私を歓迎してくれた。

豊前での運動報告を求められた私は、今や追いつめられてしまった苦境を説明した。

「もう、こうなった以上、私たちは伊達の皆さんのように、環境権訴訟を起こしてでも反対運動を貫くつもりです。しかし、そうすることが全国の皆さんの運動の足を引っ張るという結果をきたすかもしれません。その事を今から詫びておきたいと思います。もし不幸にして、そんなことになったら、私たちを許して下さい」

東京湾のバイキングを自称する東電公害反対突撃隊の前田文弘さんが、私の背を叩いて、

「おい九州のトロツキスト！　お前の心情はよう分かるぞ。なあに敗北を恐れて運動が出来るかってんだ。運動なんてほんとは敗北の連続なんだよな」

と笑った。

環境権訴訟に関しては、前年七月に北海道伊達市の人びとが伊達火電建設差止請求訴訟を提起して以来、私たちの注目を引いていた。協定が次々と結ばれてゆき、もはや豊前火力阻止の手段はなくなったとして、無力感の瀰漫し始めた三月一五日、私たちは「豊前火力絶対阻止・環境権訴訟をすすめる会」を発足させた。訴訟を手段としてでも、豊前火力建設に抵抗するのだという覚悟を結集したのである。私たちというのは、「中津・公害学習教室」「豊前・公害を考える千人実行委員会」「自治労現地闘争本部」の三者である。その日は、敗北にひしがれた底から新しい出発をしていく転機であった。会結成の決議文を、私は高い調子でしるした。

今日、ここに参集する我らは、豊前平野に棲みつく土着人間である。我らの土地の歴史を決定する者が我ら以外にあってはならぬ。しかり、歴史の決定とあえていおう。我らの棲みつく環境を破壊しようとする巨大火力発電所を阻止するか否かは、まさに我らが我らの子孫に負うべき歴史の決定的決断である。我らの戦いは厳しく苦しい。我ら土着同胞の内部にあっても、土地の工業的繁栄を期して巨大発電所誘致に賛する者少なしとしない。現実的利益から発する彼らを説得するに〈清き空気を、深き緑を、美しき海を〉主張する我らは、心情的に過ぎるといわれるやもしれぬ。とはいえ、我らは信ずる――我らが頑迷なまでに守り徹すものの、はかりしれぬ尊貴は、ますます破滅的な国土現象の中で、歴史と共に光芒を強めるであろうことを。されば、我らはここに立つ。困難ははかりしれぬが、しかし共に戦う同志がここにこれだけ参集したことに我ら一人ひとりは奮い立つ。我らはすべて、今日より友である。友よ高き理念をかかげて今日から出発しよう。我らの土地の歴史の決断を我ら自身の手中に勝ち取るため。豊前火力発電所建設阻止のため。

「環境権」の提唱が日本で初めてなされたのは一九七〇年九月二二日、日本弁護士連合会第一三回人権擁護大会公害シンポジウム（新潟）においてであり、提唱者は大阪弁護士会所属仁藤一、池尾隆良氏らであった。

その趣旨を、私なりに簡潔に要約すれば、次のように明解である。憲法二五条はいう「すべて国民は、健康で文化的な最低限度の生活を営む権利を有する」（生存権）、さらに一三条はいう「すべて国民は、個人として尊重される。生命、自由及び幸福追求に対する国民の権利については……最大の尊重を必要とする」（幸福追求権）――これらの憲法理念を踏まえれば、私たちが快適な環境の中で生きる権利は個々に主張出来るはずであり、もしこれを妨害するような汚染企業の立地には、当然私たち住民は排除権を発動出来るはずなのだ。それが「環境権」である。

環境は、そこに棲む万人の共有であるから、誰かによって一方的な汚染は許されないという、しごくあたりまえな発想なのである。四大公害訴訟が勝利したとはいえ、心身の破壊のあとの勝利は、万歳の声もわかぬ空しさであった。そうなる前に企業をくい止めるには、環境権しかないのではないか。

私は「環境権」を楯に豊前火力差止請求訴訟を提起する理論を次の如く考える――

まず何よりも、瀬戸内海という巨視的環境レベルでの位置づけである。今、瀬戸内海の地図を開いて、真に無傷な海岸線は大分県国東半島から福岡県苅田町の手前までの周防灘豊前海沿岸だけである。もはや瀬戸内海が救い難いほど汚染され、その海岸線が増殖するガン細胞の如く張り出し変形してきた状況に恐怖するなら、あと残されたほとんど唯一の無傷な海岸線は「絶対自然」として、すべての人為的な触手から完全に凍結されるべきであろう。たとえ豊前火力埋め立て面積が三九万平方メートルに過ぎぬという主張も、「絶対自然」としての凍結の前には、いささかも正当ではありえない。滅びゆくトキを保護鳥として大切にする点での国民的合意がある以上、同じく追いつめられた海岸線の絶対保護が正当論理となれぬことこそ不可解である。なぜ私たちはトキの絶滅を憂うるのか。その根拠を問いつめれば、つづまりは、後の世代に遺してやりたい「愛すべきもの」ということに単純化されよう。豊前海海岸も、私たち住民にとってまさに後代に遺してやりたい「愛すべきもの」なのである。

「環境権」というものは、このように、後に来る者とのかかわりが密なのであり、もっといえば、後に来る者たちの未だ無告の権利をも含んだ主張であるはずであり、その重さは人類の歴史を曳いて、裁判官としてたじろぐほどのものであるはずなのだ。

裁判官をも含めて、私たちだけでこの豊前海岸を処分するなら、後に続く世代から私たちは永久に「愛すべきもの」を奪い去ったのであり、彼らの環境権を抹殺したことになるのである。そのことに私たちは戦慄をおぼえぬまでに人間同胞意識を喪っているのだろうか。

もっと卑近に話を落とそう。

豊前火力埋め立て海域は、この近辺唯一の海水浴場である。その消滅は九電提供のプールでは決して償えぬのである。後の子らが海で遊ぶ権利を、誰が奪うことが出来よう。

海は漁業者だけのものであるはずはない。漁業権さえ買い上げれば海を占有出来るなどということが許され続けてきていること自体、不可思議なほどである。それはつまり、今の社会機構が、〝物の生産高計算〟を至上の評価基準としているからであろう。

海がある。その海への評価は、そこで生産される漁獲高でしか計算されない。だから、それに相応する対価を払った者が占有して、埋め立て自由ということになる。海というものの評価の中で、実は生産高計算は最も矮小な評価でしかなく、万人が来て海を楽しむ価値は計算を超えて巨大なのであり、その楽しみは万人に許されるはずであり、それこそが環境権なのである。

大気のことを考えると、この〝生産高計算〟での評価は、もっと露骨になる。大気は、直接には物を生産しない。ゆえに評価ゼロである。だからこそ対価さえ払わずに企業は平気で占有を続けているのである。大気汚染とは、大気の占有そのものではないか。私たちは、もうここらで生産高計算に変わる真の評価基準を確立すべきであろう。

その新評価の中で、さしずめ大気などは絶対評価を付与されるべきだろう。とにかく、今の清い豊前の大気の中に、大量のまがまがしきものが吐き出されることを、私はどうしてもがまん出来ないのだ。それがどう拡散されるかなどという論法以前のことなのである。大気というものを、これほど冒瀆して人類に未来はあるのだろうか。海を後世に遺そうとする如く、大気を後世に遺そうとする汎人類史的視点に立てば、私たちは敢然として豊前火力に硫黄酸化物ゼロ、窒素酸化物ゼロの要求を突きつけるべきであろう。

私がそんな発言をする時、多くの人が世慣れたしたり顔で薄笑いする。「まあまあ、世の中はそんな理想論ではいきませんよ。そもそも作家が政治や経済や科学技術に口出しすることが無理なんじゃありませんか。そんなことより、あなたは立派な小説を書いてごらんなさい」ろくな小説も書けぬ地方作家の私は、そんな皮肉にいたくしょげはするけれど、さりとて口出しをやめるわけにはいかないのだ。

けっきょく、危機感の差らしい。もし、もうこれ以上環境をいじっては人間は生き延びられぬのだという逼迫事態を真に認識すれば、その絶望的危機の前に人びとは総意を結集して、まず大気とか水とか土壌とかに「絶対評価」を与え、これを寸毫《すんごう》も犯すまいとするであろう。そして、すべてをそのタブーからこそ出発させるはずである。その「絶対評価」を踏まえて新しい文化が出発していくだろう。

もちろん、極論だとは承知である。さりながら、環境権というものの一番底深い根は、そこにこそ据えておかねばと私は考えるのだ。

私たちが環境権訴訟をいい出した時、地区労や革新政党の反応は冷淡であった。その背景には、総評弁護団など法律専門家が環境権訴訟に否定的な意見であるという事実があった。法律専門家が否定的である理由は、環境権というものが現在の法体系の中でとうてい認知され難いとみるのである。

環境権が認められ難いことは、法律に無知な私にでも察せられる。これまで通用してきた受忍限度論（企業にも営業活動の権利がある以上、企業の有用性と、それが出す公害とを天秤にかけて、どの程度まてなら住民は忍ぶべきだという判断）は一挙にくつがえされ、もはやがまんの度合いなどではなく、いささかでも環境を汚染する企業の存立を許さなくするのが環境権の認知であり、したがってそれは資本主義体制の根幹をさえ揺るがしかねないほど画期的人民権利なのだ。法というものの運用が、必ずしも理想に忠実なのではなく、現状社会でのバランスの上に乗っかっていることを思えば、環境権が今の法廷で認知されるのは易々たるはずはない。だが、至難だからといって、それに挑戦してはならぬという理由などありえぬ。権利というものは、挑戦なくして与えられるものではない。今私たちが享受しているどの権利も先人の苦闘が勝ち取ってきたものである。そして、どの権利においても最初に主張した者たちは、常に至難への挑戦であったろう。

環境権による訴訟をめざそうとする私は、ある弁護士から次のような条理を尽して諫止《かんし》された。

「環境権が至難であるから闘うなというのではないのです。しかし、それに挑戦するには専門家による綿密な作戦が必要です。全国の住民運動の状況を判断して、ここの運動なら環境権で勝てるという一地点を選びだし、そこの闘いに弁護士会の総力をそそいで、まず環境権の勝ちの判例を法廷で獲得します。ご承知のように、裁判とは判例を駆使しての争いなんですね。ひとつ勝ちの判例を取れば、それを突破口にして、次々と各地の勝利が可能になってくるわけです。それが逆に敗けの判例をとられますと、今後各地の運動に支障をきたすことになります。向こう側に判例を駆使されますからね。私があなたに環境権訴訟を諦めてほしいとお願いするのは、今の豊前・中津の低調な市民運動では、まずもってこの困難な裁判に勝ち目はなく、あなたたちがつくる敗けの判例は全国の住民運動に、はかりしれぬ損失を残してしまうのです」

この説諭に私がたじろがぬわけはない。自分たちが突っ走ることで全国の住民運動にはかりしれぬ損失を与えるという事実の重みに、小心な私は心中震えたのである。しかし、それでもしかしと私は諦めきれなかった。他に万策尽きて最後の闘争手段であってみれば、それをやめるということは、もはや反対闘争そのものを収束してしまうということにほかならぬ。よしんば全国の住民運動に迷惑をかけても、なおかつ私は徹底抗戦を放棄したくなかった。銚子の勉強会で、全国の同志にあらかじめ詫びを入れたのは、そんなわけからであった。

三月三〇日、中津市と九州電力は協定に調印。

三一日、これまで豊前火力に反対してきた六団体（婦人会、自然を守る会、社、公、共、地区労）による六者共闘会議がひらかれるというので、私と梶原君も出席した。協定は結ばれてしまったが、なお今後も反対運動を続けるという意志を確認しながら、しかし具体的に何をするのかの意見は何ひとつ出ず、たまりかねた私は環境権訴訟に関しての説明をし、「環境権訴訟をすすめる会」も加えて七者共闘として運動を共にすることを提案した。

とたんに向笠婦人会長が、

「そんなことをしたら一般市民からあげ足をとられます」

といいだした。

「どんなあげ足ですか」

私はびっくりした。

「まるで私たちまで訴訟に加担するみたいに誤解されるじゃないですか」

という婦人会長の答えに、他の組織代表もほぼ同調らしく、私たちは六者共闘からはっきりと締めだされてしまった。けっきょく、何ひとつ具体的行動の提案されぬ会議が終わった。

「六者共闘なんちいいながら、もう運動をやめてしまうことは、まちがいないなあ」

私と梶原君は情けない顔をして帰った。

三月末、「環境権訴訟をすすめる会」は会員二〇〇人を達成した。三分の二は豊前側で、中津側は少ない。会費月額五〇〇円。機関誌『草の根通信』を四月より刊行し始めた。

——だが正直のところ、本当に訴訟にまで踏み切れるかどうかの自信は、会員の誰にもまだ無かった。

第四章　論理を模索する旅へ

暗闇の思想

真冬の一夜、私は家中の電気を止めてしまったことがある。「火電建設反対などと生意気な運動をしながら、お前んとこの電気はあかあかとついちょっじゃねえか」という、誰とも知れぬいやがらせ電話を受けて、ふと冗談みたいに家中を暗闇にしてしまったのだ。その夜、電熱をうしなった電気ごたつの底に幾枚もの毛布を敷き詰めて、おのずからなぬくもりを待ちつつ老父と妻と二人の幼な子と寄り添うていた。

「なあ、とうちゃんちゃ。なし、でんきつけんのん？」

「うん。窓から、よう星の見えるごとおもうてなあ」

「そうかあ。ほしみるき、くろおうしちょるんかあ」

寒さの中で開いた窓から、区切られてほんの狭くにしか見えない夜空に、それでも星が幾つも見えていた。

「とうちゃん、なし、こたつつめたいのん」

「うん、今からおとうさんがのう、かわいそうな女の子の話をしてやろうなあ。……雪の積もった夜の町を、マッチを売って歩く女の子の……」

「ああ、おとうさん、しっちょるちゃ、マッチうりのしょうじょじゃろ、な、な」

「うんそうだよ。……女の子のほっぺたも手も足もこごえてしもうて冷たいんど。……ケンもカンも、冷たいこたつで、辛抱して聞きなさいよ」

なぜかとっさに思いついて、私は二人の幼な子にアンデルセンの童話を語って聞かせた。もう幾度も見せた絵本だから、上の子の健一はすでに記憶していて、

「そんとき、ばしゃががらがらとはしってきて、おんなのこのくつがぬげたんじゃろ、とうちゃん」

などと先をいう。

「とうとう寒さに、女の子は家の陰に座りこんで、こごえた手をスカートにくるんだんだよ。それでもぬくもらないんで、ハーッと息を吐きかけたんだ。それでも少ししかぬくくならなかった。その時、女の子はふっといいことを思いついた。なんだったかなあ?」

「マッチをするんやろう、とうちゃん」

「そうだね。女の子は売れないマッチを一本だけすったんだよ」

そういって、私はマッチをシュッと擦ったのだった。暗い部屋に、思いがけないほど美しい炎がともった。それは、寄り添うて驚きの目をみはっている健一と歓の瞳の中にも、小さくキラキラと燃えた。マッチ売りの少女が昇天して、物語がすんでも、その夜私は二人の幼な子になお幾本ものマッチを擦らされ続けた――

その夜の思いを踏まえて、私は「暗闇の思想」という小文を「朝日新聞」に書いた。

＊

あえて大げさにいえば、「暗闇の思想」ということを、この頃考え始めている。比喩ではない。文字通りの暗闇である。きっかけは電力である。原子力をも含めて、発電所の公害は今や全国的に建設反対運動を激化させ、電源開発を立ち往生させている。二年を経ずに、これは深刻な社会問題となるであろう。もともと、発電所建設反対運動は公害問題に発しているのだが、しかしそのような技術論争を突き抜けて、これが現代の文化を問いつめる思想性をも帯び始めていることに、運動に深くかかわる者ならすでに気づいている。かつて佐藤前首相は国会の場で「電気の恩恵を受けながら発電所建設に反対するのはけしからぬ」と発言した。この発言を正しいとする良識派市民が実に多い。必然として、「反対運動などする家の電気を止めてしまえ」という感情論がはびこる。「よろしい、止めてもらいましょう」と、きっぱりと答えるためには、もはや確とした思想がなければ出来ぬのだ。電力文化を拒否出来る思想が。

今、私には深々と思い起こしてなつかしい暗闇がある。一〇年前に死んだ友と共有した暗闇である。友は極貧のため電気料を滞納した果てに送電を止められていた。私は夜ごとこの病友を訪ねて、暗闇の枕元で語り合った。電気を失って、本当に星空の美しさがわかるようになった、と友は語った。暗闇の底で、私たちの語らいはいかに虚飾なく青春の思いを深めたことか。暗闇にひそむということは、何かしら思惟を根源的な方向へと鎮めていく気がする。それは、私たちが青春のさなかにいたからというだけのことではあるまい。皮肉にも、友は電気のともった親戚の離れに移されて、明るさの下で死んだ。友の死とともに、私は暗闇の思惟を遠ざかってしまったが、本当は私たちの生活の中で、暗闇にひそんでの思惟が今ほど必要な時はないのではないかと、この頃考え始めている。

電力が絶対不足になるのだという。九州管内だけでも、このままいけば毎年出力五〇万キロワットの工場をひとつずつ造っていかねばならぬという。だがここで、このままいけばというのは、田中内閣の列島改造政策遂行を意味している。年一〇パーセントの高度経済成長を支えるエネルギーとしてなら、貪欲な電力需要は必然不可欠であろう。しかも悲劇的なことに、発電所の公害は現在の技術対策と経済効率の枠内で解消し難い。そこで電力会社や良識派と称する人びとは、「だが電力は絶対必要なのだから」という大前提で、公害を免罪しようとする。国民すべての文化生活を支える電力需要であるから、一部地域住民の多少の被害は忍んでもらわねばならぬという恐るべき論理が出てくる。本当はこういわねばならぬのに――誰かの健康を害してしか成り立たぬような文化生活であるのならば、その文化生活をこそ問い直さねばならぬと。

じゃあチョンマゲ時代に帰れというのかと反論が出る。必ず出る短絡的反論である。現代を生きる以上、私とて電力全面否定という極論をいいはしない。今ある電力で成り立つような文化生活をこそ考えようというのである。日本列島改造などという貪欲な電力需要をやめて、しばらく鎮静の時を持とうというのである。その間に、今ある公害を始末しよう。火力発電所に関していえば、既存工場すべてに排煙脱硫装置、脱硝装置を設置し、その実効を見きわめよう。低硫黄重油、ナフサ、ＬＮＧを真に確保出来るのか、それを幾年にわたって実証しよう。温排水対策も示してもらおう。しかるのち、改めて衆議して建設を検討すべきだといいたいのだ。たちまち反論の声があがるであろう。経済構造を一片も知らぬ無名文士のたわけた精神論として一笑に付されるであろう。だが、無知で素朴ゆえに聞きたいのだが、いったいそんなに生産した物は、どうなるのだろう。タイの日本製品不買運動はかりそめごとではあるまい。公害による人身被害、精神荒廃、国土破壊に目をつぶり、ただひたすらに物、物、物の生産に驀進して行き着く果てを、私は鋭くおびえているのだ。「いったい、物をそげえ造っちから、どげえすんのか」という素朴な疑問は、開発を拒否する風成で、志布志で、佐賀関で漁民や住民の発する声なのだ。反開発の健康な出発点であり、そしてこれを突きつめれば「暗闇の思想」にも行き着くはずなのだ。
いわば発展とか開発とかが、明るい未来をひらく都会志向のキャッチフレーズで喧伝されるなら、それとは逆方向の、むしろふるさとへの回帰、村の暗がりをもなつかしいとする反開発志向の奥底には、「暗闇の思想」があらねばなるまい。まず、電力がとめどなく必要なのだという現代神話から打ち破らねばならぬ。ひとつは経済成長に抑制を課すことで、ひとつは自身の文化生活なるものへの厳しい反省でそれは可能となろう。冗談でなくいいたいのだが、「停電の日」をもうけてもいい。勤労にもレジャーにも過熱しているわが国で、むしろそれは必要ではないか。月に一夜でもテレビ離れした「暗闇の思想」に沈みこみ、今の明るさの文化が虚妄ではないのかどうか、冷えびえとするまで思惟してみようではないか。私には、暗闇に耐える思想とは、虚飾なく厳しく、きわめて人間自立的なものでなければならぬという予感がしている。

＊

現実には、「電力がとめどなく必要なのだ」という現代の神話は、容易に打ち破れない。豊前平野で火電反対運動が孤立化してきた背景には、多数の市民が電力需要の急増を認めて、しかもその一因をわずかながらとはいえ自身の電化生活がになっているのだという後ろめたさがあるからなのだ。電力会社がそこを突かぬはずはない。この頃やたらに目立つのが全国紙に大きく載る「電気事業連合会」（全国九電力連合組織）の広告である。「みんなで考えよう日本の電気」というシリーズで、たとえば次のような具合である。

電気は保存がききません
緊急輸入もできません

「電気は生産と消費が同時に行われます」

電気はカン詰めのように貯えておいて、いざという時に使うというわけにはいきません。といって木材や肉のように不足になったからといって緊急輸入するわけにもいきません。ですから、常に最大の需要を上まわる供給設備をつくっておかないと、停電という事態が起きてしまうのです。この最大の需要が大幅に伸びているために、発電所の建設を次々と計画的におしすすめていかなければなりません。

「予想される電気の不足を避けるためには」

電気の需要は、今後の一〇年間に二・七倍にもなる見通しです。しかし四七年度は公害問題などもあって、発電所の建設は計画の五分の一しか着工できませんでした。このままの状態が四八年度以降も続きますと、五一年度には需要の伸びに供給力が追いつかなくなり、一部の地域で電気の不足が生じます。このような深刻な事態をできる限り避けるために各電力会社では、美しい環境を守りながら、安全で公害のない発電所の建設に懸命に取り組んでいます。

はっきりいって、このような広告は、全国の反発電所運動組織に対する恫喝《どうかつ》である。世論の中で反対運動を分断し孤立化させようとねらっているのである。とにかく、その巨大資本にものをいわせて、電力会社はあらゆる広告媒体を駆使する。九州電力は毎日のテレビコマーシャルで排煙脱硫装置の宣伝までやってのける（まだ、その装置は未開発なのに）。『九州文学』の長老作家には玄海原子力発電所の礼讃随筆を書かせた。タレントを擁しての文化講演会、学校ＰＴＡの発電所見学招待等々。

これらの圧倒的宣伝攻撃に、資力のない私たちは対抗手段を持ちえぬままに、市民の多くが電力会社側理論に巻き込まれていく。いうまでもなく電力需要急増の主因は、鉄鋼、非鉄金属、セメントなどの大手産業である。九電の四月の電力需要は、前年同月比の伸び率戦後最高の急増であるが、その主因は新日鉄大分製鉄所のフル操業と、三井アルミナ（北九州）への売電にあったのだ。

このような肥大産業を野放しに成長させる限り、電力需要の急増はとめどない。「電気事業連合会」などの電力危機キャンペーンは、そのような点にはいっさい触れずに、巧みに家庭需要の急増のみを宣伝して、停電の不安をかき立て、私たち反対運動グループの孤立化を意図しているのである。一歩一歩、私たちはその大攻勢に追い込まれていく。

四月から五月にかけて、私はしきりに遠い旅へ出た。電力危機キャンペーンの正体は見抜きつつ、それでいてなお一抹のたじろぎの消え去らぬ弱さが心底にわだかまって、同志にも告げぬひそかな不安のままに、私は雄々しく闘っている各地の運動を訪ねて、「発電所建設に反対する住民側論理」を今一度模索しようと思い立ったのである。

第一回の旅は、北陸路をたどった。直江津、富山、内灘、七尾、三国。再びの旅は、千葉、銚子、そして遠く北海道伊達市へ。

寂しいまでに自省の旅ともなった。なぜ自分のようにふさわしくない気弱で狭量な非行動者が運動の中心にいなければならぬのか。中津の運動が、かくも孤立をきわめているのは、私自身に原因があるのではないかという苦い疑いは、遠い未知の旅を行く自分を、家出の少年みたいに悄然とさせ続けた――

旅、ひとりの

四月一六日、もう暗くなった新潟県直江津駅に降り立った私はびっくりしてしまった。思いがけなく駅頭に、「黒井のいのちとくらしを守る会」の旗をかかげて、熊倉平三郎会長ら三人の方がたが迎えに出て下さっていたのだ。

熊倉会長は、東北電力七〇万キロワットの直江津火力（上越市黒井）建設計画との五年間にわたる闘いに心身の限りを尽して、ついに昨年白紙撤回を勝ち取り、その勝利報告の壇上で昏倒したまま病床生活にあると聞いていたので、この夜、半身不自由のまま杖にすがって駅頭に立たれた会長の姿に、若い私はいいしれず恐縮してしまった。

私が全国の火電闘争現地視察の旅を計画してまっ先に黒井を訪ねたのは、何よりもここの闘いの特異さに魅かれたからであった。停年退職の元高校長熊倉平三郎氏を会長とする「黒井のいのちとくらしを守る会」の主力は、実に「老人決死隊」であった。もはや世俗にこわいものを持たぬ老人たちは、熊倉会長の私心を捨てた強力指導のもとに団結し、五年間にわたって小さな部落をあげて闘い抜いたのである。

三里塚現地を訪ねて直接に学んだという闘争団結小舎もドラム缶の緊急太鼓も、もう私の訪ねた日には役割を終えてこわされていたが、その跡に立つ時、老人決死隊の悲壮な姿がありありと見えるようであった。

なにかしらここの闘いに、私は農民一揆的なものを感じてならない。熊倉会長の言動に、義人的なものを感じる。近代の革新運動的なにおいより、むしろ大げさにいえば「天道にそむく」政道に立ち向かった正義の闘いという素朴な単純明解さが黒井の老人たちを結束させていたのではないか。

黒井の人びとが、かくも火電建設に抗した理由は何であったのか。一九七二年一月三〇日、当時の環境庁長官大石武一に熊倉会長が提出した「陳情書」に、それは尽されている。熊倉会長の文章は古風であるが、どこを切りとっても「正義の怒り」が噴き上げている。

*

国鉄信越線と北陸線の分岐点直江津駅の東方半径約二・八キロメートルに位置する黒井駅を西部に持つ黒井部落は、現国道八号線に沿いまして臨港街、市の町に引き続き日本海を背にして戸数約三〇〇戸位の細長い半農半工の部落でございます。……時の為政者佐藤策次氏が市長二期間在任中、近代地方産業都市建設という美名をふりかざして執った直江津市政執行が、工場誘致一辺倒の姿となり、企業優先に協力させられた黒井部落は全く泣くに泣けない住むに堪えない悲哀な様相に一変させられたのであります。西にステンレス、大平金属、信越化学、ビニール酢酸工場、半導体工場、信越化学自家発電所。東に日本海水化工。北に丸福産業並にソ連材貯木場の西に迫る処に日本石油の子会社石油荷役を始め、出光興産、帝国石油の三社。軽油、灯油、重油の各種に亘り、数千キロリットルのタンクの群が二七本も無気味に海岸に沿って林立し、時を選ばない爆発という姿で新潟地震の二の舞となって、部落にのしかかるのではないか、と言う暗示性が四六時中絶えず部落民の不安をかもし出しているのも実相のひとつでございます。又、南にマンモス工場を誇る三菱化成が厳然と君臨し、人家の裏の田の中に十全豆炭工場も打ち建てられています。是等の吐き出す煙突の煙は、弗素《フッソ》瓦斯《ガス》、亜硫酸瓦斯、錯酸《さくさん》瓦斯等々で、或いは悪臭鼻を突くかと思う瞬間、甘ずっぱい香が襲いかかって参りますし、吐き気を催す様になった後に、矢継ぎ早に物の燃えしぶる様なにおいが、のどを攻撃して参ります。此の様に各種各様の瓦斯体が入り混じり織りなして黒井上空の乱気流に乗って回旋しながら清浄な空気が次第に奪われ失われて、汚染度と汚染の積層量を深められて行くのも事実、其の上に煙突や建て屋のひさしや窓から吐き出される細かい粉塵が降下煤塵となって空中を乱舞した果てに容赦なく人家の屋根に道路に、樹木に洗濯物に、そして田畑にも降りかかります。冬季水分の多い雨模様の日等、是等の瓦斯や粉塵を含んだ煙が、地面すれすれに舞い下って、真昼の時刻ですのに、夕ぐれの様に、そして亦白い霧に包まれた様に、部落も木立も一様にボンヤリとかすんでしまうことがしばしばであります。此の瓦斯のための公害が、黒井・日の出町・西福島・佐内・福田・福橋・五智・千原等の部落に及んでいます。杉・くさまき、松・竹等、年々歳々枯れ行く量と面積も多く、亦当黒井耕地の中でも、等級もがた落ちで、其の甚しい所は、野菜の収穫は零で、稲作も亦反収におきましては、二〜二・五俵の減収の上、三等米すら一俵もないという検査実況でして、畑等も作る意欲を失った百姓さんたちは、生えるにまかせた草ぼうぼうの姿で、これがかや野か畑なのか見さかいもつかない様な荒れほうだいな姿に変った土地が年々広まる一方で、立ち枯れの作物を静かに手で引き抜いて見ますと、枯れた姿の作物の根は少しも出ないで引き上げられてきますというのが真実で、往年車や船で川から直江津市へ運んだ野菜の宝庫、黒井大橋場の耕地が見るも悲惨な草原に変って参りました。血を吐く思いをこめての各工場への補償要求も雀の涙位のもので、公害防止の施設設備の要請を市当局が行ったとしても仲々思う様に進めないというのが企業側の現状です。

……（以下略）

＊

かくの如く、激しい既存公害に悩み抜いている黒井部落に、突如として火電建設計画が持ちこまれたのである。しかも、現地住民にはひとことも相談を掛けずに、市長自身が東北電力本社にまで出向いて誘致工作を進めていたのである。黒井部落三〇〇戸のうち、実に二四六戸が反対に結束していったのは当然であった。

私たちの豊前と違って、この黒井では電力需要の問題はほとんど最初から最後まで顔を出していない。激しい公害にいのちをおびやかされている黒井の人たちの運動は、電力会社のいう「電力需要」を最初から峻拒《しゅんきょ》してしまっているのだ。いのちが奪われるかもしれぬ深刻な事態の中で、なんの電力需要であろうか。黒井の「反発電所論理」は、実に単純明解に「反公害」一点にしぼられているのである。その強さは当然であったとわかる。

私の泊まった夜、シベリアからの荒い風は雨戸を鳴らしてやまなかった。雪と寒風の長い冬を耐え抜く中でつちかわれてきた粘り強い闘魂が、黒井の人びとの闘いの中に激しく昇華されていったであろうことを思い続けて、私は眠れなかった。まだ口舌に麻痺後遺症の感じられる熊倉会長が、もどかしそうに激しく語った言葉のひとつひとつが、気弱な私を刺し抜いていた。

「最後は身をはがれても、何をまとう物もなくなっても、われはやるぞと、そういう団結をするにはまず、中心に立つ者はですね、己をむなしうするということです。自分のふところ勘定をしている者では絶対に出来ないいんだよ、これは！」

黒井の町の火の用心の夜まわりは、拍子木のほかに錫杖をつくのか、ジャランジャランという音が、荒い風の中を近寄ったり遠のいたりして夜通し聞こえていた。

次に訪ねた勝利の地は、石川県河北郡内灘町であった。内灘町は、いうまでもなく一九五二年から五三年にかけて、米軍の砲弾試射場として接収されたことに抗して、巨大な反基地闘争の展開された砂丘地を持つ町である。アカシアの林の立ち並ぶその砂丘に、北陸電力は七〇万キロワットの火力発電所を建設しようとした。現地に立ってみて、ああ、ここなら電力会社が目をつけるのは当然だなと思うような地点である。

私がここの運動を知ったのは、銚子での勉強会での報告を聞いてであった。内灘町には、かつての内灘闘争の中心をなした漁村の旧内灘町の他に、最近完成したマンモス団地が二カ所ある。いずれも金沢市の通勤者の住宅地である。私は、この団地に森井道郎先生を訪ねた。内灘の反火力運動の火付け役になった人である。

森井氏は、大学で国文学を教えているノンポリ的学究で、太宰治などを研究している。「緑と太陽の団地」という県のキャッチフレーズを信じて、ここに居を据えた森井先生にとって、ある日突然に知らされた巨大火電計画は、思いがけない不安をかき立てた。氏は、一人で富山市草島の富山火力（八一万二〇〇〇キロワット）を視察に行った（富山火力は私も前日に訪ねた地であるが、公害の顕著な地区で、昨年六月、一〇歳の少女成田えい子ちゃんが気管支喘息で急死している）。

富山火力周辺を見て、森井先生は大変だと直感した。大学の同僚である科学関係の先生たちにも質してみて、不安の裏付けを得た。彼は鶴ケ丘団地の自治委員だったので、団地自治会に火電反対を提議し、以後あっという間に二つの巨大団地は火電建設反対運動に結束していったのである。

やがて運動は旧内灘町とも連帯して、各政党との協力も得て、ついには町長リコールに成功し、火電反対の町長を当選させることによって計画の白紙撤回に成功したのである。

ここの運動経過を聞いていて、なんと黒井と対照的なのかと思った。ここの運動には、鉢巻を締めて怒号するような場面はほとんどなく、代わりに実に冷静な理論戦であり政治戦であったことがわかる。私は『風成《かざなし》の女たち』取材中に、臼杵の市民会議が出したビラの多様さに驚嘆したのであったが、内灘町の反対各種団体のビラは、あきらかに臼杵市民会議を量質ともに超えていた。徹底的に火電公害を訴える教宣ビラである。それを可能ならしめたのはマンモス団地という特殊性であろう。配布が容易なのである。ガリ版やファックス印刷で即座に作られるビラは、さして経費を要しなかったろうし、手配りで夜のうちに各戸に差し入れ出来るのである（この一点だけでも、なんとうらやましく感じたことか。私たちは常にビラを三万から四万枚刷らねばならぬのである。中津市、豊前市、椎田町全域を対象とせねばならず、それだけの枚数となれば印刷所に頼まねばならず、配布も新聞折り込みしか出来ない。一回のビラを出すのに八万円はかかることになり、容易にビラなど出せないのだ）。

「ビラというものは、最初はなんだかたよりなく思えるもんですが、有力な弾丸ですね」

と、森井先生は実感をこめて洩らす。

黒井と違って、内灘町は無公害地帯である。圧倒的に発電所公害の世論を内灘全域に広げていったのだ。それでいて、ここでは豊前・中津のように「電力需要」の問題でのつまずきはない。その意味では、豊前・中津と状況は同じなのだ。団地住人の都会型利己性のゆえであろう。自己の権利を主張することにためらわぬ都会人的特質が「電力需要論」をはね返してしまったのであろう。おそらく、都市圏に通勤する

石川県には発電所はない。富山県からの送電鉄塔が倒壊して大停電事故があったとき、「これも石川県に発電所がないからだ」と宣伝攻撃した北陸電力に、内灘の人たちは「県内の電力需要は県内で発電せよというのは〝東京都の米は東京で生産しろ〟という暴論と同じだ」と反論している。

私は、「これはちょうど私たちの所と逆な論争だなあ」と笑った。九電が豊前火力の送電先は当面北九

州だと答弁したことに対して、私たちは「北九州で必要な電力は北九州で造れ」と反論したのだった。それに対して九電は、「それは暴論ですよ。たとえば今私の着ているこの洋服は名古屋の産ですし、靴は大阪ですし……それぞれ各地が協力しあって複雑な現代社会は成り立っているのじゃないですか」と答えたものだ。

――まさに内灘での問答の裏返しである。森井先生も大笑いした。

「要するに、電力需要の論争に乗ることは、電力側の土俵に乗ってしまうことなんですね。ぼくらはそんな相手にはならずに、あくまでも公害があるじゃないかの一点だけを理論的に責めていって勝ったのです」

そのように割り切ることの出来る「都会型思考」が内灘を勝利させたのである。豊前平野の多くの人びとは、そのような考え方を身勝手なエゴイストとして尻ごみする。この一点が突き破れぬ壁となって、豊前火力反対運動は収束されていったのである。

森井先生と話していると、この先生はまた何もなかったように、以前の学究生活の静けさに戻っていくような気がして面白かった。

＊

東京電力五二〇万キロワットという世界に例のない巨大火力発電所計画を撃退した千葉県銚子市を再訪したのは五月であった。「公害から銚子を守る市民の会」代表松本文さんはキリスト教聖公会の神父さんである。銚子の運動の経過については、松本神父が宇井純氏の「公開自主講座」で講義しているので、引用させていただく――

一九六九年の九月の末、私は銚子へ転任を命ぜられました。皆さん、おわかりですか。太平洋の海の中に落っこちそうなところに銚子があるわけです。……（中略）……銚子では空気はきれいだ、空も海もありのままだ、さかなも野菜もあるぞ、それに醬油まであればせわはないと、お酒もあるしよ、てなもんで行ったんです。そうしましたら、銚子半島の突端が犬吠崎で、それから突端からずっと窪んだその窪みの所が、つまり南側になるんですが、それが名洗《なあらい》で、ここから約一〇キロ、東洋のドーバーといわれた、ドーバーの白い壁ほどじゃないが、ようするに屛風ケ浦、屛風を立てたようなのが約一〇キロ、五〇メートルの高さの絶壁が続くんです。すばらしい所です。そして国定公園なんです。その国定公園を崩しちゃったんですよね、おかしなことに。本当に簡単に崩せないんです。そしてその約一〇万坪の埋め立て地を作っちゃったんです。ほとんど市民たちの、ことに漁民たちの諒解を得ないで、ごまかしちゃったんですね。ところが、かんじんの企業がさっぱり来なくなった。さあ、あわてたのが市長さんはじめその責任者たち。何しろ八億という金を何とか返さなければならない。一五億ほどかかったんですが、残る八億という金は一九七〇年の九月までに何とかしなければならない。それでないと会社に現物で持っていかれてしまう。権利が向こうへ移ってしまう。そして、どうすべえかなあというところへ、ちょうどその東電問題がでてきた。私が赴任しまして、たまたま名洗のある信者を訪問しました。で、目に付いたのがそのばかでかい一〇万坪の埋め立て地。「いったい、あそこは何が来るんですか」と聞きましたら、「何だか知らないけど、何だか火力発電所がくるらしい。それもとんでもないことらしい」私は赴任したばかりでございましたけれど驚いて、といいますのは、姫路にいましてね、姫路にもそういう問題が出かかっとった時期でした。

＊

一九七〇年六月一五日に、松本神父さんらの呼びかけで第一回の市民の集まりをひらき、いろんな人びとが三五名集まった。

神父さんにとっては初対面の人ばかりだった。一九日に「公害から銚子を守る市民の会」を結成、それ以後信じ難いほどに運動は急展開し、銚子市内一五〇〇人の大デモ、千葉県庁への八〇〇人デモと続き、八月一三日、早くも千葉県知事の白紙撤回声明となるのである。

会結成からわずか五〇余日の勝利は、おそらく全国一の短期記録であろう。どうやら松本神父さんの背後には「神様がついている」らしい。

だが、東電は完全に断念したわけではなく、今も機をうかがっているので、市民の会の学習会は以後息長く継続しているのである。

ここの運動では「電力需要」の問題は、どうとらえられているのか、「東電火力誘致に反対し、公害のないまちづくりを進めよう」という長い題のパンフによれば、

——現代において、より豊かで快適な生活をおくるには電気はなくてはならないものです。それだけに私たちも「電力危機」のことは真剣に考えております。しかし東電自身が認めているように、電力消費は約八割が産業用、私たち一般家庭用は二割程度です。電気不足は主として大口需要家が自分たちの高度成長のために無計画に使い過ぎるからおこるものです。しかもその料金は、家庭用一キロワット一二円に対し、工場用五・一五円、つまり今でも私たちは大口需要家より二・三倍以上の高料金を払わされています。そこで私たちは公害をおこしドルショックの原因となった無計画な高度成長＝電力の使い過ぎをやめさせ、もし節電が必要ならば、まず「大口需要家に使用制限すべきである」と考えています——

これは、どこの反発電所運動でも必ず出る住民側論理であり、豊前平野において私たちが主張している

ことでもあるのだ。けっきょく、銚子ではそれが多くの人びとに納得されて浸透していったのに、豊前平野では受け入れられなかったという差なのである。

なぜ、その差は生まれるのだろう。そもそも、この人口一〇万足らずの無公害の町で、なぜそんなにも短期間に運動が大展開することになったのか、いくら松本神父さんにくいさがって尋ねてみても、その説明を納得出来ないのだ。一方、松本神父さんは、私がどんなに詳しく豊前平野の現況を説明しても「どうしてあなたの中津では、そんなに運動が孤立するんでしょうね」と、首をかしげて納得出来ないふうなのだ。

そのような極端な差が生まれるところに、それぞれの「風土」のつちかう精神性があるのだといってしまえば、それに尽されるのだろうが、風土の精神を形成する無数の要因は、それぞれに長い歴史をひきずって、通りすがりの旅人などには瞥見《べっけん》出来ぬ底のものなのだ。

ただひとつ、これはかなりな答えになろうかと気付いたのは、この町では農漁業に将来を賭けて生きる若者たちが多いことである。教会に泊めていただいた夜、幾人もの若者たちが礼拝堂横の部屋に集まって来たが、その活発な発言を聞くだけで、それは察せられた。

目をみはっている私に、「ね、ね、松下さん。東大なんかで学ぶ学生諸君より、農漁業に生きる若者たちの方がいかにすばらしいかというのが、かねがねぼくの持論でしてね。君たち大学に行かなくてよかったねと、心からいうんですよ……」と、神父さんは笑った。パンフの中にも、次のような自信あふれる若者の言葉が掲載されている。

「俺は船方だ。今まで俺たちは、土方、馬方、船方のいわゆる三かたといわれて軽蔑の目で見られ、自分たちもそう卑下してきた。だが今はちがう。俺たちは、漁師として、自分のしごとに誇りと生きがいをもっている。ひとつは、俺たちこそが、日本国民の生きて行くのに必要な動物蛋白質の六〇パーセントを供給しているんだ、という誇りだ。もうひとつ、俺たちは毎日を命がけで働いている。皆さんは畳の上で死にたいと考えているだろうが、俺たちは、海の上で死ねば本望だと思っている。皆さん、ここに掲げてある大漁旗は、水揚高トップを祝って市が贈ってくれたものだが、しかしその市がいま、東電火力なんかをもってきて、俺たちの海を汚し、漁業をつぶそうとしている。もし、そんなことをしたら、俺たちはこの旗をたたき返す」

「私たち農民は、今まで、あらゆることに泣いて耐えてきました。天候不順で不作だ、と言っては泣き、肥料が高い、野菜が暴落したといっては泣き、やれ強制作付だ、減反だといっては泣いてきた。しかしその中で私たちは、汗を流して働き、研究を重ねて、この銚子の農業地帯を日本一のキャベツ生産地にしたんです。それを、一部の人たちの利益のために、東電火力を誘致することによってダメにされようとしている。私たち農民は、もうこれ以上泣いてガマンすることはできません。私たちは農協青年部を再建し、農業を守るために立ち上がりました。私たちの力はまだ弱いし、成田の農民のようにヘルメットをかぶり、警官隊と対決するなんてことは自信がありません。しかしたくさんのなかまたちに呼びかけ、皆と一しょに団結して頑張りたい」

私は礼拝堂横の部屋に一人泊めてもらったが、眠れぬままに梶原君に手紙を書いた。

——たった今、松本神父さんが引き揚げていったところだ。ちょっと神様にお許しをねがって、二人でビールを飲んでいたというわけ。

一人になって、目が冴えてしまった。

今度の旅は、立派な闘いに触れて励まされたい出発であったのに、なんだかいよいよ豊前・中津とのへだたりを感じて寂しくなるばかりのようだ。

なぜ、こんなに各地で運動が成功しているのに、豊前・中津では孤立してしまうのだろう。

松本神父さんの、柔和で抱擁力のある人格に接していると、やはり中津の運動の失敗は、ぼくの直情的な狭量さにあった気がしてきて、つらくてならない。

「私はね、ずっと幼稚園の園長をしていましたからね、幼な子をおだてるみたいに上手にみんなに接していけるんですよ。多少ずるいかもしれませんけどね」と、神父さんは笑うのだが、本当はそんなことではない。神父さんの思想の中心に信仰が座っていて、神様の前には万人が平等であり、それ以外の世俗の基準はいっさい峻拒している態度が、すべてのイデオロギーも人間関係も、大きく包みこんでしまうのだと思う。

それにくらべて、自らを顧みると、恥ずかしくてならぬ。かくも学習教室が孤立してしまった主因は、ぼくの性格ゆえに違いないと思うと、君らにしきりに詫びたい気がしている。

神父さんがね、ぼくらの会のことを祈ってくださったよ。無信不遜のぼくも、なんだか感動してしまった。あのね、松本神父さんは、あのフェルナンデル演じるドン・カミロに、とっても似てるんだよ。

明日は東京に戻って、夜北海道に発つ。伊達農漁民の大きな闘いに触れて、ますます心細い思いを抱く旅となりそうだが、もはや引き返せぬ。自分を、もっともっと鍛え抜きたい願いだ。

そちらを、よろしく頼みます。みやげなんか買って帰らないよ。おやすみ——

舌で味わってほしい

夜明けに乗り込んだ青函連絡船で、甲板に出てみると肌寒い霧雨が降って、視界は悪かった。とうとうこんな遠くまで来てしまった。初めて渡る北海道に、さすがに旅の心が動いていた。道内の汽車の旅に移って、陽が射し始め、車窓から見る黒い肌の畑々からは不思議なまでに濃い水蒸気がわき昇り、なにかしら土のゆたかさを想わせるのだった。今回の旅は、「環境権訴訟を考える会」（松本文代表）の呼びかけで、伊達訴訟第四回公判を全国の反火力組織が傍聴しようということでできたのである。

伊達火力問題の経過を簡略にたどる――

伊達町（市制前）が北海道電力火力発電所誘致を決めて、全面協力の覚書を同社と交わしたのが一九七〇年四月であった。苫小牧東部開発計画の重要電源基地である。この時の北電計画は、二五万キロワット二基、しかも硫黄分実に二・二パーセントの重油、煙突の高さ一五〇メートルという全く住民を馬鹿にしきったものであった。それでも住民からは反対の声はあがらず、町の斡旋で四二万ヘクタールの用地買収はあっという間に終わるほどであった。

この伊達火力に、最初の疑問を投じたのが、高校で国語を教えている正木洋先生であった。「独酌庵」に棲む酒好きの独身先生である。旅を愛し、流れ流れて身寄りもない北海道まで来て居を据えたと笑う。一番最初の反対動機はなんだったのですかという私の問いに「そうですね、まずこんなすばらしい土地に発電所を造るということは、国家的損失だということでしたね」と、簡潔に答えた。

一九七〇年八月、正木先生を中心に「北電誘致に疑問を持つ会」結成。以後熱心な学習教宣活動で反対運動は広がっていった。反対運動の中で、北電は硫黄分を一・七パーセントにさげて煙突を二〇〇メートルに高めたが、一方で規模は三五万キロワット二基に大型化する計画手直しをしてきた。

一九七二年五月、伊達漁協は漁業権一部放棄を承認（伊達火電は陸地に建設されるが、温排水影響、付属港設備で漁業権と抵触）。

六月、伊達市議会は協定調印。

七月二六日、伊達反対派住民は、ついに環境権をかかげて建設差止請求訴訟を札幌地裁に起こした。原告五二人の中心は有珠漁協漁民であり、長和地区農民である。訴状は、予測される公害を列挙した上で、それに対応する北電の公害防止計画の不備を指摘し、最後を次のように結んでいる——

＊

伊達地方は、北海道の西南部噴火湾に面し、支笏《しこつ》・洞爺《とうや》国立公園を含み、冬期の積雪も少なく温暖で「北海道の湘南」「緑と太陽のまち」といわれている。気象条件に恵まれ、昼夜の温度差が少なく、良質な土壌と相まって、農作物の作付種類も多く、野菜の特産地である。温暖な気候で育つ柿が実る土地柄である。

漁業では、ワカメ、コンブ、ノリ、ホタテ、アワビ、ウニ等の養殖が盛んで、噴火湾地域は急速に北方栽培漁業の基地に発展している。

伊達市には、喘息児童のための有珠優健学園、精神薄弱者総合援護施設である道立太陽の園、日赤病院等があり、北海道の保養地として喘息等に苦しむ人びとが保養・療養に来ている。全道の定年退職者の中には、伊達を安住の地として選ぶ人も多い。このような自然環境に恵まれた伊達地方を本件のような大規模な火力発電所による公害で汚染することは許されない。北海道のあるべき総合開発の見地からも、本件火力発電所の建設は誤りである。われわれは、健康で快適な生活を維持するに足る良好な環境を享受する権利をもつ。この環境権は、憲法一三条の幸福追求権、二五条の生存権に基礎を置く基本的人権である。

被告の建設する本件火力発電所の操業によって原告らの生命、健康、財産および自然環境に継続して重大な影響を受ける可能性が確実に予想されるから、原告らは環境権に基づき、事前にその差止めを請求することができる。

＊

五月一〇日。私は、伊達の海の美しさに心を奪われた。この日、まぶしいばかりの晴天で、私は松本神父さんと渥美の北山郁子先生（医師）との三人で、有珠漁協の千石正志さんの船で海上に案内されたのである。

有珠漁協は、伊達漁協に隣接しながら火電関係域に漁業権を持たないのだ。しかしながら温排水被害は当然予測されるのであり、それだけに各戸ごとに「火電反対の家」というのぼりを立てて、反対運動を続けてきた。だが、その有珠漁協幹部が最近では賛成に転じて、漁協勢力は二分されている。

企業進出計画とともに必ず起きる平和な町の分断が、ここでも始まっているのだ。三八歳の千石正志さんは、選ばれて反対派漁民の突撃隊長である。すでに連日のように北電は強行着工をねらって現地に侵入をくわだて、全道労協の支援ピケ隊に阻止されているのだが、遠からず機動隊を伴った本格的着工が予測されていて、それに備えての突撃隊長なのだという。ひげの濃いたくましい突撃隊長は、海上でも寡黙であった。

まぶしい海上で、ああ海が畑だというのはこんな光景なのだなと実感する。透きとおった海中にゆらめく養殖ワカメやコンブを、千石さんは力いっぱい引き揚げてみせてくれた。北山先生は、ぬめらかに光るコンブをナイフで切り取ってはサクサクと噛み続けた。まだ小さな養殖ホタテが引き揚げられると、それも一番先に口に持っていって、私にも勧めた。生きたままをすすりこむと、潮味の中にほのかな甘みが流れて、私も次々と手が出た。松本神父さんだけが「どうも私としては、こんな殺生はねえ……」とたじろいで遠慮するので、私たちは声を出して笑った。

この底までも見透せる美しい海に温排水が流れこんで来る、それを思うだけで私は不吉なものを感じるのだった。これほどの無垢の海であれば、わずかな異物の混入でも、たちまち生態系の乱れが生ずるだろうことが、痛々しく迫るのだ。

大地もゆたかである。ジャガイモとアスパラガスをもらいに斎藤稔先生（医師・運動の中心者）が立ち寄った長和地区の上野英雄さんの畑で、ついて行った私は愉快な話を聞かされた。畑を耕作する馬と並んで、狐が駆けまわるのだという。「レメン（日雇い）のおばさんの弁当をくわえて駆けるんだよ。夏の間は狐は殺されねえと、きっと知ってるんだべ」と、上野さんは笑った。

伊達の農漁民は自分たちの産み出す「土の幸」「海の幸」にまっとうな誇りを抱いている。だからこそ一一日の第四回公判において、きたる二一日の現地検証には、「裁判長、ただ見に来るだけの検証ではなく、われわれの産物を舌で味わっていただきたい」と主張したのである。この主張は、私の胸に実に強く新鮮にひびいた。

いわゆる環境権訴訟と呼ばれるこの伊達訴訟の本質は、この短い主張に象徴されているのではないかとさえ思う。「舌で味わう」とは、まさに「暮らし」の中からの発想である。とにかく伊達の海が産み出すホタテやワカメを食ってみてくれというのである。伊達の土が産み出すジャガイモ、マメ、アスパラを食ってみてくれというのだ。まあまあ、食ってから話をしようやというのである。

船上で引き揚げたばかりのホタテガイの、指をキリリとはさみこむほど生きたものを、こじあけて口にすすりこむとき、裁判長だとて思わず目を細めるに違いない。「どうだ、うまいだべ」と、有珠の漁民は船上で裁判長の肩を叩きたいのだ。数段も偉いはずの裁判長だって、ものを食うにおいては、漁民とも農民ともひとしなみである。その「ひとしなみ」な生活感覚をこそ基底にして、訴訟判断をしてほしい願いなのだ。伊達住民が願っているのは浩瀚《こうかん》な法文によろわれた「権威の密室」たる法廷を、「暮らし」の次元にまで引きずりおろしたいのだ。

環境権などといえば、むつかしくなる。なんのことはない、私たちの暮らしを守りたいというだけの願いなのである。そっとしておいてほしい暮らしに、にわかに火電というまがまがしき巨大物が侵入してきたために、防ぐ手だても尽き果てて、おそれながらと法廷に訴え出ているのだ。

公判を重ねること四度。まだ序の戦いに過ぎぬながら、もう彼ら農漁民は法廷というものの依って立つ権威の本質を見抜いている。だからこそ彼らは「舌で味わってくれ」などといい放つのである。

法廷の権威をすら見抜いた彼らは、もはや機動隊をも恐れはしない。一一日の公判が終わると、彼らはその足で道警本部に押しかけて、「機動隊の出動」を要請（！）したのである。機動隊さん、われわれ農漁民は毎日毎日着工に押しかけて来る北電にいじめられています。国民の味方機動隊さん、どうか出動して北電さんを阻止して下さい——というのである。なんと生き生きした揶揄の精神！

あまりにも豊前平野の農漁民との違いをみせつけられて、私は圧倒されてしまう。もちろんここでは、「電力需要」なんか一笑に付されて論争にもなっていない。「電力ねえでもホタテは獲れる。電力足りねえなら、停電もいいだべ」のひとことで片付けられるのだ。

北海道からの長い帰途の車中で、私はまるで今の私のために用意されたような鋭い指摘に出遇った。車窓にもたれて読み継いだ、むの・たけじ著『解放への十字路』（評論社刊）の中にである。

むの氏は、同書の中で執拗なまでに支配者の構造を剔抉《てっけつ》してみせるのだが、とりわけ私をハッとさせたのは、氏が自戒もこめて放つ次のような鋭い問いかけである。「現実には被支配者であるわれわれなのに、日常生活の中でうっかりと支配者的思考におちいってはいないか」

この指摘に私は刺された。今まで心中ひそかにふっ切れなかったものが一挙に払拭される気がした。「電力需要」の問題にこだわり続けることは、まさに「支配者的思考」以外ではなかったことに気付いたのだ。

豊前火力に賛成する市民の多くは、むしろ己を良識派だと信じているらしいのだが、それはつまり単なる地域エゴを突き抜けて、「国の発展」を考える大義に立脚しての判断をくだしているのだという自負から発しているのだろう。そこには「国の発展」は疑いもなくいいことなのだという絶対的信奉があり、「国の発展」のためには電力需要急増は必須であり、ゆえに良識的大義に立つほど豊前火力に賛成するのは当然という論理になるのである。

むの氏の指摘は、ここを刺す。政治の現況の中で、まさに背番号的市民に過ぎぬ我らが、なぜ首相まがいに「国の発展」を唱えたり「国の電力」をまで憂えねばならぬのか。被支配者でありながら、支配者的思考におちいっている典型であろう。このような思考錯覚は、たやすく支配者に利用され吸いあげられ、支配者の意のままにたぐられてゆくのである。一歩踏みとどまって、「国の発展」が本当に国民一人ひとりの小さなしあわせと矛盾しないかどうかさえ考える余裕を許されなくしてしまうのだ。

発電所建設反対運動に結集する我らは、被支配者としての思考に徹することでしか、その論理を築きえないだろう。とにかく自分の棲むこの地域を守りたいのだ。「国の発展」なんか知ったことか。それに必要な貪欲な電力需要なんか知ったものか、俺は首相じゃねえんだからさ、といい放つことでしか私たちは故郷を守り健康を守りささやかな暮らしを維持するすべを持たぬのだ。

良識派市民が眉をひそめかねない、このような「開き直り」論理が、ついにはむしろ救国の途であったというような未来が、遠からず来るのではないか。財界と結託し、政治そのものが開発に狂奔し、わずか二カ月先の予見さえ持ちえない支配者から国土を守るには、そこまで背番号的市民の覚悟を定めるしかないのだと思う。

私たちのそのような「開き直り」論理で、いうところの「電力危機」が到来するなら、むしろ到来せしめればいいのだ。その時はっきりしてくるに違いないことは、私たち民衆にとって電力危機即日常社会の破局ではないだろうということである。

常に柔順なまでに状況に順応してきた私たち民衆の歴史を振り返るだけで、そんな予測は成り立つのだ。そもそも「家電製品・爆発的な売れ行き」という現象自体、現状況（コマーシャルに踊らされた）への民衆順応に過ぎず、したがって電力不足到来となれば、それはそれで新状況をうまく生きていく順応性と知恵を、私たちは本能的に備えているのだ。

電力会社の節電呼びかけ広告の正体は、実は「節電」がねらいではない。どうせ電力文化にどっぷりと溺れこんだ、脆弱化した民衆は、節電など出来ようはずもないと見越して、節電せねば今にもテレビやクーラーの止まるが如く深刻感をあおり、つづまりは発電所建設反対住民を「地域エゴ」という民衆の敵呼ばわりし、孤立に追い込んでいく迂回作戦であることは間違いない。

確かに浪費に慣れ過ぎた私たちは「節電」など苦手であろう。だがいっそ、きっぱりと「停電」を決めて時間実施でも始めれば、そのような「状況」には、またたく間に順応していくだろう。まさにこのように考えてきて、「電力危機」こそ支配者的思考なのだと気付く。なぜなら、電力不足到来がさして私たちの危機ではないのだとわかれば、危機の正体は、今しきりに危機をいい立てている者たちにとっての危機だとわかってくる。

そのように、支配者にとっての危機を、あたかも被支配者である私たち民衆の危機の如く受けとめて、支配者的思考に迎合していく短絡は、どうして生まれるのかを考えていけば、それはどうやら「教育」に根があるらしいと見えてくる。ひょっとしたら学校教育の大きな部分は、被支配者に支配者的思考を吹きこんでいく努力についやされているのではないかとさえ思われてくる。

——札幌から九州まで、三六時間の長旅を、しかし長い旅とも感じずに、私の胸底にはあとからあとから思念はわいてやまぬのだった。

第五章「無駄」を積み上げること

孤立の底で

協定調印とともに六者共闘が反対運動を収束していった中津の町で、かえってひと握りの若者から成る「公害学習教室」は、生き生きと動き始めていた。

まずポスター貼りである。実はこれまで、中津の反対運動には「豊前火力反対」のポスターすらなかったのだ。地区労が看板屋に頼んで作った立看板にさえ好感を示さぬ婦人会長に気がねして、「自然を守る会」は町のポスター貼りも遠慮してきたのだ。「公害学習教室」として独立した私たちには、もはや他組織への気がねはいらない。毎夜のように集まっては、手製のポスターを作り、糊バケツをさげて、町々を貼りまわる。

九電の太いコンクリート電柱には、仇のようにしつこく貼った。中津の町では、手製の反対ポスターの出現も衝撃らしく、いっせいに各所から抗議の電話がかかり始めたが、とり合わなかった。

むしろ眠りに沈んでいる中津の町に衝撃を与えることこそねらいだと意気まいて、梶原君と中津城の石崖に大きなポスターを貼ったりした。ある夜は、ポスター貼りをしている私たちに直接論争を挑んでくる商店主もいた。「町の美観をそこなう」というのだ。「今、ポスターを貼らずに豊前火力を見過ごして、やがて町の緑の枯れる日がきたとき、もう町の美観をうんぬんしても手遅れなんですよ」という私たちの説得が通じたふうもなかった。

あるいはポスターの中の「闘い」という文字にからんでくる市民もあった。「闘い」とは戦争の言葉ではないか、平和な美しいふるさとを守ろうという君たちの運動の中に、なんでそんな剣呑《けんのん》な言葉が出てこなければならぬのかというもっともらしい論を吐く人に向かって、私たちはむかむかするほどの怒りをおぼえるのだった。そのようなニセ平和主義者こそ、常に自覚せずして体制側の温順な尖兵となっているのだ。

この頃、私たちの会には強力な援軍が現れていた。下関水産大学校の「周防灘開発計画に積極的に反対する有志の会」という長ったらしい会に属する学生諸君である。

中津から汽車で二時間もかかる遠い大学の学生が中津の会にかかわるようになった最初のきっかけは、私が招かれて講演に行ってからであった。間もなく私からの呼びかけに応じて中津を訪れた学生たちは、たまたまノリ全滅で悩んでいた今津地区の漁民たちから原因究明の助言を求められて一言も答え得ず、その時から「現場で役に立たぬ学問」への深刻な反省が生まれ、まず現場で学ぼうと、しばしば中津に出入りし始めたのである。

五月、ついには常駐者を置きたいという彼らのために最も安いアパートをみつけて、自炊道具を私たちは提供した。常駐者は二人であるが、一人は時折り交代する。

水産大の学生とともに、九州大学工学部土木教室道路研究会のメンバーもまた、私たち学習教室の良き仲間である。とりわけ、この四月から助手となったばかりの坂本紘二君は、貴重な資料や情報を次々と収集しては届けてくれた。もう私たちには欠かせぬ人となっている。皮肉にも、彼は昨年六月四日のトロツキスト問題で排斥されかかった一派に属する。一年後の今、いよいよ誠実にはるかな福岡からかかわってくる彼を思えば、やはり私はまっすぐに人を信じてよかったという、ひそかな満足をおぼえるのだ。

坂本君たちが中津の運動にかかわってくる動機も、やはり自らが選んだ学問への厳しい疑問に発している。巨大開発が必ずしも地元住民のしあわせにつながらず、むしろ被害者を続出させていく事実を直視するとき、その開発を支える土木工学が実は加害者の学問と化しつつあるのではないかという苦しい詰問に自答するためには、まず開発現地の住民の中に入りこんで、住民の求めているものを知るしかないという結論に達したのだ。

「自然を守る会」での運動の頃、私は大学生との交流を表面に出すことは極力控えていた。大学生など見かけぬこの町で、婦人会の人たちなどは長髪の学生たちを見るだけで、過激視して恐れを抱いてしまうだろうと懸念していたからである。だが、もはや「公害学習教室」として孤立化してしまった今では、彼らこそ頼みがいのある同志そのものなのだ。わが家の板の間は、しばしば彼らの若い熱気であふれた。健一や歓が、そんな賑わいに興奮して夜ふかしをする。

四月から五月にかけての沈滞状況はひどいものであった。私たち「公害学習教室」による懸命なポスター貼りもビラ配りも定例学習会も、市民を巻き込むことは出来ず、中にはビラを受け取りながら「アレッ、豊前火力問題は、もうすんだんじゃなかったんか」と、けげんそうに問い返す市民がいるほどだった。新聞紙面からも豊前火力は急速に消えてしまった。九電も表だった動きはいっさい見せず、どうやら最後の反対漁協椎田への潜航作戦に集中している気配である。

まだ決して豊前火力反対運動の終わっていないことを誇示するにはどうすれば効果的か、苦慮した私は「環境権シンポジウム」を思い立った。まだようやく専門家間に論議を呼び始めたばかりの環境権ゆえ、その第一回シンポジウムが昨年末に東京で開かれただけで、第二回がどこかで持たれたということを私は聞いていない。よし、その第二回シンポジウムを中津で開こうと考えたのである。上京した私は、立教大学助教授淡路剛久氏（民法）を訪ねて、相談した。

淡路氏も乗り気になってくださり、自ら交渉にあたって星野芳郎（科学技術評論家）、仁藤一（環境権の提唱者・弁護士）両氏の快諾を得てくれたし、スポンサーとして某新聞社にまで話をつけてくれた。地元からは前田俊彦氏（評論家）が講師陣に加わることになった。

全国でも二度目、西日本・九州域では初めての「環境権シンポジウム」構想に、「千人実行委」「公害学習教室」「環境権訴訟をすすめる会」は燃えた。この集会を単に豊前・中津にとどめず、全九州、西日本各地に呼びかけることにした。幾度もの話し合いで、シンポジウムは六月一七日（日曜）と定め、その前夜祭を豊前市でおこなうと決めた。

「なんか奇抜な前夜祭にしてえなあ」という恒遠君たちと頭を悩ましているうちに、「いっそ〈くらやみ対話集会〉なんかどげじゃろう」という私の提案が賛成されて、くらやみの公園でかがり火を燃して、おかぐらをやるというような愉しい催しにふくらんでいった。

この二日間の大集会で、沈滞ムードを一挙に払拭すべく、全力を集中しようと申し合わせた。全力——といっても、中津市に関していえばもはや「公害学習教室」の日常行動を支えているのは、私を含めて六人の若者だけなのだ。

私たちは、地区労と「守る会」に今集会の後援を依頼しにいった。だが断られてしまった。なぜ断られるのかさっぱり理由は不明だったが、もはやちっぽけな自力だけで大きな集会に挑むしかないと、かえって覚悟は定まった。集会まで二週間に迫る頃から私たちは連夜の行動に入った。ポスター貼りである。機関誌『草の根通信』に成本好子さんは書いている。

ホタルの出始めたこの頃、私たち夜光虫部隊も毎夜の出動だ。せっせせっせとポスター貼り。私の役は、さしずめ「はがれ役」といっても、なんのことやら分らないと思うので説明する。ポスターは幅広い荷造り用ガムテープで貼りつけるのだが、そのたびにテープをこまかく切っていては能率が悪い。そこであらかじめテープを沢山切っておいて、これを私の背中にワッペンのようにベタベタと貼りつけておくのである。いざポスターを貼る時は、「テープ」と呼ばれれば「ハイ」と私が背を向ければ、テープをさっとはがすだけでいいのだ。ポスター貼りに苦労するうちに生まれた知恵なのだ。もっとも、背中じゅうテープだらけの若い美人娘（私のこと！）をキチガイかと思う通行人もいるらしいが、豊前火力絶対阻止の信念のためには、たとえキチガイと思われようと、お嫁のもらいてがなかろうと、行動行動の夜光虫デス。さあ今夜も出発！

わずか六人しかいない「公害学習教室」の行動部隊の中心は、成本好子、須賀瑠美子、今井のり子さんの三人娘で、彼女らの底抜けな明るさと、周囲を顧慮せぬひたむきな行動ぶりに、私まで巻き込まれていった。

ポスターの手描きにしてもポスター貼りにしても、そんな具体的行動の面での一番の無能者は私なのだが、しかし役に立たぬながら、そんな行動ひとつひとつに私は欠かさず加わった。

器用な坂本君が、シルクスクリーンですばらしいポスターを二〇〇枚も印刷してきてくれたのには、心はずんだ。これはベニヤ板に貼って目抜き通りの電柱や並木に針金でくくりつけてまわった。翌日昼、早くも土木事務所から撤去したとの電話があり、私はもらいさげに行った。

「私どもも撤去なんかしたくないんですがねえ。なにしろ市民からの苦情の通報がありまして……並木や電柱には貼れない規則ですから」

といって返してくれた。それをまた、夜の並木に掛けてまわったが、またしても市民の通報とかで翌昼には撤去された。今度はもらいさげも恥ずかしくて、夜を待って私は土木事務所裏手の物置きに忍び入って、勝手に回収してきて、それを皆で並木に掛けてまわった。通報市民との根比べである。

あきれたことに、このベニヤ板ポスターは三度撤去され、四度目にくくりつけたら、さすがに諦めたのか、集会当日まで並木にあり続けた。

かくもしつこく私たちがポスターにこだわり続けるのは、もはや組織動員力も何も持たぬ私たちに、これ以外に訴えかける手段がないからなのだ。その唯一の手段であるポスターに加えられるこのような圧力に、私たちの怒りは燃える。九電は巨額資金を投入して、連日のテレビコマーシャルを駆使し新聞広告を占めて、圧倒的な宣伝攻勢を繰り返している。それは金さえ出せばまさに合法的宣伝なのであろうが、私たちからみれば資本の暴力そのものである。

一方、私たちがやっと一枚一枚ベニヤ板で作ったポスターを町に掛けてまわれば撤去され、警官にはとがめられ本籍まで記帳されるのである。しかも、それを通報するのが常に市民であると思うと、落胆に沈む。

だが、若い同志たちはいっこうにそんな妨害に屈託せず、何もかもを冗談の種にしては笑い飛ばしてしまう。さながら冗談グループとでも呼びたいほどの笑いが、実は孤立の少数派をここまで頑張らせているのに違いないのだ。ある日は、息抜きをかねてまるでピクニックみたいに皆で山にタイマツを取りに出かけたりした。不動吉則君は書いている――

くらやみ対話集会は電気の明るさを拒否し、タイマツの火とロウソクの灯りでやるということになったので、中津勢がタイマツの用意を引き受けました。私と梶原さんと以下雑兵を五名ばかり従えて、景勝の地耶馬渓羅漢寺にタイマツ掘りに出発。ヤブをかきわけ、険しい山道を汗びっしょりになりながら五〇メートルばかり登ると、枯れた松の根があちこちに見える。さあ作業開始である。私と梶原さんは先頭になって鉈をふるい、ノコをひき、鍬をふるい、またたく間に手にマメを作ってしまった。それでも歯をくいしぼり、滝のような汗をそのままに（オーバーな表現じゃないノダ）破れたマメの痛さにも耐えて（ジッと我慢の子であった）黙々と作業を続けた。

夕べ、勤めを終えた同志たちが、夕飯も食べずに夜の作業に寄って来る。水産大、九大の応援部隊も増員していた。溜り場は我が家か梶原君の家で、両家が交互に夕飯の用意をした。

無器用な妻は、朝早くからもうおろおろして、「今夜は何人分の食事を用意すらいいんかなあ」と問いかけて、私をうるさがらせた。まさに集会一週前、両家は非常態勢であった。ことに梶原君は大奮闘で、日中をあれこれと奔走し、眠らぬまま北九州への夜勤に出ていく幾日かが続き、さすがに見かねた奥さんがそっと電話してきて、「一日だけでも運動の方を休ませてやっておくれ。とても自分の口からはいいだせん人じゃから、あんたから休めちいうてくれんじゃろうか。こんまんまいったら、倒れるかしれん」と涙声で訴えるほどだった。

前夜祭まであと二日に迫った一四日朝、北海道から電話がかかった。伊達を訪れた時知り合ったA記者からで、「とうとう北電は、けさ強行着工しました」と告げる。私はアッと息をのんだ。「機動隊が出たんでしょうね」「五〇〇人出ました」「そんなに……で、けが人は？」「かなり出ているようです。千石さんが重傷らしいです」

私は言葉もない思いだった。つい一カ月前、私を船に乗せて海上を案内してくれたあの寡黙な漁夫千石正志さんが重傷とは。突撃隊長としての使命感から、とりわけ先頭を切って機動隊に体当たりしたのであろうと思うと、胸痛む。憤怒はこみあげて、私は北海道警察に対する抗議文を一気に起草した。

抗　議

伊達の海を、土地を、空を守らんとする人々に加えられた六月一四日未明の、道警察機動隊による暴行を、遠い九州に於いて、われらは痛憤の思いで聞いた。多数の伊達住民が、いのちと暮らしを賭けてふるさとを守ろうとして、民主主義のルールに従い裁判に訴えている時、その進行を無視して強行着工する非道の北電に加担して、機動隊が大挙出動し、多数の住民に暴行を加え、傷害を負わせ、あまつさえ一一名を逮捕するとは、まさに権力の恣意なる狂暴であり、これは単に伊達住民に対する暴行にとどまらず、反公害で闘う全国人民に対する挑戦であり、本日大分県中津市での「反公害・環境権シンポジウム」に参集した西日本・九州各地からの全組織名に於いて心底よりの怒りをこめて抗議を発する。ただちに一一名を釈放し、今後二度とかかる兇行を繰り返さぬことを全国民に約するよう強く要求する。

北海道警察本部長　田中雄一殿

同時に北電への抗議文と、一方原告団長野呂儀男氏に宛てては見舞と激励の文を書いた。これらを、一七日のシンポジウムの冒頭に特別提案し、採択されれば直ちに送付すると決めた。その日の夕刊で、道警本部長は述べている。「機動隊の出動は警察独自の判断による。民主的な手続きを踏んで決められたことに一部住民が反対して実力で阻止する以上、威力業務妨害でこれを排除せねばならぬ」

その民主的手続きなるものが、いかに裏工作に終始するかは、椎田町議会の唐突な逆転劇をみてもわかる。なんとそらぞらしい形式民主主義であることか。それでも、市議会承認という民主的手続きが完了すれば、それはニシキのミハタとなって機動隊に守られ、それに反対する住民は蹴ちらされるのである。

こうして北電が先鞭をつけた以上、九電も必ず強行着工にあたって機動隊を導入するであろう。豊前市が調印し中津市が調印し、「民主的手続き」が完了している以上、なお抵抗する私たちを機動隊は蹴ちらしてもいいことになるのだろう。今からもう、私にはあの八屋の海岸に立ち並ぶであろう機動隊の黒々とした隊列が見える気がする。

〔六月一六日前夜祭の模様を「豊前火力絶対阻止・環境権訴訟をすすめる会」機関誌から転載する――〕

〈反公害・くらやみ対話集会を終えて〉

恒遠俊輔（高校教諭・豊前）

一六日朝から準備にあわただしく走りまわりながら、そこにいる仲間たちの思いなやむところは、みな同じであった。重々しく垂れさがった曇り空を見上げては、いまにも降りはじめるのではないかと気をもみ、顔を合わせれば誰彼となく、「今夜はいったいどれだけ人が集まってくれるのか」と話し合った。

確かに、豊前火力建設に反対するわれわれの闘いは、きわめて重要な段階を迎えながらも、いまだ市民的盛り上がりを欠いたまま、孤軍奮闘の感じが強い。

とりわけ、われらの集会に対抗して、市当局、九電に操られ突如前夜に及んで「豊前火力建設賛成」のステッカーや横断幕が町々にはりめぐらされるにいたって、「くらやみ対話集会」の会場、平児童公園は、まさしく陸の孤島と呼ぶにふさわしかった。

だが、われわれはなんとしてもこの集会を成功させ、それを契機に、我らの闘いはその低迷からの脱却をはからねばならなかった。豊前火力絶対阻止をかかげて、新たな再出発をとげなければならなかったのである。

集会は、時折り小雨のぱらつく中で、地元「公害を考える千人実行委」からの歓迎のあいさつ、基調の提案をもって始められた。集会につきものの、形式的来賓あいさつなどいっさいない。

会場をとりかこんで燃えさかるたいまつ、各自が手にしたロウソクの灯り、そこにうつしだされた人びとの顔には熱気があふれていた。ふと、聖画の世界を想わせられた。

遠路はるばる駆けつけてくれた三〇名の志布志湾柏原地区石油コンビナート絶対反対期成同盟の面々、大分新産都二期計画に反対して果敢に闘う佐賀関の稲生亨さん、臼杵《うすき》湾風成《かざなし》の田口正晃さん、平川清治さん、愛媛県伊方で原発阻止を闘う人びと等々、彼らに満ち満ちた闘いへの自信は、われわれを完全に圧倒した。われわれは、西日本・九州各地から二十数団体一〇〇名余の反公害闘争の仲間を迎えながらも、地元からの参加者が、それをわずかに上まわる数でしかなかったことに、確かにひどく落胆はした。しかし、だからといって豊前火力反対闘争の前途を決して悲観し絶望しようとは思わない。われわれは、自らが少数派であり、周囲が容易に出そろわないことを口実に闘いをネグレクトしてはならないだろう。闘争がどう多数派のそれへと転化してゆくのかを問いつつ、しかも恐れず、大胆に闘いを提起し、主体的に挑むことの必要性を、われわれは多くの闘う仲間たちから教えられたのである。

集会は、文字通り、虚妄なる今日の電力文化を拒絶した、くらやみの集いであった。そしてそれは、資本の論理に貫かれたイカサマな現代文明を否定し、それにかわりうる真にわれわれの論理を構築する場であった。参加者は各々、電力はとめどなく必要なのだという現代神話をみごとに論破し、開発の幻想を打ちやぶり、われらの暗闇の思想を語りつづけたのである。

集会は、豊前の地に古くから伝わる「悪魔・公害撲滅祈願」御先神楽で最高潮に達した（卑劣にも、先に予定していた久路土神楽に、どこからともしれぬ圧力が加わり、前夜突如出演をことわってきて、われわれは深夜奔走して、御先神楽をお願いしたのであった）。

やがて集会は、「われらふるさと」の若々しい歌声の中に、その幕を閉じた。そして、それは少なくとも、先頃流行の支配者によって仕組まれた体制的お祭りではなかった。誰一人として歌のための歌をうたいつづけてはいなかった。それはささやかながら、われら民衆の祭りの再現にほかならなかったのである。そしてそこに参加した誰もが、そこに渦巻く民衆のエネルギーを実感し、明日の闘いを展望したに違いない。

われわれの周囲には、われらと同じ仲間でありながら、仲間を裏切り、権力に売り渡そうとする人たちがいる。被害者でありながら、加害者的発想に終始する人たちがいる。しかし、それでも、否それだからこそ闘わなければ。

翌一七日は、朝から雨が降りしぶいた。それでも「環境権シンポジウム」の会場である福沢会館には五〇〇名もの人びとが集まった（残念ながらほとんどが遠来組で、地元中津市民の参加はわずかであった）。会場正面を飾る絵も大字幕も、すべて稚拙ながら私たちの手作りのものばかりである。演壇に飾られた一輪の紫陽花も、梶原君宅の庭に咲いたものだ。

開会して間もなく、思いがけなく北海道伊達の人びとからの電報が届き、ただちに会場に朗読披露された。

一四ヒ　ホクデンハ　キドウタイヲツカッテ　キヨウコウチヤツコウシタ　ワレワレハ　ケラレタタカレ　サンザンノメニアツタガ　ニクシミハモエ　ハンタイハノイキハ　ギヤクニケンコウタルモノガアリ　コンゴアラユルシユダンヲツカッテ　ダテカリヨクフンサイマデ　チリヨクトタイリヨクノカギリヲツクス　トモニテヲタズサエテ　ガンバロウ　ダテカンキヨウケンソシヨウノカイ――

この一通のきびしい叫びをこめた電文が、この日のシンポジウムを単なる研究集会にとどめぬ熱気に盛りあげた。

淡路剛久「四大公害訴訟から環境権へ」
仁藤　一「環境権の提唱」
前田俊彦「里を守る権利」
星野芳郎「電力危機説に反論する」

四氏の講演と、各地の住民運動からの報告は六時間を超えた。そこには、いかに各地の人びとが反公害の運動の中で、今や環境権という新しい権利に熱い期待を寄せ始めているかがむんむんとうかがわれるのだった。法律専門家の淡路氏をして、「困ったなあ。皆さんはまるで環境権を魔法の杖みたいに期待してるんだから」と呟かせるほどだった。

――小さな人数で準備した大きな集会は成功した。「おめでとう」と、梶原君の奥さんが会場の隅で私に握手を求めた。

緊急事態

大集会を成功させた私たちに挑戦するかのように、事態は突如急迫した。事は、六月二二日夜七時頃、不動君の呟きから始まった。

私たちは、その夜も梶原君宅にたむろしていた。夜ごとなんとなく集まっては雑談にふけるのだが、そんなとりとめのない冗談話の中からこそ、私たちの行動目標が生まれるのだった。七時頃、不動君がふっと思い出したようにいいだした。

「昨日ん晩、風呂に入りかけよったらテレビが九電のことをいいだしたんで、あわてて部屋に戻ってみたんじゃけん……終わりの部分だけでよう分からんじゃったが、なんでも九電は豊前火力ん手続きすませたとかいいよった……」

エーッと、私は寝そべった姿勢からはね起きた。九電は電調審に申請を出したのだろうか。それにしては新聞に一行の記事も出なかった。なんとも半信半疑だが、気にかかってならず、私は豊前の各紙記者に電話で問い合わせてみた。だが地元記者の誰もそんな情報は知らぬという。念のため、ニュースを報道したテレビ局に電話して、けっきょく九電がすませた手続きは通産省への電気事業法第八条認可申請だとわかって、ホッとしたのだった。

だが安堵は束の間だった。先ほど問い合わせた豊前の記者が、さらに西部本社の経済部記者にまで問い合わせて、思いがけない情報を伝えてきた。九電は六月二七日の電調審に豊前火力をはかろうとしているというのだ。

電調審――正式には電源開発調整審議会と呼ばれる。政府の諮問機関で、この審議会で発電所建設計画の可否が審議され、その答申は実質的認可の効力を持つ。したがって、火電建設の第一歩は電調審承認で始まることになる。それほど重大な手続きである。

情報によれば、その電調審が六月二七日に開かれるのだが、その前段階での関係連絡会議が二五日に予定されていて、実際にはこの連絡会議で決まってしまうのだという。私は電話を切って、しばらく立ち尽していた。あまりのことに、どうしていいか一瞬立ちすくんだのだ。

私の見通しでは、電調審への上程は、まだ先のはずであった。なぜなら関係漁協のうち、唯ひとつながら椎田町漁協は反対決議のままなのだ。それを無視して電調審にはかけられないとみていた。甘い観測だった。こんな時の一番の相談役梶原君は、すでに北九州の夜勤に出たあとだった。私は一人の判断で、打つべき手に思いをめぐらせた。まず、なによりも時間がない。二五日の東京での連絡会議に向けて阻止行動するにはどうすればいいのか。とりあえず抗議電報を集中させねばならぬ。それを全市民に呼びかけるには、二四日朝にはビラの新聞折り込みが必要であり、とすれば三万五〇〇〇枚のビラを明日夕刻までに印刷せねばならない。もう寸刻の遅滞も許されない。直ちに不動君の運転で、私と山下透君（水産大常駐者）は、豊前へと自動車を飛ばした。すでに夜の一〇時。前夜、高教組で徹夜交渉したという伊藤君はちょうど就寝したばかりの時だったが叩き起こし、釜井君も誘って、皆で恒遠君宅に集まったのが一〇時半。

緊急相談の中で、抗議電報集中だけでは弱すぎる、九電本社に押しかけて電調審上程を直接断念させようということに即決した。翌日が土曜で、東京での関係連絡会議が月曜であることを考えれば、九電福岡本社に乗り込むのは明日午前中しかない。朝九時六分発急行「ゆのか一号」で出発するとして、それまでに幾人に連絡出来るだろうか。心細い限りである。当然この行動には椎田漁協からも参加してもらわねばと考えて、直ちに皆で椎田町へと自動車を飛ばした。

椎田漁協で唯一人私たちと連絡のある反対派の蛭崎勉監事を訪ねた時は、一一時をとうに過ぎていた。もう寝ていたのを起きてもらって、緊急事態を説明した。

蛭崎さんの話では、椎田漁協役員に対して、六月二二日に県水産局長から呼び出しがあり、行ってみると亀井福岡県知事がいて、知事自身が積極的に「賛成の方向で漁協臨時総会を開く約束をしてくれないか、そうしなければ電調審にはかれないから」と説得し、知事室隣で椎田漁協役員会を開かせ、「賛成の方向での総会開催」の約束を取られてしまったというのである。まさに、県知事と九電の結託である。こうして取り付けた約束を根拠に、「すでに椎田漁協も賛成に転じた」ので地元の手続きはいっさいすみましたという「地元同意意見書」を知事は電調審に出そうと図っているのだ。真相が見えてきて、私たちの怒りはつのった。

帰って来たのは深夜一時。抗議電を市民に呼びかけるビラの草稿を書いてから、私は一人で町に出た。まだ町々に掛け放しにしていた大集会のための「豊前火力絶対阻止」のベニヤ製ポスターをとりはずしてまわった。九電への抗議行動には、これを胸にさげていこうと考えたのだ。とうとう眠らぬまま、夜が明けた。

この朝、多忙であった。九電交渉に行けそうな者に次々電話してみたが、誰も突発的な相談ゆえ、勤務などにさわって、同行不能であった。地区労に電話すると、「そういうことは三役会議にはからねばならないので」とことわられてしまった。けっきょく同行したのは、中津からは私と梶原君、今井、成本、須賀さんの女性三人組、それに水産大常駐組の二人。豊前からは恒遠、伊藤、有門、西山、坪根、山本の六君。有門君（自治労）以外は皆高校の先生である（なおこの日の夕刻ビラの手配をするために、不動、釜井の両君は残った）。

博多駅着一〇時五六分。九大の坂本君が駆けて来て、「あちらに水産大の諸君が来ている」という。深夜の連絡だったにもかかわらず来ている来ている。八人もの支援隊。駅頭で皆「豊前火力反対」の鉢巻を締め、プラカードを胸にぶらさげて、坂本君の先導で九電本社へ。福岡の町の人びとがびっくりして振り返る。本社前で、恒遠、伊藤両君を「行動指揮者」に定めて、総勢二一人の抗議部隊は巨大な電気ビルに突入していった。

庶務課長が対応して、地下会議室に案内されたが、こんな所に待たされる理由はないと、皆でゾロゾロと上がってゆき、けっきょく五階まで来た時、佐藤火力部次長ら三人に呼びとめられ、廊下に座りこんでの交渉が始まった。

私たちの主張は、まだ椎田漁協が反対である以上、電調審上程を見送れという一点である。佐藤次長はこういうのである。

「どうも皆さんは考え違いなさっている。電調審というものは政府役所がすることで、私ども九電とはいっさい関係ないのです。豊前火力計画はすでに早くから政府に出ているわけでして、これをいつ電調審にかけるかは、いっさい役所の判断なのです。九電は関知しておりませんのです」

「とぼけるな！」

私たちは激怒した。

「豊前火力を建てるのんは政府か、そうじゃなかろうが、九電が建てるんじゃろうが。そんなら九電が電調審にひとこと、今回はまだ無理ですちいえばすむんじゃろうが！」

ことに私たちが激怒するのは、まるで無関係といっている九電が、ここ数日、集中的に椎田漁協に入り込んで漁民工作をしている事実である。誰それは中津のクラブ「青い鳥」まで連れ出されて、どのくらいの厚さの封筒を渡されたなどという噂は椎田町に乱れ飛んでいた。出入りする宮原管財部長の姿もしきりに見られている。

交渉途中から会議室に移り、ここで私たちはこれまで豊前で持たれた「共闘会議」との団交に出席したことのある役員の出席を要求、けっきょく吉田環境部調査役、深町企画部次長が出席した。私たちが求めたのは、去る三月七日に共闘会議との団交で九電が書いた確約書「関係市町村の合意を得るまでは電調審を含めていっさいの準備行動はしない」の再確認であった。吉田調査役は、この確認が今も生きていることを口頭で確認した。私たちは、書面にして認めよと要求、いやそこまでは出来ないという九電側と、交渉はこじれにこじれてしまった。

途中、とうとう激怒した私たちは、吉田、深町、佐藤の三役員を豊前に連行して、現地交渉に切り替えると宣言して、三人をエレベーター口まで連れ出したが、ここでドッと押し寄せた九電社員たちに押しまくられて、また会議室に追いこまれてしまった。しかも、この混雑にまぎれて深町次長は一方的に自動車で逃走し、気付いて追いすがった私たちの仲間を二〇〇メートルも引きずり路上に突き放したのである。

再開された交渉では、指揮者伊藤君が、「テーブルなんかはさんでの交渉では、もうダメだ。膝詰めだ」と怒って机を取り払ってしまった。けっきょく、ねばり抜いた吉田調査役もやっと確認書をしるし、私が朗読して了承。さて、ここからが私たちの交渉の本番である。九電はこの確認書にもかかわらず、椎田漁協の納得のないまま電調審に上程するのは違約ではないか、直ちに経済企画庁に電話して、とりさげよと迫った。吉田調査役は、「電調審との折衝は私が窓口ではないので、私には権限がない」という。窓口は横山企画室長とわかり、彼を呼んでほしいとの要求に、あちこち電話で探すが、行方をつかめない。

この頃から、屈強な九電社員がゾロゾロと会議室に侵入し始めた。入口で阻止しようとしたが多勢に無勢で防ぎきれず、狭い部屋に八〇人もの社員がひしめいて、背後から私たちに威圧を加え始めた。それにつれて、これまで低姿勢だった二役員の態度が目に見えて強気に変わってきた。

ついに横山企画室長はみつからず、吉田調査役は「私が責任を持って、月曜日の朝、横山の出勤を待って必ず中央に電話させます」といい始めた。よろしい、ではそのことを確約書にしてくれと要求すると、「そんなに私の言葉が信用出来ませんか」と立腹し、「そんなことまで一つ一つ紙きれに書いたら会社の中で笑いものになります」と拒絶した。「そんなこととはなんだ！　その電話一本に豊前火力がかかってるんじゃないか！　お前が笑いものになることと、豊前平野何万人の健康とくらべらるっのか！」と私たちが激怒して詰め寄った時、沈黙を続けていた佐藤火力部次長が、突如「もう交渉は平行線です。打ち切ります」といい放ち、同時に背後の社員たちから一斉に拍手が起こり、やがてどっと押し込み割りこんで来て、少数の私たちを分断し、吉田調査役らを〝救出〟し去ったのである。午後六時半。七時間に及ぶ交渉は、こうして最後は相手の力で押し切られてしまった。しかしながら多数の報道記者の面前で、九電が電調審断念の電話を中央に入れると約束した以上、まさか違約は出来まいと判断して、私たちは電気ビルを去った。

帰りの自動車の中で、梶原君がぐったりとなって眠り続けた。夜勤明けのままの参加だったのだ。帰途、椎田の蛭崎さんを訪ねて、この日の報告をした。今日の抗議行動に、けっきょく肝心の椎田漁協が一人も来なかったことは深い落胆であったが、とにかく椎田漁協内部での工作を蛭崎さんにお願いした。

六月二四日、中津・豊前両市、椎田町に三万五〇〇〇枚のビラを配布して、緊急事態を説明し、電調審宛ての抗議電報の打電を呼びかけた。私も梶原君も、誰彼の名を借用しては幾十通の電報を打った。幾人かの名をつげぬ市民が「電報を打ちたいのですが、自分の名も入れるべきでしょうか」と、電話で問うてきた。

九電は、ついに六月電調審を断念した。六月二七日予定だった電調審そのものを、七月上旬まで延期してもらったのである。そしてその間に椎田町漁協に臨時総会をひらかせ、昨年末の反対決議を撤回させ、あらためて電調審にはかろうというのである。豊前火力問題の焦点は、にわかに椎田町漁協に移っていった。総会は七月三日と決まった。これだけ早い総会に踏み切ったところをみると、九電には断然自信があるらしい。私たちは、ただもう連夜のビラ入れに通った。「公害学習教室」と「千人実行委」が交互に入り込んだ。水産大の学生たちも入り込んだ。椎田では、蛭崎さんと、田原哲夫さん（町議）が共に動いてくれた。暗い椎田の漁協の一戸一戸にビラを入れて行く私たちに、犬がしきりに吠えた。


〈椎田漁協の皆さんに訴えます！〉

〈あなたたちは、知事にだまされようとしています〉

六月二二日に椎田漁協の一部役員を呼び寄せて、亀井知事は、「とにかく豊前火力に賛成して電調審に出させてくれ。あとの九電との補償交渉は私に任せなさい。もし条件が合わなければ、私は埋め立て免許を絶対出さないから安心しなさい」と、いったそうですね。こんな口約束に乗せられて「反対決議」をおろしたら、とんでもないことになります。あなたたちにはもう、何の力もなくなります。だまされてはなりません。

「反対決議」撤回をねらう一部の人たちが委任状を集めています。そのような者に委任状を托したら、あなたたちは自分の将来を売り渡すことになります。断固拒否しましょう！

中津から椎田町まで、バスで二〇分かかる。今や、中津市で豊前火力反対運動に本当に動いているのが私たち六人になってしまい、しかもその六人が椎田町に入り込んでしまう日々、中津での運動はひっそりと消えてしまう。それを憂慮した私たちは、全市に「いま、豊前火力問題はこうなっています」という状況報告のビラを折り込み、私たちがなぜ椎田町に総力をそそいでいるかを説明した。その中で訴えた。

――どうぞ私たちにご協力をお願いします。私たちは本当に乏しい資金を出し合って、毎日運動に駆けまわっています。カンパをお願いします。知恵をお貸し下さい。ビラ貼りを手伝って下さい――

このビラを出すだけで、八万円の費用が消えた。手痛い出費に私たちはあえいでいたが、しかしこの急迫時に、もはや金のことなどいっていられないのだ。「公害学習教室」は、すでに銀行に借金をつくっている。こうまでして呼びかけたビラにも、何の反応も返ってはこなかった。たった一通、「市内・一応援者」という差出しの手紙が届いて、さてこそカンパかと心はずんでひらいたら、次のようないやがらせだった。「自分の家には電気を明々とつけて豊前火力反対をしても、意義がない、本腰にもなれないと思う。自家の引込み線工事を廃止して、電気を消してロウソクに替えてもっと本気でやれ」

知恵と行動を尽して

後事を同志たちに託して、六月三〇日の夜行で単身上京した。問題を緊急に国会に持ち出すための下工作が主目的である。

七月一日午後、渋谷の〝住民ひろば〟で、「環境権訴訟を考える会」の仲井富、宮川勝之、淡路剛久氏らと情勢を検討した。〝住民ひろば〟というのは仲井富さんが始めたもので、渋谷駅近くのマンションの一室を住民組織の自由な集会所兼資料室としたものである。地方から上京する私たちは、わずか五〇〇円で宿泊出来る。高額な部屋代は、ほとんど仲井さんが独力で集めているらしい。

仲井さんにはそのような独特な才覚があって、反火力組織に限らず多種な住民運動組織が、この有能な組織家の世話になっているのだ。永年社会党本部にいて、三年前「公害問題研究会」を創設し、最近は商事会社に身を置きながら、実際にはますます多様な住民運動の陰の組織者という役割に徹している。「ぼくの役割はサービス業だな」と屈託なく笑って、私たち上京組の世話を焼いてくれるのだ。

この検討会で、私は初めて今自分たちが相手にしている電調審の仕組みを正確に教えられた。宮川勝之さん（国民生活センター調査研究部）は「電力行政の流れ」を左図（次頁）の如く示して、説明してくれた。

①総理大臣は、電源開発基本計画設定。

電力行政の流れ

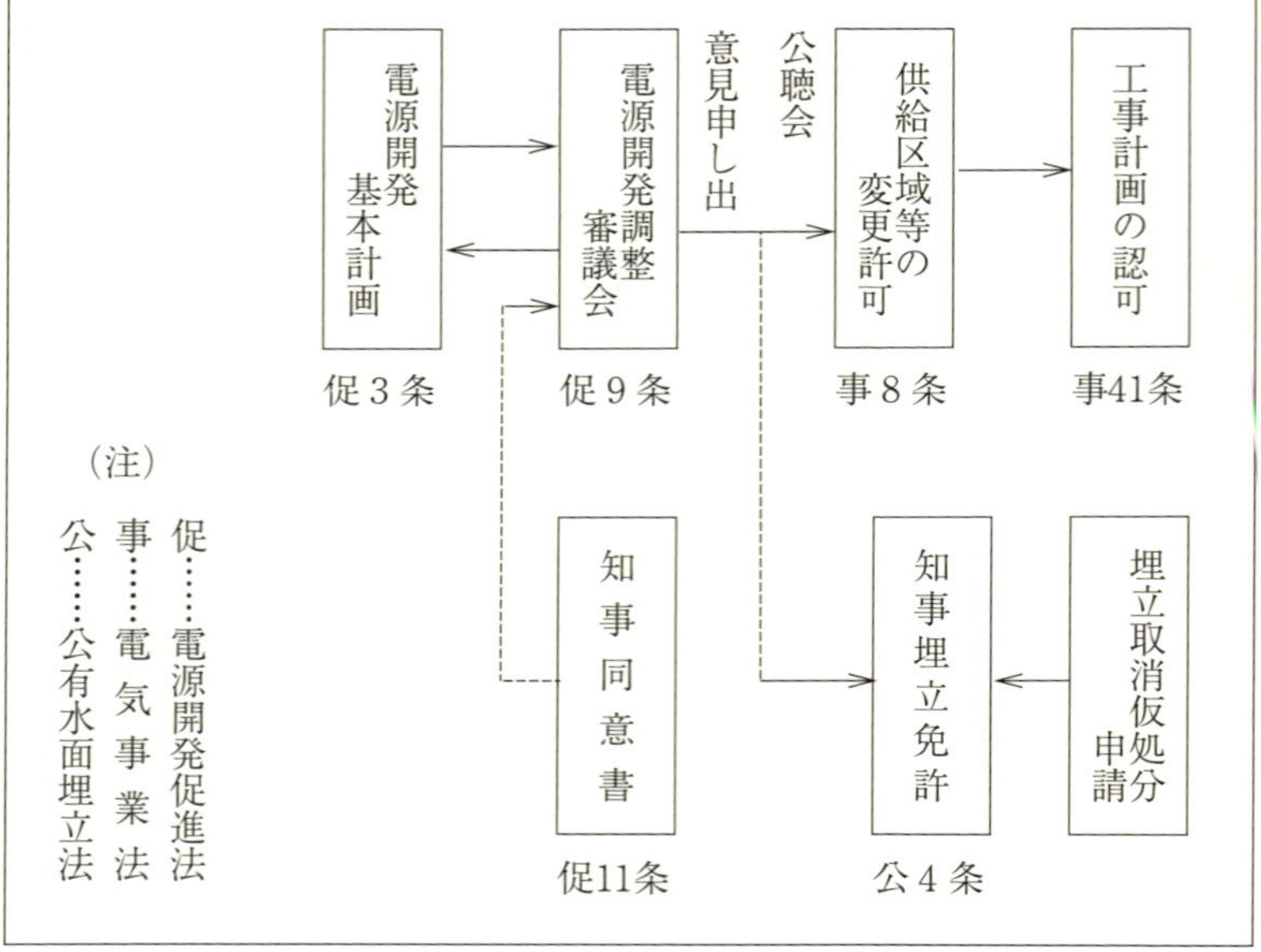

②それは電調審に諮《はか》って決定される。その審議にあたっては「知事同意書」が必要。

③電調審認可のあと、電気事業法八条による「供給区域等の変更許可」及び同四一条による「工事計画認可」を通産省がくだす。

④この間、知事は公有水面埋立免許を出す。

これだけの行政手続きを完了して、発電所は着工されるのである。この手続きの中で最も大きな役割を果たすのが電調審なのだ。一九七三年七月現在のメンバーは次の如くなっている。

電調審メンバー

会長　内閣総理大臣　田中角栄
委員　大蔵大臣　愛知揆一
　　　農林大臣　桜内義雄

通商産業大臣	中曾根康弘
建設大臣	金丸信
自治大臣	江崎真澄
経済企画庁長官	小坂善太郎
環境庁長官	三木武夫
日本開発銀行総裁	石原周夫
日本電力調査委員会委員長	進藤武左衛門
昭和電工（株）社長	鈴木治雄
東海大学教授	巽良和
住友金属工業（株）社長	日向方斉
電力中央研究所理事	平井弥之助
日本興業銀行頭取	正宗猪早夫
元教育大学教授	和田保

財界側に偏向したこのメンバーをにらんでいるうちに、けっきょく全作戦を環境庁にしぼるべきだと私たちは考えた。

七月二日、私は仲井富さんに連れられて衆議院議員会館に阿部未喜男議員（大分二区・社）を訪ねた。氏は、四年前、私の『豆腐屋の四季』を読んで手紙をくださって以来の間柄である。さいわいにも阿部議員は衆院公害対策特別委に属していて、私の来意を聞くと、その場で島本虎三理事に、豊前火力問題での緊急質問を申し入れてくれた。私は一時間にわたって状況を説明し、資料として私たちの作成した「火力発電所問題研究ノート」を置いて辞去した。

私は、しばらく国会議事堂をぼんやりと仰いでいた。およそ政治嫌いの自分が、こんな所に今こうして現実に立っていることの奇妙さに、いささか放心していたのだ。

七月三日午後一時からの椎田町漁協総会を気にかけて、私は飛行機で帰って来た。すでに梶原君たちは椎田に駆けつけて最後のビラ配りをしているとのことであったが、疲れた私は自宅で結果を待った。報告は容易に届かず、こんなに長びくのは内紛しているに違いなく、あるいは有利かと淡い期待がわいた。

夕方になって、やっと新聞記者からの情報が入った。なんとも微妙な採決であった。投票が二度おこなわれたのである。まず最初に「絶対反対」か「条件交渉」かは四五対一二四で、条件交渉派が圧倒した。続いて、では昨年の「反対決議」を撤回して交渉に入るのか、決議をそのまま交渉に入るのかで再投票、これは八四対八七で「反対決議」は撤回せぬと決めたという。「なんとも奇妙な結果が出ましたねえ。……松下さんは、これをどう解釈しますか」と記者は電話で問うた。「私たちとしては、反対決議が撤回されなかった事実を重要視しますよ。これで、知事は同意書を出せなくなりましたね」と、私は答えた。

第一回の投票をみれば、反対派の大幅な後退は争えない。だが私たちにしてみれば、かろうじて「反対決議」が残されたことは、救いであった。この一事を論拠にして、電調審上程阻止作戦を展開せねばならぬ。まず、直ちに「環境権訴訟をすすめる会」「公害を考える千人実行委員会」「公害学習教室」の三団体から三通の要望書を環境庁に速達で送付した。東京の阿部議員にも結果を報告した。「今夜、漁協の副組合長二人が県知事公舎に呼び出されて、九電の車で連れて行かれている。どんな口約束を与えてくるか心配だ」と、椎田町議田原哲夫さんから電話がかかってきたのは四日夜だった。翌日昼帰って来た二人を田原さんと蛭崎さんが問いつめてみると、「知事はあの投票結果は、けっきょく建設賛成を意味すると思うが、どうか。反対決議をおろさなかったのは、交渉を有利にすすめる手段だろう、と決めつけて」、それで彼らもその解釈に同意してきたというのである。

はたして五日の夕刊には、知事は椎田漁協も賛成に転じたと解釈して、同意書を送ることに決めたという記事が載った。これによって、七月九日に開かれる電調審で豊前火力が承認されることは一〇〇パーセント確実になったことを、各紙とも解説していた。事態は絶望的となった。私たちは、翌朝福岡県庁に押しかけて、同意書発送を阻止することに決めた。この深夜、水産大の学生たちは強引に椎田漁民を戸別説得して、やっと三人の漁民が県庁行きに同行することになった。

六日は、まさに対電調審作戦のクライマックスであった。この朝三万五〇〇〇枚のビラを新聞に折り込んだ。

〈緊急!!　要請電報を集中して下さい!!〉

皆さん、新聞で御承知のように、椎田漁協が反対決議をおろさなかったにもかかわらず、福岡県知事と九州電力は七月九日の電調審にはかろうとしています。

われわれは検討の上、電調審メンバーの中で一番住民サイドに立つ環境庁に、お願いを集中することにしました。

既に組織の名に於いて、くわしい要望書を提出しました。更に、七月六日の国会衆議院産業公害対策特別委員会で阿部未喜男議員が緊急質問に立ってくださることになりました。

そこで皆さんも、環境庁宛ての要請電報を集中して下さい。前回を上まわる電報の集中で、必ず九日の電調審をストップ出来ます。心から訴えましょう。
宛先
　東京都千代田区霞が関三の一合同庁舎内　環境庁長官　三木武夫殿
文面
　ブゼン　カリョク　ニンカ　シナイデクダサイ
〈豊前火力を真剣に心配する市民のつどい〉
7月7日夜7時より
中津市えびす町　労政会館二階
とにかく集まって下さい。語り合いましょう。

その朝、私と梶原、成本、今井、須賀五人は福岡県庁に出発した。豊前の「千人実行委」が加わり、椎田から田原さんを中心に町職員組合の若者たちが加わり、九大、水産大の学生と合わせれば三〇人ほどの部隊となった。折りしも福岡県議会の開会中である。「大分県の俺たちが、なんで福岡県庁に来て騒がにゃならんのかなあ」と、中津勢の私たちは苦笑した。

全員鉢巻を締めた私たちは、行動隊長に恒遠、伊藤両君を選んで、まず社会党県議団を介して亀井知事に面会を申し入れたが、公務多忙を理由に拒まれ、代わりに首藤副知事と村上環境保全局長が会うとのことで、代表を一〇人にしぼっての交渉が副知事室で始まった。

この席上で、すでに今朝、知事の「同意書」は発送されていることを確認した。その写しを見せよといいう要求に、村上局長は言を左右にして応じない。

「松下さん、あなたの〈暗闇の思想〉は、確かに一見識だと思いますよ……しかしわれわれにはわれわれの立場がありましてね……ここにおいでの皆さんも、暗い部屋から星空を仰ぐ趣味の方がたですか？」などと薄笑いしながら話をそらせてしまうのだ。けっきょく、煮えきらぬ局長の態度に、同席していた長谷川県議（大牟田・社）が議員職権で「同意書」の写しの提出を正式に要求し、局長はやっとそれを取りに副知事とともに出て行った。そのまま、いつまでも帰って来ない。午後の本会議に出席してしまったと情報が届く。仕方なく副知事室に待ち続けていると、職員が一〇人来て、この部屋から退去せよという。半分はすなおに出て行ったが、私と梶原君と坂本君は応じなかった。「約束を破ったのは村上局長じゃないか。彼の戻るまで、ここは動かない」と居座る私たちに、「それでは、ただ今から機動隊を呼びます」と、職員は電話を取った。福岡県庁の居丈高な管理体制については、かねがね聞いていたが、これほどひどいものとは思わなかった。あきれながら私たちは副知事室を退去した。

　間もなく、知事が議会に出席しているとの情報が入り、退室時に強引に面会しようと、私たちは三カ所の出口に座り込んだ。だが、議会休憩とともに知事はどの出口から消えたのか見当たらず、怒った私たちは制止する職員たちと激しい押し問答をするだけに終わってしまった。福岡県議会本会議場には何カ所もの出口があると知って、「さすが、逃げ道は周到だなあ」と、私たちはくやしがった。

　けっきょく、知事にはひとことものをいえぬまま、日暮れとなってしまった。途中、矢野水産局長を見付けて取り囲んでもみ合ううちに、はずみで局長の背広が裂けてしまい、危うく逮捕者の出そうな一幕もあった。すでに私たちのまわりには幾人もの私服刑事が動いていた。この日、むなしく私たちは帰って来た。

一方、この日夕方、地元豊前市平児童公園では豊前築上地公労共闘が一〇〇〇人を結集して、反対の声を放っていた。

さらに中央では、この日衆院特別委において、阿部未喜男議員が三木環境庁長官を筆頭に政府関係委員らを相手に、一時間にわたり豊前火力問題での鋭い追及を展開していた。

七日も、福岡県庁へ集結。中津勢は、私と梶原君、須賀さんの三人。この日は、県議会に椎田漁協反対派代表として蛭崎さんが陳情説明をおこない、私たちは傍聴に入った。

豊前地区からは革新系県議が出ていなくて、そのせいかこれまで豊前火力問題は県議会での焦点を集めていなかった。しかし連日鉢巻を締めた私たちが庁内を知事の姿を求めて徘徊し始めてから、社党県議団が全面的支援態勢を組んで、にわかに今議会の重要案件となり始めていた。

この日も知事に会えず、私たちは早目に引き揚げた。この日、私たちは夕七時から「豊前火力を真剣に心配する市民のつどい」を呼びかけていたので、それに間に合いたくて急いだ。

「こんだけ緊迫事態のときじゃき、今晩の集会は五〇人以上は集まっちょるかもしれんなあ」と、帰りの汽車の中で、私と梶原君は期待をわかせていた。

駅から会場に直行して、私たちは呆然とした。すでに定刻を過ぎているのに、集まっているのは「公害学習教室」留守部隊三人だけなのだ。

さすがに私は嘆息をもらした。この夜、夏の名物土曜夜市で、商店街に繰り出していく家族連れの賑いは、ひきもきらずに会場前を通っていく。いったい、あなたたちにはどのように訴えれば通じるのか、叫びかけたいほどの哀しみがわいた。だが同志たちは屈しない。あっさりと集会を断念し、夜市の辻に立って訴えるのだと出かけていった。

私と梶原君は、椎田に向かった。豊前、中津、椎田の合同作戦会議である。この会議で、私と田原、蛭崎の三人が上京して、電調審に直接訴えることが決められた。零時過ぎて、私たちは手分けして椎田漁村各戸にビラ入れを始めた。私と梶原君と釜井君の三人が組んで、ことことと暗闇の道を回った。終了は午前三時、帰って明け近い頃、短い眠りをとった。

八日二二時二〇分。私たち陳情団は福岡空港をとび立った。蛭崎さんは、この日漁協役員を相手に説得工作に集中した疲れか、ぐったりと眼を閉じていた。

思えば奇妙な三人の組み合わせである。五三歳の共産党員で漁協監事の蛭崎勉さん。いつの間にかトロツキストのレッテルを貼られてしまっている無名作家の私。田原哲夫さんは椎田町議会の革新系無所属議員で、有力な土木建設業者である。豊前火力問題で反対に立つまでは、結構九電の工事も受注していたという。年齢は私より幾つか上である。――その田原さんも眠りについて、私ひとり眼は冴えて感傷のままに窓から見降ろす地上の灯のつらなりに放心していた。

羽田空港着、九日午前一時半。私たち三人は空港ベンチで夜明けを待った。こんな夜明けが、遠い先の日の回想の中でどんななつかしさを帯びてよみがえるのかと、ふと思ったりするのだった。深夜の空港待合室にはそんな寂しさがある。クーラーもきき過ぎて肌寒かった。午前九時、三人は衆院会館に来た。この日の世話は「共闘会議」の吉元成治議長を通じて小野明参院議員（福岡・社）にお願いすることになっていた。仲井富さんが、東電公害反対突撃隊の前田文弘さんとともに駆けつけてくれた。自主講座の学生三人も来た。

午前一〇時半、小野議員は電話で議員室に次々と五人の関係役人を呼び寄せて、私たちとの交渉を仲介してくれた。役人を電話一本で呼びつける代議士というものの威力に、私は目をみはった。駆けつけたの

は、環境庁大気保全局企画課長、通商産業省官房審議官、官房参事官、経済企画庁総合計画局電源開発官、環境庁水質保全局水質規制局長。

驚いたことに、午後ひらかれる第六二回電源開発調整審議会には、やはり豊前火力は上程されることになっているのだという。私たちは必死になって、その不当を訴え続けた。正午、本庁と連絡をとった電源開発官伊藤謙一氏は、ついに豊前火力見送りを私たちに正式に告げた。私はただちに電話にとりついて、梶原君に朗報を伝えた。「来た甲斐があったなあ」といって、私たち三人は歓びの握手をかわした。

疲れ果てたので泊まるという蛭崎さんと所用で滞留する田原さんを残して、帰心に駆られる私一人、飛行機で帰って来た。博多駅頭で求めた各紙の夕刊には、「豊前火力見送り」のニュースが大きく報じられていて、改めて快心の笑みがわく。

私が常に持ち歩く黒いくたびれたカバンには「豊前火力反対」のワッペン（千人実行委制作）を三枚も貼っていて、人混みの中で衆目を集めるのだが、この日ほどそのカバンを誇示したい思いはなかった。すべての新聞予測をくつがえして電調審上程見送りを勝ち取った参謀の一人が、今その大役を果たしてここに立っているのですよと、内心につぶやきながら博多駅頭の人混みの中で何くわぬ顔をしているのが愉しくてならなかったのだ。翌日の各紙は「九電ガクッ」などという衝撃的な見出しで、九電と県当局の狼狽ぶりを詳報した。

一一日、またしても県庁行動。この日から、がぜん県議会は豊前火力問題一本に焦点がしぼられてしまった。電調審からすら無視されるような「同意書」を軽はずみにも提出してしまった亀井知事の責任追及が始まったのである。意気あがる私たちは、たった一〇人ながら九電本社にも乗り込んでいった。私は博多の町を、鉢巻を締めて大漁旗をかかげて歩いた。痩せた小男がなびかせていく大漁旗はなんの意味やら、街を行く人びとにはいぶかしいばかりだったかもしれぬ。県議会は休憩を頻発して進捗せず、ついに会期延期となり、帰宅したのは午前零時半、疲労は深まっていた。

一二日、ついに四度目の県庁行動である。昨夕、県庁からそのまま夜勤へ出発した梶原君には、この日の行動を伝えなかった。もし耳に入れば、もう二昼夜眠ってないはずの彼は、それでも必ず駆けつけて来るだろう。この日はもう私一人だけが出発した。若い同志たちにこれ以上の負担はかけられぬ思いだった（博多までの往復旅費と食事代を計算すれば一回の県庁行動に二〇〇〇円かかる）。

さすがに豊前からの参加も数人で、恒遠君も疲れ果てていた。しかもこの日の議会は、ほとんど休憩の連続で、私たちは無為な待機に終始してしまった。支援に来てくれた九大の学生諸君に私はこんな話をした。

「今日一日、あなたたちには全く時間を空費させてしまった。きっとあなたたちは今むなしい思いを抱いているに違いないと思います。……私は少し違うのです。全然むなしさがないといえば嘘になりますが、しかしそれほどむなしいとは思ってないのです。どうも、運動するということは、こんな効率の悪い、あるいは全然意義のないような、そんな行動に徹底的に耐えて積み重ねることしかないんじゃないかという気がしてならないんです。ゼロ＋ゼロ＋ゼロがある日突然五になり六になって生きてくるんだという気がするのです。……どうも理屈では説明つけられないんです。無駄みたいな行動を黙々とやりとげるうちに、それが分かってくるんです」

この夜、私は博多の町中で、一匹の亀を拾った。そこらあたりに軒をつらねる料亭の庭池あたりからさまよい出て来たのであったろうか。初めて、私は子らにおみやげを持って帰ってよろこばせた。

一三日、私たちはこれまでで最高の枚数四万枚のビラを用意した。電調審行動の詳細を全市民に報告したのである。もうこの一カ月足らずで私たちは何種のビラを出したのであったか。その費用だけで三〇万円を超えた。よく、これだけの金を豊前・中津で集め得たものだと、私には不思議でならない。表面に立って行動する者は少数なのだが、やはり陰でひそかにカンパを寄せてくれる市民がいるのだ。これを売って資金にして下さいといって、商品のショートパンツ五〇〇着を現物カンパしてくれた人、にんにくのカンパなどもあって、「学習教室」の女性三人は、街頭で〝のみの市〟をひらかねばならなかった。

一四日、またしても上京する。七月に入って三度目である。渋谷の〝住民ひろば〟で伊達火力と豊前火力の合同作戦会議である。夜行列車の寝台で、私はぐっすり眠っていた。考えてみれば、あの六月二二日以来初めての熟睡であった。

第六章　「法律の壁」――永い闘いへ

七人の侍

「広がる電力危機――中国、関西、中部」「大口への供給制限」「関電・昼下り二〇パーセント節約」「公害防止か電力供給か」「自治体と電力会社の〝熱い争い〟」「〝光化学〟耐えられぬ・県市」「停電の迷惑忍びぬ・電力会社」――

第六二回電調審が豊前火力を見送った直後から、各新聞はこの夏の電力危機をいっせいに報道し始めた。連日のようにショッキングな大見出しが紙面を飾る。ここぞとばかり、電気事業連合会の巨大広告も登場する。「もし電気が止まったら」という危機的な見出しのその広告がことさらに強調するのは、例によって〝家庭用電力急増〟であり、各家庭への〝節電呼びかけ〟である。七月一三日、九電は電力危機をこれみよがしに、これまで休止していた老兵、築上火力発電所（一四万五〇〇〇キロワット）の運転再開を始めたのである。「フン、俺たちに面当てしやがる！」と、煙を吐き始めた煙突を仰いで私たちは苦笑した。九電は、関西に一〇万キロワットを融通しているのである。

そんなある日、電話がかかってくる。

「あんた、豆腐屋をしていた松下さんですか」

「ええ、そうですが」

「あんた豆腐をつくっていた頃、電気を使っていましたか」

「もちろん、使っていましたけど」

「こん馬鹿もんが！　電気の世話になりながら、発電所に反対しやがって！　お前一人んために、中津じゅうがいい迷惑じゃ！」

「あなたは誰ですか。名前をいって下さい。私が行って、とっくりと話し合いましょう」

「気のきいたこついうな！　お前みたいな馬鹿もんには、名前いえるっか！」

激しいどなり声で、唐突に電話が切られてしまう。やはり多くの人びとが、電力危機キャンペーンに巻き込まれてしまっているのだ。そのような人たちに、私は逆に問い返したいのだ。あなた方は、電力需要の増加に伴う発電所建設を、どこまで許容するつもりなのかと。つい半年前には、毎年五〇万キロワットの発電所一個ずつの建設が必要だといっていた九電が、今では毎年九〇万キロワットの発電所建設をいっているのだ。なぜそうなるのか。

九州電力社長瓦林潔氏は、同時に九州・山口経済連合会会長であり九州地方開発審議会会長でもある。氏は今春、全国を回って「電力豊富」な九州への企業誘致を説いたのである。電力供給カットによる操短を迫られている中央の企業群にとって、今や「豊富な電力」は何よりの魅力だ。にわかに、九州をめざして電炉鉄鋼メーカーなど電力多消費型大企業の進出が始まっている。それに伴って九州電力の伸び率は全国九電力のトップに立った。九電は自らが誘致した企業によって、その電力需要を急増させているのだ。

「九州もようやく浮上経済に入った」と自賛する九電は、いよいよその電力需要を肥大化し、九州各地の海岸線を発電所で破壊していくであろう。しかもその電力を食って稼動する企業がまた、各地で公害を生み出すのだ。たとえば九電の昨年度の電力需要急増の原因は、次の如き企業の新増設によるが、この表に並んだ企業の大半は、それぞれの土地での問題企業ではないか。

新日鉄大分工場の操業開始
三井アルミ大牟田工業所増設
三井アルミナ若松工場の操業開始
麻生セメント苅田工場のキルン増設
日立金属苅田工場の操業開始
三井鉱山コークス工業新設
三菱重工香焼工場新設
九州石油大分工場の増設

とすれば、発電所増設は、それ自体の公害に加えて、同時に公害企業をも増殖させるという救い難い悪循環を犯していることになる。しかも新増設される企業群から生み出される限りない商品は、いよいよ国民を多電力消費型生活に巻き込んでゆくのである。

これほどの悪循環を断ち切ろうとして立ち上がっている私を、どこの誰とも知れぬ無名氏は、馬鹿者とどなりつけた。受話器を置いて、孤独の思いは濃い。

七月電調審を見送らせた有頂点の歓びも、わずかの間だった。椎田町漁協は、すでに九電との交渉テーブルに着いている。そして中央では、椎田漁協の交渉がまとまり次第いつでも豊前火力のための電調審開催を用意して待っているのだ。

いったん交渉のテーブルに着いた漁協は弱い。それはもう補償額の駆け引きでしかない。椎田の町にポスター貼りに行くと、その私たちにつきまとって、貼る端からはがしていく者たちが現れた。これまで控え目だった賛成派が、いよいよ露骨に動き始めたのだ。二五〇〇万円から始まった交渉は、すでに一億円を超えて、もう間もなく妥結が迫っているという情報に私たちはあせり、苦慮した。

私たちは、唐突に決意した――よし、環境権訴訟で立つのだ。まさに唐突な決意としかいいようがない。すでに早く「環境権訴訟をすすめる会」を結成しながら、実際に訴訟に踏み切るという決断は誰の胸中にもないまま五カ月を過ぎていた。具体的な準備は何ひとつ出来ていない。一番肝心な、支援弁護士すら探し出せないのだ。

八月九日夜、私たちは釜井宅に集まった。梶原、恒遠、伊藤、釜井、坂本、私である。

「どげえかなあ、俺たちみんな原告に立つか」

「ああ、みんなで立とうや」――

たったそれだけの意志確認で、私たちは原告に立つことを決めてしまった。坂本君だけは福岡在住で原告適格がなく、一人残念がった。遅れて現れた市崎由春さんも、

「エッ、わしも原告に立つんか？　ふーん。立たないかんじゃろうなあ。よっしゃ立つぞ」

というひとことで決まった。翌日、坪根侔さんが加わって、原告は七人となった。訴状は私が一気に書きあげた。訴状の書き方など知らぬゆえ、伊達訴訟の訴状をそっくり参考にした。

八月一六日、豊前市民会館で「環境権訴訟をすすめる会」の臨時総会を開き、参加者全員が訴訟提起の意志確認をし、訴状を検討した。翌一七日、ついに椎田漁協は一億二五〇〇万円の補償金で九電と調印。

これで漁協問題は落着したわけである。私たちの訴訟の動きに、九電側は「司法と行政は別物だから、椎田町漁協が賛成した以上、たとえ訴訟が起こされても電調審認可は取れると思う。年内には着工出来るだろう」と語った。

そこで、思いがけないことが起きたのである。椎田漁協のもうひとつ西隣にある稲童という小さな漁協が、突然に反対の声をあげたのだ。稲童漁協はすでに漁協総会で賛成を決議していたはずの漁協である。その議事録は県当局にも提出されていた。だが、そんな総会は開かれていないと、組合員たちが声をあげたのである。あわてた県当局が調査してみると、全くの架空総会であり議事録は組合長の偽造だと判明した。「県の方が、あんまりうるそう、賛成しろ賛成しろとせかすんで……」と、組合長は議事録偽造の動機を打ち明けた。

これでまた、電調審への上程は遠のいたのだ。それは、訴訟に立つ私たちへの思いもかけない援軍となった。

八月二一日午前九時、私たち原告七人は福岡地裁小倉支部前に到着した。胸にかけたタスキは、前夜遅くまでかかって、「公害学習教室」の同志たちが布を縫い手描きしてくれたものである。驚くほどの報道陣に囲まれて、九時半、私が窓口に訴状を提出した。

その夜、豊前市民会館での「環境権提訴報告集会」には、八〇〇人が結集した。折りしも宇島港に入船した瀬戸内海汚染総合調査団の一行も駆けつけてくれた。一人ひとり原告が紹介された時の熱い拍手は、かつてないものであった。豊前平野に新しい歴史が始まろうとしている。その出発の瞬間に立ち会っているのだという緊張が会場にみなぎって、「身が引き締まるごたる」と、梶原君が興奮してささやいた。

「自力でやるぞ〝七人の侍〟」(「毎日新聞」)——そんな見出しで、各紙の夕刊は豊前火力発電所建設差止請求訴訟を大きく報じた。弁護士もないままに立ち上がった私たちへの、精一杯の好意的表現だったろう。〝七人の侍〟のすがおを、私たちの機関誌『草の根通信』は次のようにスケッチしている。いずれも身近な同志が、親しさをこめて書いた文章である——

◇梶原得三郎さん◇

「ごめん、誰もいませんか、では失礼」勝手に家にあがりこみ冷蔵庫をあけて麦茶を飲む。梶原家は、「中津公害学習教室」のたまり場であり拠点である。和嘉子夫人に対して、ぼくらは全然気がねがない。裸になろうが、酒を飲んで騒ごうがいやな顔ひとつ見せず笑っている。ただ、家が狭いので、一粒だねのれい子ちゃん(八歳)が毎晩のようにぼくらの騒ぎに巻き込まれて、教育上よろしくないかもしれぬと、そのことが少々心配。梶原さんの毎日は大変。小倉の住友金属に通勤しているのだが、昼勤、宵勤、夜勤と三交代だから、まるきり一睡もせずに行動に駆けまわって、そのまま勤めに出たりするのもしばしば。そのつらさをもらさぬところが、彼のイジラシキ男らしさなのだ。勤務先でひどい圧力がかかっているので、原告にはならぬようにぼくらも奥さんも説得したのに、「男が今さらひきさがれるか」と、立ってしまった。われわれのトクさんを、ひとことで評言すれば「誠実」そのものです。三五歳。

◇松下竜一さん◇

カランカランとかん高い音をあたり構わずひびかせながら、いつもすりへった下駄をはいて来るのは「あんた松下さん?」(べつにナショナルの宣伝ではないノダ)、有名なる(?)彼を初めて見る人は、その貧弱ぶりにびっくりするだろう。ひどい猫背、四四キロの痩身、モジャモジャの髪。でも、人の価値は外観だけでは分からない。一緒に行動したり学習する中で、彼の非凡な才能が分かってくる。いつも黙っている(むっつりスケベかも?)タバコを吸わないせいか、マッチ箱をクルクル回したり、蜜柑の皮をこなごなにむしったり、いつも手いじりしている。ひどくはにかみ屋で気弱にみえるくせに、ひとたび集会の壇上に立つと冴えてくるのだから、本当に気が弱いのかわからなくなる。初めての人はさぞとっつきにくい人だと思うだろうが、ほんとはとても心の優しい持ち主で、いつも若いぼくらに話を合わせてくれるし、メンバーの体に気を使っているのが、よく分かる。洋子夫人(二四歳)、健一君(四歳)、歓君(三歳)、おとうさんの五人家族。作家収入はきわめて乏しいようです。

◇釜井健介さん◇

江戸時代より続く老舗『釜井家』の長男として、昭和一八年のあの太平洋戦争のさ中に生まれ、中部高校では生徒会で、青山学院大では応援部で活躍、卒業後は一時東京、大阪でサラリーマンを経験、組合運動のやり過ぎで故郷へ帰って来た。故郷では釜井毛糸店を営みながら、築城基地問題、市議会汚職問題、青年団活動、市庁舎移転反対運動、そして火電反対運動とひとすじに闘い続けてきた。豊前火力推進派の拠点、中央商店街で商売を営みながら反対を貫いているのだから、芯の強さは図抜けている。メガネの丸い顔に、いつも商売人(?)の笑顔をたやさない。どんな深刻な問題も、この人の笑顔に触れるとなんとなく楽観的になる。人徳である。「環境権訴訟をすすめる会」の会計も、彼に任せていれば大船の感じ。ひろ子夫人との結婚問題では、いまだに語り草のエピソードが幾つもある。保守風土豊前市で、まことに異色の活動家といわざるをえない。二八歳。

◇恒遠俊輔さん◇

当年とって二八歳。妻一人、男児二人。豊前市の奥、薬師寺の蔵春園という維新の志士を輩出した名門漢学塾の跡取り息子である（いささか突然変異の感あり）。小、中、高校を通じ成績優秀。眉目秀麗なる横顔は、時にニヒルなかげを帯びる。若干運動神経の未発達部分あり。高校時代、現夫人と恋愛関係にあり、全校生徒注目の的であった。大学卒業後、郷土の築上西高の社会科教師として教壇に立っている。まさに熱血漢の表現がぴたりであり、周防灘開発問題、豊前火力問題にも、「自ら行動しなくて何を生徒に教え得るのか」と、高教組の仲間とともにいち早く立ち上がった。文才家であり、この火電問題以前から松下さんとは文学上の友であった。ただこの頃は行動に追われるのみで「好きな本も読めぬ。なんだか馬鹿になっていくみたいだ」と、寂しい嘆きをもらしている。好漢いまだ若し、嘆き給うな未来は洋々。

◇伊藤龍文さん◇

花の二〇代（うらやましき若さ！）。築上農高で果樹担当。彼の指導による温室ぶどう（マスカット）の美味なこと。すこぶる高価で売れる。ぶどうの葉がちぢれたといっては泣き、生徒が悩んでいるといっては泣く。その彼が、ぶどうの袋かけを今年はとうとう忘れてしまった。生徒といつも草とりをしていた果樹園に草がぼうぼうと伸びた。公害企業九電との闘いを抜きにして、ただ聖職者然としていることが、彼には耐えられなかったのである。豊前火力は果樹も人間も破壊し尽すと、彼は大いに怒る。正義漢である。黒ぶちのメガネの下にキラリと光るまなざし。彼の腕は脚ほどに長く、既製服に合うものなし。人呼んでメガネざるとも手ながざるともいう。その声やひときわ澄んでカン高く、九電本社に押しかけての交渉にも、声調抜きんでて冴えていた。奥さんの節子さんには、それがたまらない魅力らしい。一子、信哉君は、これまた親父に似ず可愛い。極めつけの愛妻家。行動面では、恒遠さんと絶妙のコンビをなしている。

◇坪根侔さん◇

姓はツボネ、名はヒトシ。築上東高で数学担当。インテグラルできたえた理論家。高教組の頭脳だと人はしたう。豊前火力同意書問題で知事面会を要求して押し寄せた県庁交渉で、秘書課長がもっぱら坪根さんのみに顔を向けて対応したのは印象的であった。押し寄せた面々の中で、彼一人が紳士的に見えたらしい。かくの如く、一見冷静に見えて、しかし闘いの先頭を切って走る。あの痩せ細った小さな体からどうしてあれほどのエネルギーが爆発するのか、誰も驚く。カヤの名盤とやらを持つが、碁の力はいまだ?級。人のうらやむ美しい奥さんを持ち、パチンコにもマージャンにもふり向かず、毎日早々に帰りて書物に向かう。一滴の酒も飲めぬというのに、時として仲間とともに酔い（?）、うたい、おどり、そしてわめく。涙ぐましいこの協調性。豊前はもっとも住みよいところ、誰にも破壊させてはならぬと立ち上がる。三八歳。

◇市崎由春さん◇

原告団中最年長四八歳。青春時代を戦争で奪われ、海軍航空隊の一員として終戦を迎えた。彼が原告に加わったことは、どれほど大きな意味を持つかはかりしれないものがある。自治労京築総支部の組合専従役員として二市二郡の自治体労働者の信望を一身になっているからである。田中内閣の列島改造がめざす、道州制、広域開発、豊前火力と真っ向から取り組んでいる。自治体労働者が加害者の立場に立ってはならないという信念のもとに、苅田から吉富に至る広域を、大きなカバンをさげてひたすらに駆けまわっている。持病の十二指腸カイヨウに苦しみながら、絶えず白い散薬を持参して服用している姿は痛ましいし、心打たれる。あまりにも誠実なマジメ人間であり、これというエピソードも紹介出来ない。夫人と、適齢期のお嬢さんとおばあさんの四人暮らし。趣味は、へたなマージャンくらいか。

裁判長教えて下さい

粛啓

この度あなた方の会が九州電力を相手どり、豊前火力発電所建設差止請求訴訟を起こされたことについては、当地の新聞にも大きく報道されました。弁護士にも頼らず多難な法廷闘争に立ち上がられた貴会の勇気ある行動に、私たちは満腔の敬意を表するものでございます。当地においても四国電力が揚水発電所建設をしようとしており、私たちは「高知市のシンボル鏡川を汚すな」と建設阻止のたたかいをはじめております。企業は「需要が一〇年間に三倍にふえるからその予測のもとに電力を供給する責任がある」と主張していますが、これに対して私たちは「揚水発電所をつくって環境を汚されるよりわれわれはロウソクの生活を送ってもよいから美しい鏡川を守りたいのだ」と反論しています。日本の経済成長が現在の上昇線を追っかけていくかぎり、環境の破壊と汚染は激化の一途をたどり民族滅亡の日が近いと私たちは確信します。あなた方の提訴は、この日本の暴走にブレーキをかける重要な意義を持っています。遠く離れていては何のお手伝いもできませんが、心から御健闘を祈ってやみません。

浦戸湾を守る会会長　山崎圭次

山崎氏は、高知生コン裁判の被告である。高知市を東西に流れて浦戸湾にそそぐ江ノ口川の上流に立地していた高知パルプは、二十数年間にわたって褐色廃液を流し続けた。江ノ口川は死に、浦戸湾も瀕死となった一九七一年六月九日、たまりかねた四人の市民が高知パルプ専用排水管に生コンを流しこんで実力封鎖をした。

高知パルプは操業を停止し、江ノ口川は甦り始めた。しかし山崎氏らは威力業務妨害罪で起訴され、法廷で闘っている。被告と呼ばれながら、山崎氏は「なるほど俺たちは起訴はされたが、俺たちは実は現代の文明を起訴したのだ」と、強くいい切る。――その山崎氏から寄せられた激励の手紙を、私たちは機関誌に掲げる。山崎氏からだけではない。全国各地の、闘っている同志からの励ましが次々と届く。

そんな中で、地元中津市民からは寂しいまでに反応が返ってこない。かつて「中津の自然を守る会」で反対運動をしていた人びと八〇人に「私たちの機関誌を購読していただけませんか」と送付した呼びかけも、唯一通の返信を得ただけに終わった。わずか一年前、中津市に燃えあがった反対運動は何だったのだろうと思う。中津の町を静かにデモした五〇〇人は、今何を考えているのだろう。九月三日、中津地区労は朝日新聞『声』欄で「その考え」を表明した。

二六日付で田川市の広田さんから「労組なぜ支援せぬ」と名ざしされた地区の一労組員として意見をのべたいと思う。「豊前火力絶対阻止・環境権訴訟をすすめる会」が発足するにあたって弁護士だけでなく地区労の支援さえないのはどういうわけか、とのことだが、それは一言でいえばあの裁判はすすめるべきではない、という見解をとるからである。理由は①資本主義体制である限り勝算不可能。裁判に負ければ、この意味で住民運動不毛の土地柄にいっそうの拍車をかける②裁判で負けた一判例は次からの裁判にひとつの法令的影響を与える、ということは大きくいって日本の大衆路線にとってのマイナスとなる。故にわれわれにいわせれば、あの裁判をすすめる人たちはこれらの失点に対しての責任はどうとるのか、と当方からむしろ聞きたいくらいである。大衆運動においては、味方同士は批判すべきではないと思ってきたが、これらのことに言及しないと理解できぬがたいのでなおあえていうが、公害予防運動というものを純粋にやる気があるならばスタンドプレーでは方法をあやまる。もっと足が地についた実質的にも勝てる道をとるべきではなかろうか。そういうお前はなにをしたと問われるかもしれないが、マスコミにこそ登場せずとも、われわれなりに信ずるやり方で運動を進めていることを書きそえておく。

私は唖然とした。右に述べられた総ての点に反論したい。①なにゆえに勝算不可能と決めつけ得るのか。あらかじめ勝算不可能と分析して闘いを放棄するとすれば、強大な権力には常に泣き寝入りせよということではないか。水俣病裁判でさえ、訴訟提起時には勝算不可能といわれたはずである。②敗北を恐れて闘わぬところには、もともと住民運動など育ちえまい。よしんば敗れたとて、真剣に闘い抜いた運動に、不毛などは遠い言葉であろう。③今や環境権主張は、各地住民の熱く切実な願望である。事実、各地で憲法二五条に準拠した訴訟が提出され始めている。負けても負けても挑んでいく巨大な住民エネルギーだけが「法律の壁」を破りうるのではないか。負けの判例を恐れて環境権主張を見送り続けるなら、ついにこの新権利獲得の日は来まい。④なぜにスタンドプレーなどというのか。なるほど私たちの訴訟提起はマスコミを賑わした。それは私たち自身も驚くほどのことであった。私たちは、それを全く淡々とした行為として踏み切ったに過ぎず、結果としてマスコミを賑わしたことなど私たちの真意とは無関係である。「それにしても、ヒト一人がまっとうに生きようとしてアタリマエの権利をかかげた裁判なのにこれほど大騒ぎされるとは、どうしたことなんだろう。そんなにドエライことやろうか」と、同志の一人は書いている

（私たちにすら思いがけぬほど豊前訴訟がクローズアップされたことは、逆にいえば、もうそこまで環境権への住民期待が盛り上がっていることを、敏感なマスコミが嗅ぎ分けたということであろう）。⑤私たちは、この一年間「足が地に着いた」運動を積み重ねてきたつもりである。逆に、地区労の誰一人でも椎田漁協に稲童漁協に足を踏み入れただろうか。⑥「実質的に勝てる道」なるものを知っているなら、是非教示していただきたい。直ちに裁判をとりさげて、私たちも「その道」をともに邁進したい。それを見出し得ぬゆえ、困難な訴訟に賭けたのだから。⑦訴訟に立ち上がった以上、ただいちずに闘い抜くのみ。先での敗訴の責任など、今の時点では考えるはずもない。――そして、憤りすらこめて私はこの投稿者に問い返したいのだ。「いったい、あなたは中津市の住民なんですか？」と。公害に襲われるかもしれぬのは自分であり自分の家族なのに、その防衛に立ち上がることが「日本の大衆運動」にとってマイナスになるなどと冷静に分析する傍観者的心情は、ついに私には理解出来ないだろう。

中津での厳しい孤立とは逆に、豊前市の運動は訴訟提起をきっかけに力強く盛り返してきた。その中心は、現地高教組と自治労である。

原告三人を出した高教組は、もともと豊前での反対運動の中心をなしてきたのであったが、めざましい盛り上がりを見せ始めたのが自治労である。いち早く豊前火力反対現地闘争本部を設けながら、どちらかというと私たちとの連絡も密でなかった自治労から、市崎由春さん（自治労専従役員）が原告に立ったことにより、にわかに共闘態勢が組まれたのだ。

誠実に駆け回る市崎さんの、組織動員力は抜群であるも「わしには、人を集めるぐらいんことしか能がねえきなあ」と笑うのだ。

九月六日を第一回に、毎木曜夜の原告団中心学習会が始まった。その模様を、機関誌は次のように伝えている――

今井のり子

原告団学習会が、早くも四回を迎えました。私のように原告団以外の参加もあって、松下さん方の板の間が、毎回一五人近い仲間で溢れます。だいたい六時半頃集まって、八時頃までは、情勢報告やいろんな意見交換になります。しきりに冗談ばかり飛び出して、笑いの中で、しかしてきぱきと決まることは決まっていきます。

主に、冗談の発生源は釜井さんのようです。しまいに松下さんが、「では笑いおさめて勉強に入りましょう」といいます。

いまやっているのは伊達訴訟で北海道電力が出した第一準備書面のコピーを、全員で順番に読みながら、電力会社のいいぶんを検討することです。これは一応四回で終えて、次回は豊前火力の問題点を整理し、原告団及び毎回の参加者を各班に分けて、それぞれ問題別に担当し、研究を深めるという態勢に入ります。

時には、熱が入って、一一時を過ぎる夜もあります。楽しくて、時間の経つのを忘れるほどです。集団で学習することが、こんなに楽しいことに驚いています。この学習会は誰にでも開放されています。夜のテレビの前の孤独よりはずっと充実した暖かい連帯の中に、もっともっと若い人たちが入って来てほしいと思います。

（但し、九電のスパイはおことわり）

ある夜の学習会で、釜井さんがいいだしました――

「どげえじゃろうなあ、法廷ちゅうところは、標準語でしゃべらんとわりいじゃろうか」

「そげなんこつあるもんか。むしろ法廷に豊前の方言を堂々ともちこまんといかんじゃろう。そんなこつに気を使いよったら、俺たちしろうとの裁判なんかできんぞ」

「ふーん。そんなら法廷で九電に問うちゃるか。あんたら、いい、いのちきちゅう言葉の意味がわかるかち。いのちきがわからんで、俺たちん主張がわかるはずはねえもんなあ」

こんな会話の中から、公判への覚悟は、まるで冗談ごとみたいにみえながら、本当は一人ひとりの胸底に既に厳しく刻まれつつあるのだと、私は感じます。このような人びとの中に在る私の青春を、しあわせだと思います。


原告七人で初めて裁判長に面会した日、「やはり弁護士さんはつきませんか」と問われた。「つきません」と答えると、裁判長は困惑したように私たちを見て「この中で、どなたが法律にくわしいのですか」と再び問いかけた。

私たちは互いに顔を見合わせて、照れ笑いしながら「法律にくわしい者は一人もいません」と答えた。「でも、これから一生懸命勉強しますから、裁判長さん、いろいろ教えて下さい」と、私はいった。「いえ、私が教えるわけにはいきません。被告側から抗議が出ますからねえ」と裁判長が当惑げに答えると、背後の記者団がどっと笑った。

当の裁判長に法廷戦術を教えてくれという突飛な図々しさにあきれたのだろう。しかし私は不真面目にそんなことを口にしたのではない。しろうとの私たちが法廷闘争を進めていくには、それこそ貪欲に誰にでも教えを乞いたいのだ。

一〇月一日の朝、机に向かっていた私は、しきりにのどにからむものを切ろうとして咳払いを続けていた。あっ、この感触はと気づいた瞬間、口の中にせきあげるものがあふれた。それが何であるかを、もう私は知っていた、新聞紙を広げて、血を吐き出した。もう一度せきあげるものを別の新聞紙に吐き出した。私は長椅子に移って、高まった動悸をしずめようとする。二〇年ぶりの再発である。妻を呼び、出来るだけ平静な声で告げた。

「喀血した。先生に電話してくれ」

まっ先にひらめいたのは、皆にすまないという思いだった。ここで私が入院ということになれば、同志皆の気落ちははかりしれまい。私以外の六原告の誰一人とっても、それぞれの勤務と組合闘争に時間の大半を奪われて、本当に疲れ切っているのだ。作品らしきものも書けぬ私が、さながら無職の如く、自由な時間の大半をこの運動に傾注出来て、それだけに同志たちから頼られている。その信頼だけは裏切れぬと思う。

二日間ひっそりと布団に寝て、けっきょく喀血も一日の朝の二度だけで熄《や》んだらしいと見きわめてから、私はもう常の如く動き始めた。

一〇月二七日、雨の降りしぶく豊前市平児童公園で、「豊前火力阻止・反公害青年集会」が開かれた。集まったのは一〇〇名足らずだった。だが、この集会では訴訟原告団は〝お客様〟だった。主催したのは井上聖一（自治労）、西山雅満（高教組）君ら若い実行委員たちなのだ。

豊前市での反対運動の層が次第に厚くなっていく。私たちは雨を突いて豊前の町をデモった。ジャンパーをとおして雨がしみた。デモを終えて、私たちは夜の宇島漁協のビラ入れに出かけた。

宇島漁協は、埋め立て地八屋漁協の東隣にある大きな組合である。豊前火力建設に伴う漁業権放棄には、いち早く賛成調印をすませている。だがその後、反対決議を維持した椎田漁協の補償金は五倍につり上がった。そして今なお反対とも賛成とも定まらぬ稲童漁協に九電が示している補償額は、最初の三〇〇万円から一〇倍の三〇〇〇万円となっている。ここまで金額がつり上がった以上、稲童漁協の賛成も時間の問題とみられ、そのことによって今度こそ一八漁協の漁業権放棄手続き完了となることを恐れる私たちは、もう一度宇島漁協に動揺の火をつけようと策したのである。

〈反対ひと声、一〇倍に上がった！〉

豊前火力問題で突然に反対の声をあげた稲童漁協に、九電が示している見舞金は三〇〇〇万円です。最初が三〇〇万円でしたから一〇倍に上がったわけです。

けっきょく、一番先にあっさりと賛成して安い補償金を呑んでしまった皆さんが、一番馬鹿をみたのではないでしょうか。

さあ皆さんも反対の声をあげてガンバリましょう！　まだ遅くはありません！

遠い海浜の町まで歩いて行く途中、外灯の明かりでこのビラを読んだ水産大の学生たちが足を止めた。この日、彼らは下関から一〇人も駆けつけていた。

「松下さん、ぼくらこのビラは配れません。このビラは漁民蔑視です」

そう突きつけられると痛かった。そのやましさゆえに、このビラには私たちの会の名を入れてないのだ。

「うん。そういわれると一言もねえけどなあ。……しかし、やはり時にはきたねえ手も使わにゃならんのじゃないか。椎田で稲童で、これまで入れてきたまっとうなビラがけっきょく九電の札束攻撃の前に、なんの役にも立たんじゃったのは事実だし……」

衰えをみせぬ雨足に打たれつつ、私たちは夜の路上で突っ立ったまま円陣を組んで討論を始めた。

「確かにまっとうなどラが漁民に通じなかったという事実はあります。しかし漁民だって、ほんとは海を売りたくないんですよ。だまされだまされて、そこまで追いこまれた姿が今の漁民だと思うんですよ。その漁民に向かって、どうせお前たちは金だけが欲しいんじゃろと決めつけたようなこのビラは漁民蔑視だし差別だと、ぼくら思います」

「ぼくにひとことといわせて下さい」

京都大学から駆けつけている佐々木君がいいだした。

「要するに、こういうことになるんじゃないですか。かりに、このビラで宇島漁協に動揺が起きた時、それをこちらの運動に巻き込む力量がわれわれの側にあるかないかということだと思うんです。もしその自信があれば、ぼくはこのビラを入れてもいいと思う。その力量がないなら入れるべきじゃない。なぜなら、九電はたちまち補償金を何倍かにつりあげて抑え込んでしまうでしょうし、そうなればもう完全に終わりですから」

その指摘はこたえた。たとえ宇島漁協に動揺が起きても、それを私たちの運動に巻き込む自信はないのだ。あれほど頻繁に入りこんだ椎田でも、ついに同志となる一人の漁民すら見つけえなかったのだ。

「わしたちはそこまで考えんじゃったなあ。ただもうあせって、なんとか少しでも漁協の決着を引き延ばしたかっただけで……せっかくこれまでまっすぐな運動をしてきて、今になって会の名も入れられんビラを出そうとしたんは間違いじゃったなあ。よっしゃ、やめて引きあげよう」

潔癖な梶原君の声で、私たちは雨の中を引き返していった。火電建設問題をめぐって漁民の苦悩は深く、それを見守る私たちの苦悩も深い。

一一月五日。私はこの記録を書き終える。一年半にも満たぬ短い期間に、なんと多くを見てしまったことか。気がついてみると、古くからの友人たちは、皆黙って私から離れていた。そして、闘いの中で新しい同志たちを得た。これから始まる永く至難な法廷闘争を、共に乗り越えていくに足る同志たちである。いちょう落葉のしきりに散り敷く宮地嶽神社の前を通りながら、心につぶやく願いがある――私がもう血をはきませんように、そしてこれからの日々すべての同志とその家族たちが健康でありますように。

第一回公判、一二月一四日午前一〇時、福岡地裁小倉支部民事三〇四号法廷と決定。

後記

後記など付さぬまま本稿を閉じようとした当初の意図を、ひるがえさざるをえなくなった。皮肉にも、本稿を書き終えるころ、事態の急変は兆《きざ》していたのである。

一一月六日の朝刊は、いっせいに「大口電力供給削減へ」という一面トップ記事を掲載した。中東戦争に端を発するアラブ石油戦略の、最初の顕著な影響が報道されたのだ。一一月一三日、九州電力も、一般家庭を含む全需要家対象に一〇パーセントの節電を要請した。

「輝きを失った銀座」の写真が紙上に掲載される。電力供給削減による生産カットはモノ不足に短絡し、生活不安は思いがけぬ細部にまで及び始めた。石油の上に浮かんでいた高度経済成長の繁栄は、急激に瓦壊に直面したのである。

私たちがかねてから鋭く主張し続けた「虚妄な明るさ」への反省は、にわかに新聞論調の主流となり、もはや「暗闇の思想」は色あせて気恥ずかしいとさえ感じられた。ことさらくやしきは、政治を撃つべく突きだしたはずの私たちの「暗闇の思想」が、今にわかに「節倹」運動に乗り出して来た政財界の意図に組み込まれて、模範的協力思想に転じかねなくなったことである。

だがとにかく、この「石油危機」は、私たちの豊前火力阻止運動に有利な状況だ――と、初め、そう思った。これで豊前火力建設は断念されるであろう。なにしろ既設火電に焚く重油さえ厳しく削減されているのに、これ以上の新設火力など考えられぬはずである。

ある日、放送記者が来てささやいた言葉に私は愕然とした。「九電は、この石油危機で豊前火力建設が有利になったと、喜んでいますよ」というのだ。

九電の考えは、こうだというのである——「石油危機」から短絡されるモノ不足、インフレ、不況、失業という、ただちに個々の家庭をおびやかす暗い逼迫状態の底で、かえって国民は「電力」の重大さを再認識し、「電力」だけはなんとしても確保せねばという合意が生まれ始めたという自信である。その合意は、もはや環境問題に優先する。電力不足により、現実に失業者さえ生まれかねない不安を前にすれば、もはや環境問題などとぜいたくはいえぬという国民的合意だと推断するのである。

気がついてみれば、石油危機の深化とともに私たちをとりまく周囲の気配に「民衆の敵」視は、なおいっそう強まっていた。「暗闇の思想」は、なおも鋭く牙をとがねばならぬのだと知る。

自らの有利を信じて、九電の攻勢がにわかに速度をはやめる。一一月二四日、稲童漁協を全員一致の賛成にとりこむ。一二月一二日、豊前市議会の埋め立て同意決議をとりつける。さらに、一二月一四日の第一回公判を無視して、二〇日の電源開発調整審議会に、豊前火力をはかるのである。

私たちは電調審にあてて、怒りの抗議文を突きつけた——

抗議文

今や石油危機は我が国の政治経済を根幹から揺るがせているが、中でも電力会社は深甚な直撃に遇ってなすべきすべを知らぬ有様である。

このような状況下で一二月二〇日に電源開発調整審議会が開かれることを知り、われわれは驚き、やがて怒りに突き上げられた。既設火力にすら石油供給が制限され、電力生産カットを余儀なくされていた有様なのに、この上新設火力発電所の石油はいかなる魔術的手段で探して来るのか。国の石油政策さえいまだ定めえぬ混沌のなかで最大の「油喰い」とも言うべき火電認可をはかるとは、まさに国民への挑戦ではないか。国民に呼びかける石油節約を誰が遵守する気になれようか。

おそらく電力会社の考えていることは、次の二点であろう。第一は環境基準の施行猶予であり、この非常時に公害を免罪してもらおうという安易な魂胆であろう。これは全く論外な発想である。第二は、現在の石油危機もいずれは政治外交ルートで解消されるはずで、したがって今から新設火力にとりかかっていても、稼動時には燃料確保が出来るという楽観的見通しであろう。そのような情勢判断の甘さへの批判は一応置くとして、よしんば中東情勢の流動により石油供給が緩和されたとしても、しかし中東の石油そのものが三〇年分の埋蔵量といわれる有限の資源なのである。そのことを深く認識すれば、もはや貪欲無謀な石油消費は許さるべきでないのである。火電がだめなら原子力発電でという発想も採るべきではない。

要するにエネルギーのとめどない増殖をやめるべきなのだ。知らずして「自らの足を喰っているタコ」の悲劇に陥ってはなるまい。以上の視点からわれわれは一二月二〇日の電調審開催に断固として反対するものである。

一二月一六日の夜行で、私と恒遠、坪根の三人は上京した。電調審の実質的審議といわれる幹事会議が一七日の午前中に開かれる情報を得たからである。

一七日午前一一時、私たちは霞が関第四合同庁舎（経企庁等）一一階会議室に突入した。伊達からの応援などを得て、総勢一〇人。先頭を切った私は、入るなり叫んだ。

「現地豊前から来た者だ。おれたちの意見をまず聞いてから審議してくれ！」

会議室には四〇人近い中央官僚が着席していた。呆然としている電源開発官の机上のメモを読んだ私たちは激怒した。そこには「（豊前火力に関しては）問題点を残したまま（電調審に）かけることは問題であり、前例としない」としるされていたのだ。私たちが会議の場所を探して遅れた間に、すでに豊前火力の審議は終わっていて、問題点のあるまま、しかしあくまで押し切って認可すると決めたのだ。ただし、こんなやりかたは問題だから、今後はこんなことはしませんという、ふざけたことわり書きまでつけて。

「おまえたちは、おれたちが裁判を始めていることをどう考えているのだ！　一四日の公判に、おまえたちの一人でも傍聴に来たか！　おまえたちの認可で建ち始める豊前火力に、裁判でストップがかかった時、どうするのだ。建物はこわせばすむ、しかしいったん埋め立てた海をおまえたちは掘り起こして復元出来るのか！　おまえたち一人ひとり、そこまで責任を抱いて豊前火力を認可しようとしているのか！」

一人ひとり答えてみよと、私は迫った。ついに幹事会は流会した。

だが、一八日からはもう機動隊が出動して来た。一九日、構内に入った私たちは機動隊に排除され、私は腕時計を割られた。

二〇日の電調審当日は、合同庁舎の三方の入口のシャッターは閉じられ、唯一の通行は正門のみにしぼられ、ここに機動隊が配置され、私たちはもはや門前にもたどりつけなくなった。門前に立つ私たちを、道路交通法違反とて、機動隊が前後左右をとりかこんで、日比谷公園まで強制連行してしまうのだ。

「東京の皆さん、私たちは九州の豊前というところからお願いがあって来ました。なんの悪いこともしていないのに、こうして連れて行かれるのです」

と、道を行く人びとにむなしく呼びかけ続けた。そんな私たちを、機動隊の指揮者はせせら笑ってからかう。

「おまえたちはどこの田舎っぺだ。もっと田舎者らしく純朴にふるまえよ」

連行されつつ仰ぐ東京の空は、まだ真っ昼間なのに、まるでたそがれのように生気を失ってみえた。「電調審のお役人も、大臣も、機動隊も、いずれはこのにごった空の下でだんだん弱っていくだろうに」と思うと、憎しみより、あわれみの心が動くのだった。

間もなく電調審の結論が出るだろうに、どうしても門前に近寄れぬ私は、機動隊指揮者と交渉して、ただ情報を確認するだけのために四人だけでも門前に立たせてくれと申し入れた。それすら許さぬと非情な答えで私を突きのける指揮者に、和歌山から応援に来てくれていた宇治田一也さん（埋め立て反対で日本最長のハンストを貫いた人）が進み出て、心の底からの重い言葉を吐いてくれた。

「あなたにいってもわかるかどうか。この青年は肺を病む身体で、九州から来ているのです。今にも血をはくかもしれない。もし、この青年がここで死ぬなら、私もともに死ぬ覚悟です」

その言葉の真意などとうてい通じないながら、さすがにたじろいだ指揮者は、

「なにも、死ぬとか死なんとか、そんな大げさなことといわんでも……」

と卑しく笑って、ひきさがった。門前に残った私に、三時過ぎて新聞記者が豊前火力の認可決定を伝えて来た――

一九七四年元日

迫る第二回公判の準備書面作りをかかえこんで、私たちに正月の安らぎは遠い。

早ければ、二月半ばには九電による強行着工である。その日、豊前市八屋明神の海岸に真に怒りの炎と化して座りこむ者が幾人いるだろうか。

今、私の胸に鋭く響く言葉がある。「裁判を進めつつ、現実には伊達火力はもはや建設され始めていますね。そのことに動揺はありませんか」という私の懸念にきっぱりと答えた伊達の医師斎藤稔さんの言葉である。

「ぼくらは、建つ前も反対だったし、建ち始めても反対だし、煙を吐き始めても反対するのです」

●『暗闇の思想を』

文庫版のためのあとがき

一一年ぶりに本書文庫版のための校正をしようとして、私にはあるためらいが湧いていた。

わが町を揺るがした豊前火力発電所建設反対運動(周防灘総合開発反対運動)の昂揚期は一九七二年春から七四年夏にかけてであったが、それを記録した本書には、当然ながらこの町の多くの人々が実名あるいは匿名で登場する。これが発表された当時、それら登場人物の内のかなりな人々から本書は排斥されたのであった。「この本によって著しく組織の名誉を傷つけられた」という理由で、私を警察に告訴した地元地区労の行為に、その反応は代表されていたといっていい。

人口六万五千(現在)という小さな地方都市で、波風を立てながら生活することは辛い。

文庫版にあたっては、登場人物名を仮名にしたり記述をやわらげたりすべきかというのが、校正を前にしての作者のためらいであったのだが、再読して結局、一切手を加えないことに決めた。

いま読み返してみても、これはなまなましいまでに事実に即した記録となっていて、この事実はどう改めようもないと思うからである。

本書を要約すれば、なんの体験もなしに初めて開発反対運動に取組んだ一人の市民の、その場その時点での「手探りの報告」といえるだろう。

「あなたは、なぜそんなに孤立しても反対運動を続けることが出来るのですか」と、よく聞かれる。

本書の終わりの方で提訴した豊前火力発電所建設差止請求事件は、一審・二審とも原告敗訴となり、最高裁に上告してからも既に四年が過ぎた。勿論、発電所は建設され、操業を開始して久しい。それなのに、敗けても敗けても反対意志を崩そうとしないしつこさを不思議がられるらしい。

私はそんな問いに、こう答えることにしている。

「局面的には敗けても、われわれの主張する〝暗闇の思想〟は究極正しいのです。その方向にしか、われわれの生き延びる道はないのですから。――だったら、どんなに孤立しようと敗けようとも、その主張を変えることはできないじゃないですか」と。

結局、われわれが反対運動の中で予言し続けたように、周防灘総合開発は中止となり、わが町の自然海岸は無傷のまま残されることになった。

この自然環境が守られて、いつまでも〈学びの里〉の名にふさわしい町であり続けることを、私は心から願っている。〈学びの里〉とは、新一万円札による福沢ブームで、諭吉のふる里わが町がにわかに掲げ始めたキャッチフレーズである。

尚、この記録の続篇となる『明神の小さな海岸にて』も、続いてこの文庫で復刊される。併読していただければ、よりこの運動の全貌に触れていただけると思う。

一九八五年四月

明神の小さな海岸にて

海が母の字より成るは、太古、最初のいのちを妊んだ海への古人の畏敬であったろう。その母への凌辱の今やとどまるところを知らぬ。

第一章　海の価格

漁業権放棄

小さな海岸のことを語りたいと思う。

この海岸には、砂浜がない。

海岸にあたる部分がごく狭く限られていて、それはもともと背後の小さな神社の境内の一部をなし、硬い平地である。海岸の端は低い崖のように護岸に固められて、垂直に海に落ちている。

潮が退けば遥かまで露わになる潟も砂浜ではなく、一面に小さな石塊が続く。

その果ての海は周防灘《すおうなだ》。大気の澄んだ日、水平線に対岸本州のたぶん宇部あたりの陸影が肉眼でも幽かに見える。

一九七一年秋、九州電力が福岡県豊前《ぶぜん》市八屋《はちや》明神ケ浜地先の公有水面三九万平方メートルを埋立てて火力発電所を建設する計画を発表して以来、私たちはこの公害企業の進出に執拗に抵抗し続けてきたのであるが、それは同時に三九万平方メートルの海面埋立てに抗することであり、さらにはこの小さな海岸を守り抜こうとする闘いでもあった。

しかし、二年余を経た今、この海を守ろうとする運動に豊前海漁民の参加はない。ただの一名も。

自分たちの生活の場が奪われていくのになぜ漁民は立ち上がらぬのかと、その奇妙な現象について、幾度私は問われたことだろう。そのたびに私は答えてきた――豊前海漁民が、もうこの海に絶望しているということでしょうと。

豊前海は今や赤潮頻発海域である。福岡・大分両県にまたがる沿岸そのものはほとんど無工場地帯でありながら、潮流の関係で対岸山口県のコンビナートからの廃液が回流してきてこの海域に澱み、汚染を濃くしている。平均水深二四メートルたらずの周防灘は、さながら湾といってもいい。魚獲は既に乏しく、採貝と海苔養殖だけがたよりながら、それとても不安がしのび寄っている。七三年夏、豊前海中津沖の海底は無酸素状態となり、鳥貝、赤貝が全滅、海域の漁民は県に漁業許可証を返上したほどであった。裏づけるように、その夏の瀬戸内海汚染総合調査団（星野芳郎団長）は周防灘西南部（豊前海）一九ポイントの海底採泥調査の結

埋立て前の明神ケ浜。海水浴場だった。

果九ポイントの海底が完全無生物状態であることを指摘した。

このような海に、漁民の絶望は深い。

七二年の調査によれば、豊前海漁民の家族で新規学卒者の漁業後継志望は零に近い数字を示した。自分の代限りと見通した豊前海漁民が僅かな補償金に屈して漁業権の一部を放棄していった経過を、〈オカの人間〉である私たちは、ある時は非難がましく、しかしそれ以上にどうにもならぬ哀しみで見守ってきた。二年余の運動の過程で、私たちが漁業者に働きかけなかったのではない。また、漁民自身の中に埋立て反対者が皆無だったわけでもない。しかし、ついに私たちが入りこめなかった村構造の奥で、豊前海沿岸一八の漁協は次々と漁業権放棄を決議していったのである。一八の漁業権放棄物語をここに並べる必要はあるまい。いずれ変わらぬ図式であれば、一番最後に放棄決議をした稲童《いなどう》漁協のことのみを語ろう——

豊前市明神ケ浜に立てば、西に弓なりに大きく湾曲した海岸線が、遥かにけぶったように北九州まで見通せる。この長い沿岸に一八の漁協が点在していて、豊前海全体はひとつの共同漁業権で共有されている。したがって、たとえ明神地先三九万平方メートルの埋立てにも一八漁協の漁業権放棄決議はひとつでも欠かせぬ仕組みとなっているのだ。

稲童は小さく隠れこんだ部落で、この明神ケ浜からは見えない。漁協でいえば、この八屋漁協の隣の隣の、さらに西隣にあたる。海上を斜断する直線距離で五キロメートルぐらいだろうか。組合員六二人の小漁協である。火力発電所建設問題で揺れ動いた豊前海一八漁協の中でも、ついぞ話題になることもなく、そんな漁協の存在さえ、私は土壇場まで知らなかった。

二年余の運動の中で、私たちの関心も働きかけも、稲童のひとつ手前の椎田《しいた》町漁協に集中し続けた。

もともと豊前海全体が一個の共同漁業権で共有されるとはいえ、たとえば明神地先の埋立てに遥か五〇キロメートルも隔たる北九州の漁協の利害関係は薄く、したがってこれまでの豊前海埋立て慣例からすれば、直接に地先を埋立てられる当事者漁協とその両隣の漁協が賛成すれば、他の一五漁協は組合長会で自動的な賛成調印を済ませてきたのであった。

だが明神地先海面の漁業権放棄で、椎田町漁協は初めてそのような慣例を破った。直接当事者八屋漁協と、その両隣にあたる宇島《うのしま》漁協、松江《しょうえ》漁協が賛成決議をしたにもかかわらず、松江漁協のもうひとつ西隣の椎田町漁協は自動的な同調を拒み、いきなり反対決議を掲げてしまったのである。

現行法のもとで公有水面埋立てに抵抗する最も有効な砦が漁業者の漁業権しかないのであってみれば、私たち火電建設反対派が欣喜して共闘呼びかけに椎田町に入りこんで行ったのは当然であった。

だが、一年半にわたる共闘は片想いに終わった。九州電力が補償金を当初額の五倍につりあげて、椎田町漁協は七三年八月一七日に一億二五〇〇万円で漁業権放棄の調印を済ませたのである。唯一の反対漁協の妥結で豊前海一八漁協全部の漁業権放棄が成立し、私たちの落胆は深かった。

その時、奇妙なことが起きた。

椎田町漁協のもうひとつ西隣、隠れこんだように在る小さな稲童漁協（行橋市）が、突如として臨時総会を開き反対決議を掲げたのである。奇妙というのは、稲童漁協は既に早く漁業権放棄決議を済ませていたはずなのだ。

火電建設反対運動の高まりの中で、これまで漁民間の慣例で済まされてきた漁業権放棄手続きも、私たち〈オカの人間〉の批判を受けることとなり、やむなく県当局も組合長会による漁業権放棄を破棄させ、水産業協同組合法第五〇条に基づく漁協総会決議のやり直しを指示して、稲童漁協もやり直し総会での漁業権放棄を決議しその時の議事録は県当局に提出されていたのである。

いや実は、そんな総会を開いた事実はないというのが、稲童漁協組合員たちのにわかないいぶんなのであった。あわてた県当局が調査して、組合員のいう通り漁業権放棄総会の開かれた事実はなく議事録は組合長が捏造したものであることが判明した。一件落着のつもりであった九州電力と県当局にとって、それは思いもかけぬ衝撃となった。

稲童漁協組合員たちが今頃になってそんなことをいいはじめたのは、隣の椎田町漁協が反対決議によって補償額を五倍につりあげたのを見てのことだと、新聞は書き立てた。たとえ補償増額をねらっての反対だとしても、一日でも火電建設を遅らせたい私たちは直ちにその小さな漁村を訪ねて行った。

それは陸から行っても隠れこんだように国道から深く入りこむ村であった。あらかじめ前日に訪ねた一人が、反対派の中心者らしい漁協青壮年部長に会ってきていて、その夜もまず彼を訪ねて行ったのだったが、既に九州電力の手はまわっていて、青壮年部長は行橋市の料亭に呼び出されたといって不在であった。途方に暮れた私たちは、海辺の明るくともっている建物に寄って行った。これが公民館で、中に多くの若者が集まっていた。思いきって声をかけると、この漁協の青年たちが、心配のあまりこうして豊前火力問題を語り合っているのだと分かり、私たちも中に迎えられた。

どこも老齢化著しい豊前海漁協の中で、この小さな漁協に二〇人を超える青年漁業者のいることは、私たちには大きな驚きであり、ひょっとしたらこの漁協は埋立て反対の本当に強力な砦となりうるかもしれぬという希望を強く抱かせた。青壮年部長という頭《かしら》を九州電力にとりこまれそうな不安の中で、彼らは口々に豊前火力発電所への反対をいい、私たちもまた用意していったスライドを映写しながら火電公害と埋立て公害を懸命に訴えて、これからの共闘を呼びかけた。

私は今でも信じている――あの暗い夜、波音迫る公民館に集まった二十数人の語らいは、決して補償増額などをねらってのことではなく、漁業に未来を賭ける若者たちの真剣な埋立て反対意志の確認であったことを。

それをゆがめていったのが九電からの執拗な誘惑であり、地域ボスの圧力であり、加えて既に漁業権放棄を済ませて待っている一七漁協の迷惑顔であった。日が経つにつれて、目ぼしい者は九電に抱きこまれていき、残りの者はリーダーもないままになすすべを知らず、互いが互いの本心を疑い合う混迷に落ちていった。

七三年八月三一日、早朝からこの隠れこんだ漁村に報道陣が繰りこんだ。

この朝九時からの稲童漁協臨時総会がどのような結論を出すかに豊前火力建設の成否がかけられたのだ。私たちもまた、早朝から入りこんでマイクで訴え続けた。しかし、豊前海の現実を前にして、この美しい海を守りましょうとはさすがに呼びかけえない苦悩が私たちにはあった。

前夜遅くまで入りこんで貼りめぐらした私たちの反対ポスターが、この小さな漁村に不似合で、こうまでして平和な里を乱さねばならぬ成りゆきに心は痛むのだった。顔見知りの記者がささやいた。

「九電は今日の総会は貰ったと豪語していますよ」

だがフタをあけた臨時総会は圧倒的に反対の声に溢れた。それでは採決しようということになり、投票か挙手かの論が出た時も、「挙手でやれ。誰が賛成しよるんか面《つら》を見てえ」という大声が湧くほどであった。その土壇場になって、やっと二人の慎重意見が出された。あからさまな埋立て賛成論ではないが、もうちょっと時間をかけて考える方がいいのではないかという意見であった。

その時である。他の案件の説明のために臨席していた福岡県水産局漁政課長が突如発言したのだ。

「このような興奮状態で採決したら、あとで部落を二分するようなまずいしこりを残すことになるんじゃないでしょうか。今日はひとまず保留にしたらどうでしょう」

議長をつとめていた青壮年部長は即座にこの言葉に飛びついた。「では、態度表明は保留して次の臨時総会まで結論を延ばします」そう宣言して、一気に総会を終了させてしまった。

窓外から見守っていた私たちは、激怒して会場に飛びこみ漁政課長を取り囲んだ。採決すれば圧倒的総意で成立したはずの漁業権放棄反対決議を、漁政課長の一言はたくみに回避させてしまったのだ。こうして時間さえかせげば、九電は執拗な潜行工作で賛成派をふやしていける。先に椎田町漁協を積極的に賛成に誘導していった県漁政課が、またしてもこの小漁協にも九電側として介入をするのだ。漁民の漁場を守ることを任務とする役人が、なぜ逆の働きをするのか。私たちが声荒く詰問を続けていると、漁師の一人が来て私の耳元にささやいた。

「漁師んじょうは、あんたたちんごつ激しい交渉になれちょらんき、みんなたまがっちょる。あんまりこげなんところは見せん方がいいきやめちくれんじゃろうか」

私はうなずいて引き揚げたが、なにやら恥ずかしさと、しかしそれ以上に鎮まらぬ怒りと哀しみが胸に疼《うず》いた。

その日以後、行政指導の名目のもとに繰り返し臨時総会を勧告する県当局と、ひそかな買収工作に潜行する九州電力に、小さな里の混迷は深まるばかりだった。

九月一一日、またしても臨時総会。だが私文書偽造で辞表提出中の組合長に総会招集をする権限があるのかという問題で紛糾して流会。

続く九月二〇日の臨時総会で、正式に旧役員全部の辞表を受理、まず新役員を選んだのちに新執行体制で豊前火力問題に対処しようと決定して、稲童漁協は選挙に突入する。辞任にあたり組合長は、「まあ、そげえわしんじょう責めんでおくれ。わしも組合んためを思うてしたことじゃし、皆さんに相談せんじゃったんは、わるうございましたちゅうて、あやまりよるんじゃから」と挨拶し、新役員選挙にも再立候補を表明した。永い眠りを続けてきた小漁協の体質改善は容易ではない。

正直、私はこの小漁協の幾度ものやり直し総会を窓外から見守りつつ唖然としていた。ある時の総会で、議長役をつとめる老漁師が、突然議事進行をさしおいて、窓外の私に向き、「ベロベロバー」とおどけてみせた時、私はもう仰天してしまった。それが私に向かってではなく、私の背後から母親に抱かれて覗きこんでいる孫への愛嬌だったのだと気付いた時、今度は笑いがこみあげてやまなかった。こんな無茶苦茶な議長があるかと呆れた。

そんな総会の中で、「海をやしい金で売っちしまうなんち、稲童ん人間ほど馬鹿んじょうの揃うた所が日本中にあっかのお」と自嘲の声があがり、「日本中にあっかちゅうてんがお前、稲童もやっぱ日本の内ど」とおどけた声が答えて、大笑いになったことがある。彼らは、どうやら本気で己を馬鹿だと自嘲しあっていた。

なぜ、あなたたちはもっと総会で堂々と発言しないのかと、私は青年たちに詰問したことがある。賛成派にべつに論客らしき者もいないのであってみれば、反対派の者が堂々と論陣をはれば総会を意のままに操れることは目に見えていて、窓外の私はしきりにもどかしい思いを抱いていたのだ。

「三〇歳前の鼻たれ小僧は、あげなん場で発言権はねえんよ」と、彼らは自嘲的に答えたが、それだけではない答を聞かされたのは一人の若者と海岸で語り合った時であった。「あんたたちオカん人間から見れば、わしらん黙っちょるんは、はがいいじゃろうなあ。あんたたちオカん人間にゃ、海ん上の村八分の恐ろしさなんか分からんもんなあ。海ん真ん中で船んエンジンが止まった時、誰も引っぱっち帰ってくれんごとなる恐ろしさは、あんたたちにゃとても分かるめえ。あげなん総会場で、あんまり偉そうに弁を立てよると、海ん上で相手にされんごつなるのよ……」

沈黙の奥にある漁師の生活の深い暗がりを不意に覗いた気がして、私は粛然としたのであった。

それでも、この選挙に青年たちは初めて自分たちの世代から理事候補一名を押し立てた。それが、豊前火力問題で激しく揺り動かされたこの小漁協の、まだかすかとはいえ新しい胎動だと私は思った。

一〇月一三日、冷たい雨が降りしぶいた。この日、稲童漁協の新役員選挙であった。

冒頭、一人の壮年者が発言した。「どうせまた、親戚ん多いもんだけが役員になるこたぁ分かっちょる。それでは有能なもんでんが、親戚んすくねえもんは絶対役員に出られんとじゃき、なんか他に選ぶ方法ちゃねえもんじゃろうか」

その発言は、多分これまでのこの豊前海沿岸漁協役員選挙の実態を鋭く突く指摘であったろう。とはいえ、にわかに新しい選出方法など思いつくはずもなく、やはり従来通りの投票ということになって、また一人が立ち上がった。「これまで選挙ちゅうてんが、一回でんが演説したこつがあっか。今日はいっちょ候補者全部しゃべらしちみろうや」

こうして、稲童漁協始まって以来の選挙演説がなされたものである。

前組合長の演説は簡単なものであった。「わしは、誰が組合長になってもいいと思います。九電から一億円でん二億円でん取りきるもんがなりさえすればいいち思います」

ベロベロバーの老漁師も立候補していて、彼の演説は浪花節調であった。「……花は桜木、山は富士ちゅう言葉があるじゃろうが。昔から悪の栄えたためしはねえ。ちゃあんとおてんとさまが見通しちょる。おりはのう、何ひとつ隠しごつはせん。組合んこつは誰にも隠しごつんねえ、明るいもんにする」けっきょく彼は副組合長に選ばれ、前組合長も青年代表も入った。

新組合長は就任挨拶で、「とりあえず緊急なのは九電問題ですが、少しでも多くかち取りたいと思います」と表明して、積極的な反対運動を期待していた私たちをひどく落胆させた。

一一月二四日、稲童漁協は当初額の一〇倍近い増額補償で漁業権放棄に調印。豊前火力発電所建設に伴う豊前海明神地先の共同漁業権の放棄は、今度こそ完結したのである。漁民に関する限り、この時豊前火力問題は終わった。豊前海一八漁協と九州電力がかわした「協定書」第八条は次のごとくいう――「この協定の締結により一八漁協の漁業権に関する一切の補償問題は解決したものとし、一八漁協は九州電力に対し一切の異議苦情を申立てないものとする。もし漁業上第三者およびこの水域に権利を有する他の漁業者から異議苦情の申立があっても、一八漁協は一切自己の責任においてこれを解決し、九州電力に迷惑をおよぼさないものとする」（傍点筆者）

これほど一方的な協定だということを、しかし組合員の一人一人はまるで知らされていない。そんな内容のビラを持って行く私たちに、もう稲童の若者たちが顔をそむけた。

一一月二九日、九州電力は福岡県知事に埋立て免許を申請。県知事は、豊前市議会に埋立て審議を諮問。

一二月一二日、豊前市議会は埋立て賛成答申。

一方中央では、一二月二〇日、首相の諮問機関である電源開発調整審議会が、機動隊に守られた霞ヶ関第四合同庁舎内で豊前火力発電所建設計画を承認答申して、あとは福岡県知事による埋立て免許だけが手続きとして残されるだけになったのである。

だが、この七三年末、ついに福岡県知事は九州電力への埋立て免許を出さなかった。出すわけにはいかなかったのだ。

一一月二日から施行されたばかりの「瀬戸内海環境保全臨時措置法」に阻まれたのである。同法は、もはや瀕死の瀬戸内海に緊急措置を施し、三年以内に七二年当時の汚染の半分の状況にまで海を回生させようという意図のもとに、与野党挙げての議員立法により成立したもので、同法に基づく最初の具体化は汚濁負荷量の各県割当て（瀬戸内海沿岸の各県が、それぞれどの程度までの汚濁排水なら出してもいいのかという）であった。

しかし、汚濁排水と並んで海の荒廃の元凶をなしている埋立てに関しては、同法の内容もまだ具体化されていなかった。同法第一三条は、瀬戸内海の埋立て免許に関しては〈同法第三条の瀬戸内海の特殊性に付き十分配慮しなければならない〉として、その規定の運用についての基本的な方針は〈瀬戸内海環境保全審議会において調査審議するものとする〉と定めながら、電源開発調整審議会の開かれた一二月二〇日当時、その瀬戸内審議会はまだ発足すらしていないのだった。

一二月一七日、中央での電調審連絡会議（実質的に電源開発調整審議会の役割をする）に「住民の声を聞け！」と叫んで私たちが突入した時、茫然とした電源開発官の机上に見たのは、「豊前火力に関しては、問題点を残したまま（電調審に）かけるのは問題であり、前例としない」という走り書きのメモであった。

豊前火力に関しては甚だ問題点があります、しかしどうしてもこれを認可しなければならない事情がございますので、今回は眼をつむって電調審認可を致しましょう、しかしこういう強引なやり方は問題ですから、今後こういうことはしないようにします――メモの意味は、慇懃にいいかえればこうである。私たちは憤激してこの発言を追及した。

豊前火力の問題点とは、埋立てに関してであった。未だ豊前海（瀬戸内海）の埋立てを許すのかどうか政府の基本方針も決まらぬ先に豊前火力建設計画を承認することは、土台がないのに宙に建物を認可することであり、それはおかしいのではないかという環境庁からの問題提起が、開発偏重の経済企画庁、通産省のリードする会議で押し切られたというのがメモの真相であった。

私たちの激しい追及に、環境庁審議官は、「埋立て基本方針の策定までは、絶対に福岡県知事の埋立て免許を抑えますから」と確約した。そのことであわてたのか、数日後に瀬戸内海環境保全審議会は発足した。関係省庁役人、関係自治体首長、企業代表、学識経験者で構成され、委員四〇名、委員長は檜山義雄東大名誉教授である。

私たちには、納得できぬ怒りがあった。

七二年時の汚染の半分にまで浄化をめざすと、本気でいうのなら、もはやいささかの新規埋立ても許さるべきではないはずだ。一方では確実に汚染を助長する埋立てを許しつつ、他方で汚染浄化をいうのは言葉の詐術以外ではない。だからこそ、「環境庁は、これまでの全国無数の埋立て事例の中で、一例でもよいから海域を全く汚染しなかったという埋立て例があるなら具体的に地名を挙げて示してほしい」と私たちに迫られた審議官は、声を呑んでうなだれ続けたではないか。

埋立て全面禁止などと、世の中はそう完璧な理想主義では通用しませんよという、世慣れたわけ知り顔な反論に耳を貸す必要はない。そのような現実的妥協がずるずると瀬戸内海を瀕死に追いこんできたのである以上、わけ知り顔な妥協を峻拒する姿勢でしか回生はもはや不可能だという覚悟を、今私たちは厳しく問われているのではないか。

開発論者に偏した審議会メンバーの中の、せめても学識経験者七名に一縷《いちる》の望みを託して、私たちは訴えのハガキを書き送りつつ中央での審議を見守ったのである。

住民の論理

七三年八月二一日、私たちは福岡地裁小倉支部に〈火力発電所建設差止請求訴訟〉を提訴して、その第一回公判は一二月一四日に開かれていた。椎田町漁協が九州電力と調印して、もはや海面を守るもっとも有効な砦が崩れ去ったと判断しての提訴であった。(稲童漁協が思いがけなく反対決議を掲げたのは提訴前日であった)

原告は七名。地元豊前市から坪根侔(三八歳、高校教諭)、恒遠俊輔(二九歳、高校教諭)、伊藤龍文(二九歳、高校教諭)、釜井健介(二八歳、毛糸小売商)。東の隣町にあたる大分県中津市から梶原得三郎(三六歳、工員)と私(三六歳、著述業)。西の隣町、京都《みやこ》郡犀川町から市崎由春(四二歳、自治労専従役員)。いずれも農漁業とは無関係な七名である。農業被害、漁業被害を直接にあげつらうことの出来ぬ私たちの、提訴の法的根拠は〈環境権〉であった。

すなわち、海や大気という〈環境〉はそこに住む万人の共有物であり、その恵沢はすべての者が享受しうるはずであり、それゆえに、〈環境〉を一方的に侵害したり独占したりする者を排除する権利は、その環境の住民たる私たち一人一人にあるのだという考え方なのだ。これを法的にいえば、「すべて国民は、健康で文化的な最低限度の生活を営む権利を有する」という憲法第二五条の〈生存権〉、さらには「生命、自由及び幸福追求に対する国民の権利については、公共の福祉に反しない限り、立法その他の国政の上で、最大の尊重を必要とする」と述べた第一三条の〈幸福追求権〉によって保障されるはずの国民権利である。なぜなら、憲法の高い理念が保障しようとする国民一人一人の健康で文化的な生活の基本条件として、健全な環境の確保は必須なのだから。

そのような考え方に立って、漁業者ならぬ私たちとて海面埋立てに抗する権利を持つはずであることを、〈環境権〉訴訟の中で展開しようとしているのであるが、私たちにとってあたりまえだとすら思えるこのような考え方が現在の法廷で認知される期待は薄い。弁護士からも尻ごみされて、私たちの訴訟は弁護士なしの本人訴訟となっているほどなのだ。

確かに、あたりまえともみえる私たちの主張も、それを法体系化しようとすれば、処理しえぬ数々の難問に直面する。たとえば明神地先の海面に権利を主張しうる背後地住民をどの範囲内の居住者に限定するのかと法学者は首をかしげる。もちろん、それに定かに私は答え得ないが、しかしそのような煩瑣《はんさ》な法の細部を解決していく精緻な法理論の確立より以上に、私に緊要に思えるのは、〈環境権〉といううきわめて単純な思想がいかに多数者に共有され内実化されるかということである。そのことが果たされていくとき、おのずから法的難問なるものも粉砕されているはずである。

そのことにねらいを定めれば、私たちが法廷で展開すべきは、なまじっかな法理論でなく、むしろ自らの生活に根ざす心情そのものを、いかにナマナマしく突き出しうるかにかかっているのだと気付く。

豊前海埋立てに抗する私の心情を述べよう。

私は永い間、豆腐屋であった。夜明け前から夕暮れまで、幾度となく豆腐を積んで河口の橋を渡り、小さな島の土手をゆき来した。その橋の上に立てば、眺めは周防灘の沖に向かって展けている。しらじらと沖から明けてくる頃、山の方から白鷺が飛んで来て河口の瀬に降り立つ。私はよく単車を止めて、空を仰いだ。同じ頃、たくさんの鴉もやってくる。そんな早起き鳥に少し遅れてカモメがやってくる頃、小さなシギやセキレイの姿も瀬の石の間を飛びまわっている。それは、豆腐を積んで売りゆく私の毎日にとって、飽くことのない清冽な小世界であり、生きる慰めであった。

瀬に降りん白鷺の群れ舞いており豆腐配りて帰る夜明けを
豆腐積みあけぼのをゆく此の河口早やおどろなる群鴉の世界
何鳥か未明鋭しわが豆腐売りゆく島は橋より低し
わが犬は豆腐積み行く土手に沿い暁の瀬をしぶきて走る

私は豆腐の配達をしつつ、この河口を歌に詠い続けた。いわばその小世界は、私の〈青春の風景〉であったといえる。

ある日、それまで漠然と耳にしていた周防灘総合開発計画の具体的内容を私は知った。それは、この遠浅の豊前海沿岸を水深一〇メートルまで埋め尽くして、鉄と石油の基幹産業を中心とする巨大コンビナートを造成するというそらおそろしい計画なのであった。わけても、中津の海岸を埋め尽くして並ぶのが石油タンクだと知った時、私は慣れぬ反対運動に立ち上がっていた。私の〈青春の風景〉が踏みしだかれるのだと思った時、私はじっとしていることが出来なかったのだ。七二年春から、私の周防灘総合開発計画反対運動は始まった。特にその巨大計画の引き金となる豊前火力発電所建設反対運動に焦点をしぼっていくことになった。

私の出発は、そんなにも心情的なのであった。

だが、私の愛する〈青春の風景〉を、どのように法廷で説いても、それは容易に通る主張とはなりえないだろう。第一、私にとってその愛する〈青春の風景〉の喪失がどれほどの痛苦となるかを科学的に〈立証〉することを迫られる時、私は絶句してしまうしかない。己が心情を、数字をあげつらうように科学的に立証する方法はありえない。

だからこそ、これまでの開発問題の中で、心情に発する抵抗は常に一顧だにされず、切り捨てられてきたのだ。

私は法廷で、〈瀬に降りん白鷺の群れ舞いており豆腐配りて帰る夜明けを〉と、なつかしい短歌を朗詠したのであるが、その一首の短歌が、私の心情の立証なのであった。私は、この一首の中に、河口の小世界への愛着を表現し尽くしているのであり、この歌への深い共感を抱く者にとっては、私がもしその〈青春の風景〉を喪った時の痛苦の激しさは、正確に予測できるはずである。

これが科学的立証でないとしてしりぞけられるなら、それはもはや人間の尊厳の否定であろう。一個の人間の心的宇宙は、科学などで測れるほど浅く狭小なものではない。

私は、環境権訴訟の中で、あくまでも自分の心情を訴え続けていくだろう。科学や法律が、とるにもたりぬとして抹消し続けてきた、しかしそれこそが人間の尊厳であるというべき〈心情〉から発して、私は海面埋立てに抗していこうとするのだ。

——私は、そのような考え方を踏まえて、〈海〉にかかわる背後地住民の主張を、裁判所に提出する第一準備書面の中に次のごとく展開する。

海が母の字より成るは、太古、最初のいのちを妊んだ海への古人の畏敬であったろう。その母への凌辱の今やとどまるところを知らぬ。豊前火力建設のための明神地先三九万平方メートルの埋立てを、私たちはいのちの母への凌辱として、自らの身を楯としても阻止する覚悟である。

少しく豊前海の現況について述べたい。

豊前海は、瀬戸内海の西端、周防灘に属する海域である。瀬戸内海沿岸がガン細胞のごとく増殖した埋立て地におおわれて、大工場群を形成している中で、さいわいにして、福岡県行橋市から大分県国東半島に至る海岸線は、巨大埋立てをまぬがれ、ひとつの工場群もないのである。それにもかかわらず豊前海域の汚染状況は深刻化している。これは、山口県側の周南コンビナート等の汚染の回流によると考えられる。周防灘の潮流を見るに、豊後水道から押し入る大量の上潮流（約九〇パーセント）は伊予灘を経て山口県沿いを通る本流となり、周南コンビナート群（徳山、下松、宇部、小野田等）の大量の工場排水を運ぶことになる。この本流は、灘の西端関門に突き当たれば、一部は福岡県側に方向を変え、ついで下潮に乗って沿岸ぞいに南下し次第に方向を東へ変えていくが、その流れは緩慢であるから次の上潮で一部は再び押し返される。かくて汚染水は停滞し、底質も極度に悪化してくる。

豊前海一八漁協は、明神地先埋立てに賛成したが、それは真に歓迎しての賛成ではなく、前記のごとき理由による豊前海の汚染の進行に絶望し、いくばくの補償金で海を放棄せざるをえなかったからである。

だが、まことに自明なことを述べるのだが、漁業者が放棄したのは漁業権に過ぎない。埋立て海域で、漁業を営む権利を放棄したに過ぎない。しかして、海は厳然として残るはずである。海そのものを売買する権利など誰にもありえない。もともと漁民に与えられているのは、海で漁を営む権利であり、海そのものを所有する権利ではない。漁業権を放棄したあとの海は誰のものなのか。それは誰のものでもあるまいし、同時に誰もの共有物であるだろう。私企業が漁業権を買い上げたからといって、それがあたかも海そのものをまで買い上げたかのごとく専横に海を埋立てることが許されるとは呆れ果てるばかりである。よろしい、そんなに埋立てたければ、漁業権に加えて海そのものを買い上げていただこうではないか。しかして、海の価格は巨億である。豊前海明神地先の海三九万平方メートルの価格は、どのように算定されようか。

漁業権の放棄は、漁民にとっては生活権の放棄だが、それは同時に私たちにとっては食料としてのタンパク源の喪失である。明神地先は絶好の藻場として、魚類の産卵と成育の場であり、これの喪失は豊前海漁業に少なからぬ打撃を与え、それはひいては私たちのタンパク源の減少である。その価格の算定は、いくらに換算すればいいのか。

あるいはまた、一人の人間が海岸にたたずんで安らぎを得るという心情の働きは、どのように価格換算されうるだろうか。日々の生活に疲れ、打ちひしがれて海岸にたたずんだ者が、おだやかに光る海面をみつめるうちに、漠然として生きる活力を蘇生せしめたとすれば、その時の海の存在の価格は、その者にとって敢えていえば一〇〇万円どころではあるまい。

かくのごとく一人一人にとって海の価格ははかりしれぬのである。海岸にたたずんで海に慰めを得る者、海から啓示を得る者、潮干狩を愉しむ者、海水浴を愉しむ者、釣りを愉しむ者、一人一人の心の受けとめようで、その価格は絶大である。そして、海は万人に対して解放されているはずであり、さらには私たちの後に続く子孫にまで解放されているはずであれば、まさに価額は無限倍されねばならぬのである。それにとどまらぬ。現今の科学がまだ認知しえていない精妙な作用で海が自然界に寄与していることは十分に察しられるのであり、そこまでを測らんとすれば、もはや海の価額は私企業の、否、国家の支払い能力を超えての巨億である。

〈政府は、瀬戸内海が、わが国のみならず世界においても比類のない美しさを誇る景勝地として、また国民にとって貴重な漁業資源の宝庫として、その恵沢を国民がひとしく享受し、後代の国民に継承すべきものであることにかんがみ、瀬戸内海の環境の保全上有効な施策の実施を推進するため、すみやかに瀬戸内海の水質の保全・自然景観の保全等に関し、瀬戸内海の環境の保全に関する基本となるべき計画を策定しなければならない〉とは、瀬戸内海環境保全臨時措置法第三条である。この法文の述べる趣旨からしても、瀬戸内海の一隅たる明神地先の埋立ては許されないはずである。そもそも同法は、もはや死滅に直面した瀬戸内海をなんとか蘇生させるべく与野党一致による議員立法として採択されたものであった。

埋立ての被害に加えて、そこに建つ火電から放出される温排水は、海の生態系を混乱させ、漁場を悪化させると考えられる。摂氏七度も高温化した海水が一日に三五〇万トンも、水深浅く潮流よどみやすい豊前海に放出されるのであれば、その影響は深甚であろう。水温に敏感な海苔養殖などの荒廃を憂えざるをえない。

もちろん、原告七名は漁業者ではない。しかして農業者でもない。されば漁業被害、農業被害について言及する法的権利はないなどとする論は私たちにとってはこっけいきわまりない。

ここで明確に宣言しておきたい。私たちは原告七名であるが、しかし七名はそれぞれの私的権利、私的利益を追求してかかる訴訟を提起しているのではないということである。すなわち、私たちは豊前平野全体の環境保持を目的として、それを侵害するものを排除せんとしているのであり、いうなれば私たち七名は地域環境（豊前平野・豊前海）の代表として立っているのであり、本件訴訟においては私たち七名はまさに漁業者であり農業者でもあるのだ。

いやもう、まわりくどい論旨の展開はやめよう。地上のいのちの始源を妊んだ母への凌辱はどのように理由づけようと、断じて許せぬのである。

私たちの訴訟に注目している前田俊彦氏は、豊前からさほど遠からぬ京都郡豊津に隠棲する〈里の思想家〉として知られるが、その「瓢鰻亭通信《ひょうまんてい》」（一九七四年一月五日号）で、訪ねてきた漁師（実は御当人）との問答の中に、次のごとく氏の環境権論を展開している――

「豊前火力発電所設置反対の環境権訴訟が、いちばんいい説明の材料になりましょう。といいますのは、九州電力は付近一帯の漁業権買収をすべておわったので、豊前市に発電所を建設する権利を獲得したと主張しています。ところで漁業権とは何かといいますと、地域の漁師が海で自由に漁をすることが法によってまもられるということです。しかしながら、そういう自由は漁師にだけあるのではなく、付近の百姓はおなじ海で自由に潮干狩をすることができ、子供たちは自由に海水浴をすることができ、船舶は自由に航海することができ、旅人は自由に風景をながめることができねばなりますまい。にもかかわらず、漁師以外のそれらのさまざまな自由は法によってすこしもまもられていない、というのが環境権訴訟における原告側の主張なのです」

「だったら、潮干狩権、海水浴権、航海権、眺望権を法にまもらせたうえ、その権利を漁業権と同様に九電へ買収させたらいい」

「そういうことが現実の問題として実際にできるでしょうか」

「おそらくできないだろうな」

「なぜできないかといえば、原理的に〝法が人間の自由をまもる〟ことは不可能で、〝人間の自由だけが法をまもれる〟からです」

「その理屈がわからない」

「いかなる意味でも人間は地上の〝主〟ではなくて、あくまでも〝客〟であるということをわすれないでいただきたい。そして、わたしどもが人間の自由というとき、それは〝主〟としてではなくて〝客〟としての振舞いの自由であることもです」

「うむ、いまではその原則は瓢鰻亭でひろく公認されている」

「地上の〝主〟であることを主張する者にとっての自由は支配の自由ですけれども、〝客〟である者の自由は振舞いの自由です」

「そうか、支配の自由と振舞いの自由とはまったく異質のものだ」

「そこで、わたしども漁師が自由に漁をすることができるのは海の〝客〟としての自由でして、ということは、海に潮干狩客、海水浴客、観光客がくるのをすこしもさまたげず、そのように無限におくの〝客〟と席を同じくして振舞える自由が〝客〟の自由というものです」

「そんなことをいうなら、発電所にも〝客〟としてくる自由があるといわねばなるまい」

「そのとおり。ですが、発電所がくるならあくまでも〝客〟としてでなければならず、したがって漁をする者の自由、潮干狩をする者の自由、海水浴をする者の自由、風景をながめる者の自由をいささかもおかしてはならず、さらに陸上で人間が呼吸をする自由、百姓が農作物を栽培する自由、鳥獣が生活する自由までおかしてはなりません。環境権訴訟の趣旨はそういうことです」

「なるほど。しかしだな、たとえ支配ではなく振舞いの自由とはいえ、人間はつねに自由の拡大をはかる。とすれば、それぞれに自由の拡大をはかる〝客〟同士はたがいに衝突をまぬがれまい」

「たとえばわたしども漁師の自由拡大とは、より多くの漁獲をうるということです。そして、そのことは他の漁師たちを排除して漁場の独占をはかるのではなく、海をよりよき海にすることです。それは海を治めるということで開発ではありませんから、そういう形でする漁師の自由拡大には衝突がありません。なぜならば、開発は〝主〟の思想で治山治水は〝客〟の思想だからです」

「〝客〟の思想だから衝突がないとはどういう理屈によるのか」

「〝客〟の〝客〟たる所以《ゆえん》は、相手となる〝客〟の自由をさまたげないということです。したがって、無限におおくの〝客〟が席をおなじくした場合の秩序、すなわち法は、それらの〝客〟の自由によってまもられるのです。いうならばそれが〝客〟の自治というものです。ですから、〝法は人民がまもる、権力者は法にしたがえ〟というのは、徹底した人民自治の要求といってもいいでしょう」

すぐれた景観とは？

七四年春、私たちは中央での瀬戸内海環境保全審議会の結論を、息をひそめる思いで見守っていた。審議内容までは伝わらず、断片的情報が新聞に小さく報じられる程度だが、大阪、兵庫、岡山など開発先進県と香川、愛媛、福岡、大分など開発後進県の思惑の対立に加えて、関係省庁間にも、水産庁、環境庁と経企庁、通産省間の意見調整がもつれて、審議は難航しているらしかった。私たちは結論のいつまでも遅れ続けることを願った。

その頃、私たちにやや希望を抱かせる法改正が施行された。三月一九日からの公有水面埋立法の一部改正である。

ほとんど唯一の埋立て規制法であるはずの公有水面埋立法が、現実には、もはや今もっとも緊要である埋立て規制の厳しい機能を果たせなくなっていることは、各方面から指摘され続けてきたことである。もともと、同法が成立した大正一〇（一九二一）年当時に環境破壊の今日的実態は誰にも想像出来なかったのであり、むしろ当時の富国政策のままに国土拡張につながる埋立てを容認する傾向をすら含んでいたことからすれば、同法が現況に対応出来なくなったのは必然のなりゆきであり、改正が遅すぎたのだといわざるをえない。

今回の改正の中で私たちがもっとも注目したのは、埋立て免許にあたって都道府県知事は〈其の埋立てが環境保全及び災害防止に付き十分配慮せられたるものなること〉を確認しなければならぬとしたことである。

こんなあたりまえの規制条件すら、これまでの公水法には含まれてなかったのだ。改正前の公水法によれば、漁業権者が関係水域の漁業権を放棄しさえすれば、都道府県知事が埋立て免許を出す障害はもはや何もなかった。否、漁業者が漁業権を頑なに守ろうとするなら、それすら無視して埋立ては許されるのであった。公水法は、〈其の埋立てに因りて生ずる利益の程度が損害の程度を著しく超過するとき〉には漁業権者の同意を得なくても埋立て免許を出せることを定めている。

臼杵市の大阪セメント事件は、企業進出に伴う埋立て賛否で漁業権放棄の正当性が法廷で争われたことで著名であるが、その裁判の過程で、漁業権放棄手続きの正当性をもはやいいつくろえなくなった被告・大分県（免許行為者）は、ついに苦しまぎれにもうけの比較論を展開し、埋立て予定水域での漁獲高よりは大阪セメントの生産額の方が遥かに巨額なのであり、よって漁業権者の同意がなくても埋立て免許は出せるのだと主張した。この暴論に私は啞然としたが、しかし公有水面埋立法は確かにかかる暴論にも論拠を与えているのである。

高石判決（七一年七月二〇日・大分地裁）は、さすがにこの主張を峻拒した。判決理由書に次のごとく述べている。

「すなわち、免許を受ける者が一般私企業の場合、造成される埋立て地の価格や土地に建設される工場のもたらす経済的利益の程度と埋立てにより蒙る権利者の損害の程度とを単に計数的に比較検討するだけでなく、工場建設がその地方住民の生活環境におよぼすもろもろのマイナス面の影響の有無、程度をも検討するとともに、他面、埋立てにより蒙る権利者の直接、間接の損害の実態を正確に把握し、国土の総合利用、国民経済上の見地からして、埋立てにより生ずる利益の程度が既存権利の消滅、その他埋立てにより生ずる損害の程度より著しく超過することが、何人の目から見ても客観的に明瞭であり、既存の権利を消滅させ、または損害を生ぜさせてもやむをえないことが肯認される場合に限ると解すべきである」

既に三年前に出された司法判断がこのように厳しく単なるもうけの比較論をしりぞけたにもかかわらず、現実には今も埋立て推進者の論拠にあるのがもうけの比較論であることに変わりはない。

さらに今ひとつ漁業権者の同意のないままに埋立て免許を出せる条項が公水法にある。〈其の埋立てが法令に依り土地を収用又は使用することを得る事業の為必要なるとき〉である。すなわち、土地収用法が掲げる公共の利益となる事業のために必要な埋立てには漁業者の同意を得る必要はないのだ。

ところで公共の利益となる事業を列挙した収用法第三条には〈電気事業法による電気事業の用に供する電気工作物〉も掲げられているのであり、漁業権放棄がいよいよ難航すれば福岡県知事は豊前海漁民の同意なくしても豊前火力発電所建設に伴う埋立て免許を出せたのである。

ここでもうけの比較よりもっと高次元の装いで公共の利益が埋立て論拠となってくる。だが、このような論の中でいつも欠落してしまうのは、実は海面も海岸も公共の利益に寄与しているのだという視点である。それゆえに、本来なら豊前火力建設に伴う埋立てと明神海岸およびその地先海面の保存は、互いに公共の利益の衝突のはずなのに、一方的に発電所の公共性のみがいわれることになる。

おそらく、両者の公共の利益度は、最初から比較判断の必要もないとして一蹴されているのであり、それは海および海岸を僅かな魚と貝を産み出すのみの経済視点でとらえているからであろう。

〈海〉の真の評価がいかに巨億であるかを、私たちは既に第一準備書面に展開した。〈海〉への同じ評価を、逆に「よろしい、ではひとつ海岸がほしい、湾がほしいということで、それを人工造成するとすれば、どれほどの巨額をつぎこまねばならぬのか」と問い直してみせるのは、浦戸湾を守る会の山崎圭次氏である。氏は七一年六月九日未明、同志とともに高知パルプの排水管に生コンをぶちこんで封鎖し、ついに工場を撤退させ、排水で瀕死の状況に追いこまれていた江ノ口川と浦戸湾を回生させることに成功したのである。しかし、そのことを威力業務妨害に問われて、現在坂本九郎氏とともに刑事裁判の被告となっている。氏は次のように語っている――

「浦戸湾という湾は高知の玄関口にありまして、たいへん美しい、魚の豊富な、高知市民にとっての心の故郷といわれておる湾です。いま仮に、だんだん生活もよくなったから、このへんでひとつ湾がほしいなあということで、浦戸湾のようなものを作るとすれば、これはとても一〇〇〇億円ではできないと思います。まあ、大まけにまけて一〇〇〇億円とします。で、一〇〇〇億円で浦戸湾のような湾ができたと、そうした場合に浦戸湾へ行って寝ころぼうが、魚を釣ろうが、釣った魚は全部自分のものであるし、そこへ行くには誰の許可も得ずに勝手気ままに行けるわけです。ということは、もう一〇〇〇億円の価値ある浦戸湾は完全にぼく自身のものといって差し支えないと思います。ただ、税金は払うに及ばないという点だけ違って、完全にぼくのものであり、同時に完全に坂本君のものでもあるわけです。とすれば、高知市民二〇万人のものだといって差し支えないと思います。そしたら高知市民二〇万の人は、一人一人が一〇〇〇億円の池を、魚のたくさんいる池をもっているといって差し支えないと思います。そうした場合に、その浦戸湾の価値というのは、一人一人が一〇〇〇億円の池を持っておる、高知市民二〇万ありますから、だから一〇〇〇億円に二〇万をかけたものが、なんぼになるかわかりませんけど、それが浦戸湾の価値だと、そういうことが、はっきりいえるんじゃないか。また、そういう考え方に立たないかぎり、この自然を守っていくことはできないんじゃないかと、そういうふうに思うわけでございます」（「自主講座〈公害原論〉」）

公共の利益度を衝突させても、もはやかかる巨億の公共利益を無限に生み続ける〈海〉をしのぐほどの事業はありえなくなる。

ほとんど唯一の埋立て規制法ともいうべき公有水面埋立法が、以上のごとく漁業権者をすらないがしろにできる法律であるとすれば、まして背後地住民を埋立てに関して全く法的無関係者として切り捨ててきたのは当然であった。

海が漁業者だけのものであるはずはなく、それならばなぜ背後地住民も埋立て賛否に意思表示の一票を持ちえぬのかという疑問はあたりまえだろうに、しかし現実には、漁業権者ならぬ背後地住民の異議申立てを保障する法的根拠は公水法のどの条項にも見出せぬのであった。これは明らかに不合理であり、このような不合理を是正するための公水法改正である以上、その改正法がどのような形で漁業者以外の発言権を保障するのかに、私たちの関心はかかっていた。

改正公水法第四条は、〈其の埋立てが環境保全及び災害防止に付き十分配慮せられたるものなること〉という埋立て免許基準の新条件を付加した。この一項こそが、背後地住民に埋立て賛否での発言権を保障する初めての法的根拠を与えることになるのだと私たちには解釈された。

施行を待ちかねて、私たちは直ちにこの改正条項を明神地先の埋立て阻止の武器として活用をはかろうとしたのである。

すなわち、明神地先の〈環境保全〉とは、誰もが潮干狩のできる、誰もが海水浴のできる、誰もが魚釣のできる、誰もが海岸で憩うことのできる〈環境〉の〈保全〉のはずであり、いいかえれば、今の明神海岸をそっくり保全すること以外にない。しかるに三九万平方メートルの埋立てはこれらすべてを喪失させるのであり、〈環境保全に付き十分配慮せられたる〉埋立てどころではないことになる。さらにいえば、この埋立てが火力発電所建設を目的とする以上、その火電から発生する産業廃棄物が豊前平野の大気環境にどのような影響を及ぼすかの検討もなされねばならなくなるのだ。

以上の趣旨を刷りこんだ多数の埋立て反対要請署名を集積して、私たちは福岡県知事に提出した。だが、県知事はこれを黙殺した。

行政の解釈によれば、〈環境保全〉とは要するに公害対策基本法に基づく水質汚濁関係環境基準に照合して、埋立て周辺水域のCOD（化学的酸素要求量）、DO（溶存酸素量）等が規制値内におさまっているということなのであり、私たちのすなおな解釈がいう、潮干狩、魚釣、海水浴、散策などのできる環境の保全を意図しているのではないのだ。なぜなら、潮干狩権、魚釣権、海水浴権、眺望権等が私法的にまだ認知されていない以上、それらを可能ならしむる環境もまた、一人一人が私的権利を主張しえぬという論理である。

ひとつの法文をめぐって、行政解釈（あるいは司法自身の解釈）と私たち住民のすなおな解釈の乖離は既にしばしばの経験であり、ああまたしてもという落胆は深かった。

机上で〈環境〉を掌握しているつもりの行政は、一見科学的な数字での水質判断に置き換えることによって、実はそれこそが〈環境〉そのものというべき大いなる海面を平然と抹消していくのである。行政がいう〈環境〉とは、法律の枠内に制限され、さらに科学的数字で細分化されることによって甚だしく矮小化されていき、それはもう地域全体を含んで私たちが巨視的に把握する〈環境〉とはかけ離れてしまうのである。

今も、私はじっと〈環境〉という文字をみつめているのだが、そこから湧きくるイメージは、無数に棲み着く者を包みこむ広大さであり、同時にかかわり合って生きる者のなつかしさに溢れている。法や行政が〈環境〉をどのように解釈しようと、私たちにとっての〈環境〉はこれ以外ではない。

行政と私たちの解釈の乖離という視点から、さらに改正公水法を点検してみよう。

改正法第四七条およびその施行令第三二条は、次のような埋立てに関する免許を出そうとする場合、都道府県知事は環境庁長官の意見を求めなければならないと定めた。〈埋立て区域の面積五〇ヘクタールを超ゆる埋立てか環境保全上特別の配慮を要する埋立て〉の場合がそれである。

明神地先の埋立ては三九ヘクタールで、第一項には該当せぬ（五〇ヘクタールという大変大きな面積で線引きしていること自体、問題である）。では第二項の〈環境保全上特別の配慮を要する埋立て〉に該当するのかどうか。もし該当するならば、福岡県知事は本件免許にあたって環境庁のチェックを受けねばならぬことになる。

ところで、〈環境保全上特別の配慮を要する埋立て〉とは、どんな埋立てだと解釈するのか。ある資料によれば、この漠然としすぎた条項の解釈を統一するために関係省庁間に覚書が結ばれていて、それによれば〈鳥類等の生存環境としての干潟および景観がすぐれ、または地形、地質、植生等が貴重な自然海浜であること〉が該当条件だという。これは一見、私たちの主張する巨視的環境にやや歩み寄った解釈といえよう。

しかし問題は、この統一見解が現実に運用される時の解釈がどのようになされるかである。それを思うとき、もはや私の中から期待は消えていく。もう、福岡県知事のつぶやきが聞こえるようだ――エッ、明神ケ浜の景観がすぐれているから環境庁におうかがいをたてろだって？　あの、猫の額ほどしかない海岸がかね！　砂浜もありゃせんじゃないか、樹だって確か痩せた松が一〇本もあったかね？

福岡県知事に限るまい。行政が解釈する〈すぐれた景観〉が、国立公園、国定公園およびそれらに類する行政が指定し公認している景観をしかささぬであろうことは確かだ。

ここで私はひとつのことに気付くのだが、埋立てに抗する論理がもうけの比較を峻拒することと同じ意味において、風景の評価にも位階をつけてはならぬということである。それはとりわけ、私たちの意識の中からの払拭に始まらねばならぬ。思えば私たちは観光ブームの中で、風景の位階づけに慣らされてしまった。私の意識の中で、まず火の山阿蘇と明神海岸とが等価値にならなければならぬのである。そういい切ることにたじろぎがあれば、必ず埋立てる者の論理に組み伏せられていくだろう。

事実、数年前に行ったきりで容易には行けぬ遥かな阿蘇よりは、毎日でも子供を伴って来ることのできる明神海岸は、第三者がいかに貧弱な風景だとそしろうとも、私にとってはしたしい景観である。それが棲み着く者の主観であり、その主観は、背景に棲み着く者の生活史を負うゆえに、遠くより客観視する県知事判断よりは遥かに重いはずである。

　だが、そのような私たちの主観が行政解釈と一致していく日はまだ遠いのであろうし、それまでに各地無数の無名風景が価値差別のもとにブルドーザーに踏みしだかれていくのであろう。

　改正された公有水面埋立法への期待は、短時日のうちに私たちの中から霧消していった。

　落胆に追いうちをかけるように、五月九日、瀬戸内海環境保全審議会が答申した「埋立て全面規制海域」から豊前海（周防灘南部）ははずされていた。〈埋立てはできるだけさけるように配慮すること〉という海域は、大阪湾奥部、播磨灘北部等の七海域で、その余の海域においては〈海域環境保全上の見地〉〈自然環境保全上の見地〉〈水産資源保全上の見地〉から幾点ずつかの配慮事項を点検確認出来れば埋立ては許されるという結論である。

　結論を出した当の檜山義雄委員長が、「関係機関のケンカの仲裁をしたに過ぎない」と苦々しい表情で発表したことを新聞は報じた。

　福岡県知事が、型通りの〈配慮事項〉確認のための時間をおいて、やがて埋立て免許を出すであろうことは、もはや明白である。

　私たちは瀬戸際まで迫いこまれたのだ。

数字の詐術

　瀬戸内海環境保全審議会の審議資料を入手して、一見した私は啞然としてしまった。

「まだそれほど汚れていないから埋立ててもよろしい」とされたはずの豊前海（周防灘南部海域）が、実は瀬戸内海で一番汚れているという数字が臆面もなく掲げられているではないか。一番汚れている海が、なぜそれほど汚れていない海になるのか、資料を精読するうちに巧妙な詐術を見抜いた私は、怒りに突きあげられた。折りしも準備中であった環境権訴訟第三回公判に向けての第三準備書面に、怒りを抑えつつ、私たちの反論を展開する――

*

去る五月九日、「瀬戸内海環境保全臨時措置法第一三条第一項の埋立てについての規定の運用に関する基本方針」の答申が出たが、それにより周防灘の埋立ては許されることになり、新聞報道等によれば近々福岡県知事は豊前火力建設に伴う埋立て免許を出すというなりゆきである。

もちろん、「瀬戸内海環境保全審議会」が出した答申やそれに基づく福岡県知事の免許の正当性を本訴訟で裁断することは、九州電力を被告とする本民事訴訟においてはスジ違いといわれるかもしれぬが、しかし豊前火力建設の正当性がそれらの立法行為や行政行為に乗っかってのことである以上、やはり本訴訟において、これらの点は重要な争点として司法は司法なりの裁断をくだすべきだと我らは要請する。

敢えて付言すれば、たとえば瀬戸内審議会の埋立て部会の構成員の中には、いわゆる地元住民は一人として含まれていなかったし、また地元住民の意見の聴取もなされなかったのである。海のことを一番良く知る現場漁民の意見を聴取せずに決定した答申を我らはとうてい承服出来ぬわけであり、そのような立法・行政行為に我らの不満をぶつける方法すら許されていないとすれば、やはり本訴訟が十分にこれらの諸点を勘案して、住民の要請に応えるべきであろう。立法・行政がすぐれて政治的策略で左右される中で、厳正なる司法に我ら住民は最後の拠りどころを期しているのである。

そこで瀬戸内海環境保全審議会埋立て部会の答申内容をみるに、瀬戸内海全域を二三ブロックに分けて（次ページ図参照）そのブロックごとにCOD濃度指数Ⓐ、滞留度指数Ⓑ、COD汚濁流入度指数Ⓒを計上して、Ⓐ＋Ⓑ＋Ⓒが三〇〇以下となる海域の埋立てを許すという結論である。（後ページ表参照）

本件埋立て予定地明神地先は〈周防灘南部ブロック〉であり、ここの総合指数は二七三で、したがって新規埋立ても幾つかのの条件に照合して抵触せねば許されるということになった。

ここで問題なのは、海というものをこのようにコマギレに区切りして、小海域ごとに数字化することの無意味さであろう。うねりうねって続いていく海をコマギレに数字化する操作は、無意味というよりは、むしろ作為的な詐術だというべきかもしれぬ。ことに周防灘南部において、その感は濃い。〈周防灘南部〉は、福岡県築上郡椎田町城井川西岸と大分県西国東郡香々地町長崎を結んだ線内の湾入部として区切られている。

ところで〈周防灘南部〉区のCOD濃度指数Ⓐ、滞留度指数Ⓑは異常に高く、ことにⒶにいたっては瀬戸内海二三区中随一の高濃度である。それにもかかわらず総合指数が三〇〇に足りず、埋立て規制をまぬがれているのは、表に見る通り、COD汚濁流入度指数Ⓒが極端に低いからである。

COD汚濁流入度指数とは、工場排水や河川流入により運びこまれる汚染のことであり、〈周防灘南部〉区には沿岸工場も僅かであり、河川数も乏しいのである。これを逆をいえば、COD汚濁流入度指数を小さくするための政治的配慮によって、椎田町城井川からの線引きがなされたのだと疑わざるをえない。

われわれの常識に照らせば、もっとも妥当な線引きは、北九州門司区網ノ崎あたりから国東の長崎に向けて引かれるべきであろう。それがひとつらなりの弓状の湾入だからである。そうした場合、COD汚濁流入度指数は行橋から北九州に至る工場群と河川によって高値となり、総合指数三〇〇を超えるであろう

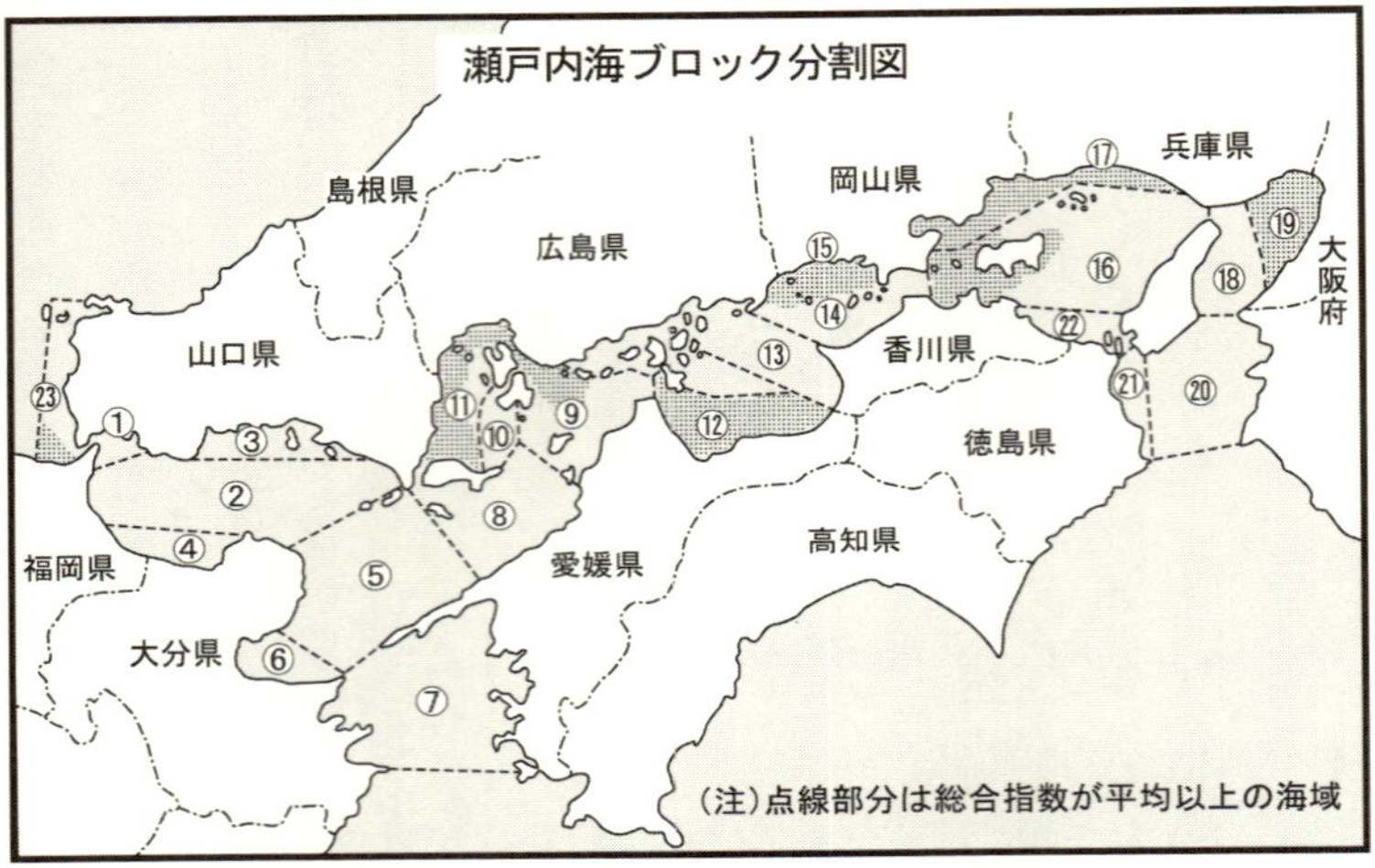

瀬戸内海ブロック分割図
(注)点線部分は総合指数が平均以上の海域

ことは明白なのだ。

つまり、一見もっともらしい数量化も、線引きの段階での政治的操作でどうにでもなったということなのだ。

考えてもみるがいい。周防灘南部はCOD濃度指数一四八であり、これは瀬戸内海一の汚染を意味する。一番汚れている海を、なおまだ埋立ててよろしいという結論に持っていったところに、総合指数の詐術がある。小児にも、かかる理屈は通るまいではないか。

数値ではないのだ。机上の数値で裁断してはならぬのだ。まず現場の生活を直視することだけで足りるし、それのみが判断基準であるべきなのだ。

では、豊前海の生活現実はどうか。哀しいかな、一部漁民はもはや獲れもせぬ貝掘りの免許を県に叩き返して、山陽新幹線工事に出稼ぎしているという実情がすべてを語っていよう。数値がどのような詐術を働こうとも、漁民の重い嘆きは消せぬ。

重ねていうが、公害問題で操作される数字は、我らからみて詐術以外のものではない。

第一、総合指数三〇〇以下を埋立て免許基準としたこと

海　域　別　状　況（島嶼部を除く）

BLOCK No.	海　域　名	COD濃度指数(A)	滞留度指数(B)	COD汚濁流入度指数(C)	総合指数(A)+(B)+(C)	A401〜 B301〜400
①	下関海峡東部	120	—	山口県側 8 福岡県側 29	128 149	
②	周防灘中央部	106	93	山口県側5　福岡県側56 大分県側 0	204　255 199	
③	周防灘北部	90	99	104	293	
④	周防灘南部	148	114	11	273	
⑤	伊予灘西部	85	61	大分県側 0 愛媛県側 0	146 146	
⑥	別府湾	128	75	86	289	
⑦	豊後水道	64	27	愛媛県側 4 大分県側 193	95 284	
⑧	伊予灘東部	78	66	山口県側 0 愛媛県側 59	144 203	
⑨	安芸灘	64	82	広島県側 207 愛媛県側 1	353 147	B
⑩	広島湾南東部	72	99	—	—	
⑪	広島湾	91	112	山口県側 941 広島県側 189	1,144 392	A B
⑫	燧灘	95	119	広島県側 6 愛媛県側 152	220 366	 B
⑬	備後灘	103	149	広島県側 40 香川県側 4	292 256	
⑭	備讃瀬戸	123	163	岡山県側 7 香川県側 5	293 291	
⑮	水島灘	131	171	128	430	A
⑯	播磨灘中央部	119	151	兵庫県側 6 香川県側 36	276 306	 B
⑰	播磨灘北部	132	129	兵庫県側 135 岡山県側 160	396 421	B A
⑱	大阪湾口部	77	77	兵庫県側 36 大阪府側 0	190 154	
⑲	大阪湾奥部	141	102	672	915	A
⑳	紀伊水道東部	86	49	132	267	
㉑	紀伊水道西部	53	63	141	257	
㉒	播磨灘南部	91	107	2	200	
㉓	響灘	102	—	山口県側 0 福岡県側 141	102 243	 B※1

に、どれほどの科学的根拠があったのか問い質したい。それは政治的妥協で引かれた一線に過ぎぬであろう。

そして何よりも許せぬのは、この答申の露骨なる意図が、「まだそれほど汚れてない場所は、その基準までは汚してもよろしい」ということである点だ。

わが国では、環境基準の設定が、「そこまでなら汚してもいい」という、むしろ免罪符的役割を果たしてきていて、それがわれわれの行政不信を高めているのだといっても過言ではない。

七三年六月一一日、米国連邦最高裁は次のごとき判決を確定せしめた。すなわち、「マスキー法は大気汚染地区に対して、大気浄化連邦基準の線まで汚染を減らすよう命じるとともに、現在まだ同基準よりきれいな大気をもつ地区に対しては、現状を維持する義務を課している」と。

これこそ至当な司法判断であろう。基準値までなら汚してもいいとする判断がまかり通るなら、日本中が総汚染されてしまうことになり、むしろそのような立法など無い方がいいのである。埋立て規制にみる限り、われわれはむしろ瀬戸内法の制定によってより悪環境に追いこまれたのであり、法律の無い方がマシだったのである。

ここで総合指数三〇〇を超えた海域は、大阪湾奥部や播磨灘、広島湾（山口県側）等々であり、いずれも既にオバケハゼの獲れる茶色の海である。播磨灘ではスクリューが巻き起こす水沫さえ白くはないという。今回の瀬戸内海埋立て規制答申は、内海全域がこのような茶色の海にまで近づくことを公認したにほかならぬ。

立法、行政が政治的力関係によってかかる亡国的施策に走るとき、厳正なる司法は政治的判断を峻拒して、あくまでも理に則り、住民の腑に落ちる裁判を本訴訟の中で果たしていただきたいと願う。

もちろん、本訴訟が行政訴訟でない以上、瀬戸内立法の可否や埋立て免許の取り消しなどを直接ここで裁断してほしいといえるはずもない。とはいえ、豊前火力建設が瀬戸内法や公水法に基づいて許認可され既成事実化されていくのであってみれば、建設の妥当性を係争する本訴において、裁判官は積極的に瀬戸内立法の内実にまで踏みこんでの、司法独自の理非に照らしていただきたいのである。

*

五月二五日、福岡県知事は九州電力からの埋立て免許出願を告示、出願文書の縦覧を関係土木事務所で開始した。

この縦覧が三週間なされたのち、県知事は免許を交付できることになる。ただし、〈告示ありたるときは其の埋立てに関し利害関係を有する者は縦覧期間満了の日迄都道府県知事に意見書を提出することを得る〉のである。改正公水法に新たに付加された手続きである。

これまで、出願文書の公開もなく、ただ地元市町村会や漁協の意見聴取のみで済ませてきた、いわば閉ざされた埋立て免許行政に初めて公開の原則を入れ、さらには背後地住民の声もとり入れた条項として、この改正公水法第三条の評価は高かった。

瀬戸際の私たちは、最後にこれに拠って埋立て阻止を闘おうとはかった。

土木事務所に幾度もかよって、出願文書や図面を精読したうえで会議をひらき、一六項目にわたる疑問点を列記した「豊前火力建設に伴う八屋地先埋立てに関する意見書」を作成し、これを副知事に手交したのである。（亀井福岡県知事は、決して私たちには会わぬ）

この意見書が問い質す一六の疑問点に納得のいく返答を出せぬ限り、まさか県知事は埋立て免許を出さぬだろうと信じていた私たちはまたしても甘すぎた。県知事は意見書など簡単に黙殺したのである。改正公水法第三条は、〈利害関係を有する者は……意見書を提出することを得〉とは定めているが、それを受け取った知事の返答義務までは定めていないのだ。一見民主的条項ともみえる法文が、現実の運用の中でこのように死文化され、私たちの期待を裏切っていく。

もはや埋立て免許が明日かあさってかと情報の飛び交う六月二〇日、私たちの環境権裁判第三回公判が福岡地裁小倉支部で開かれた。この法廷で私たちはどうしても問うておきたいことがあった。支援弁護士もいない私たちの裁判では、七名の原告がこもごもに立ち上がって被告九州電力に迫るのである――

梶原得三郎「裁判長、あの、一つ非常に重要な点について求釈明をしたいと思います。それは先ほど原告の一人がいいましたように、情勢としては、福岡県は公有水面の埋立て免許を明日にもあさってにも出しそうな気配です。で、それさえ出れば、九電側はいつでも着工できるわけです。で、まさに今埋立てられんとするという状況にあるわけです。ただわれわれとして非常に心配なのは、ゴリ押しでそういう工事を進めながら、本裁判の過程においてわれわれが勝訴した場合にその埋立てた所をどのようにして復元しようとしているのか、その具体的な工法を示してほしい。（そうだッ！　の声いっせいに傍聴席に起きる）われわれは第一回の公判の中で、一度埋立てられた海というものは、ほとんど復元不可能であるというふうに述べました。そういう心配が非常に強いわけです。いかに行政の権力を手中に収め、権力の専制をほしいままにする九電といえども、本裁判が被告の側の勝ちに終わるという安穏な考え方でおられるはずはないと思います。（そうだッ！　の声）もし負けた場合に、既に埋立て工事を進めておったその段階をどのようにして元に戻すのか、具体的な工法を示してほしい。それから、その工法の持つ問題点について、水質汚濁なり海底の生態破壊なり、そういうものについて、どういう配慮をしたのか、詳細に示してほしい。その点を釈明を願います。あのう、これは昨日の毎日新聞なんですけども、ちょうど同じ問題で、臼杵《うすき》の風《かざ》成《なし》なんですけども、大阪セメントが当時ゴリ押しで約五六〇〇トンの石を海に投入した。それが現在、漁民にとって漁に非常に大きな邪魔になってる。それがあります。で、簡単にそこだけ読んでみます。これは臼杵市議会の中で、ある議員が質問をした内容です。『日比海岸には、大阪セメント誘致で会社側は約五六〇〇トンの石を投入した。このため、船引き網、地引き網漁業が出来ず、市に対して六二〇〇万円の被害補償を要求している。漁民救済はどうするのか』というふうに市に質しているわけです。僅か五六〇〇トンの石でこれだけの問題を起こすわけです。そこらへんのことをちゃんと考えたうえで、釈明をしていただきたい。終わります」

裁判長「（被告側に向き）原告勝訴の場合ですね、復元の計画があるかどうかということです。どうですか？」

九電代理人「エー、被告は裁判の確定致しました状態については当然遵守したいと考えます。エー、しかし本件につきましては、かような結果になるとは全然考えておりません。その後のことにつきましては、会社としては具体的にはまだ何ら考えておりません」（傍聴席よりいっせいに怒号起きる）

梶原「裁判長、お願いします。ただいまの被告側代理人の発言は、この裁判はやる意味がないということです。当然被告側の勝訴に終わるということを考えておる。事後の対策を全く考えてない。裁判長自身に私の方からうかがいたいんですが、この裁判をやる意味を全く彼らは考えていない。そういう裁判を担当する裁判官として、ああいうことを許されるのかどうか、うかがいたいと思います」

裁判長「裁判所の立場としてはね、何ともいえません」

梶原「裁判長、少なくとも公平をいう裁判であるならばですね、原告側が勝つ可能性もある。最初は五分のはずです。で、彼らは最初から自分の側が勝つというふうに考えている。そして、事を進めながら尻ぬぐいは全然考えていない。それはわれわれの市民感情からすれば、許し難いことです。で、裁判所としては、仕方がないというような、それぞれが勝手に思いこむことだから仕方がないというふうに考えるとしてもですね、現実に海を埋めそれから発電所を建てて有害物質を出す被告の側として、そういうことは許されないと思うんです。その点をお願いします」

裁判長「どういうことですか？」

梶原「あ、あの、九電側のそういう考え方で本裁判に臨むことがいかんということで、つまりキチンとした、既に埋立てた所を復元する時の工法を今全然考えてないとすれば、今日からさっそく考えてわれわれに具体的に示してほしいということを指示していただきたい。お願いします。あの、われわれの求釈明に答えるように指示をお願いしたいわけです」

裁判長「それに対しては、今の答をどうとかいってもですね、現実にそういう答が出た以上、それ以上のことを、たとえば別の答をしなさいというようなことを裁判所がいったところで、しようがないでしょ。というのは、結局それだけのことしか回答が出ないわけですからね」

梶原「つまり、ただいまの私の求釈明に対しては、あの程度の釈明でよろしいということでしょうか」

裁判長「まあ、あれでやむをえないということです。（傍聴席騒然）静粛にしなさい！　大衆集会じゃないんだからね」

坪根侔「裁判長、あの具体的にですね、あの埋立てをおこなっていくわけでしょ。そして、この裁判もそれに並行して進行していくわけですね。その結果、裁判の判断があるわけです。裁判の判断が出た場合に、埋立てそのものがですね、違法で間違いであったという判断が出た際には、その違法であった埋立てのですね、元のですね、元に回復する工法を示していただきたい、こういう求釈明ですからね、それに対してですね、いやこれは当然勝つんだからね、その工法は考えてないという釈明自体は意味を持たないと思うんです。そのことは、だから工法について、そのどういう方法をとるのかという釈明が求められておるわけですから、それについては、こうこうこういう工法をとって現状に返します、そういう、あの答弁がですね、当然な私たちの求釈明に対する答弁だと思うんです。裁判長が、いや、これは当然当事者、あぁ被告側が勝つんだからね、工法は考えてないということで、果たして答弁であるのかどうかね、ま、非常に疑問に思うわけですが、今裁判長がおっしゃったように、それはそういう答弁だからいたしかたないということですからね、ま、そこらあたり十分に汲みとっていただきたいということです」

松下竜一「ちょっと一言付け加えますけど、今梶原原告がいいました、あの風成の例ですね、あれは御承知のように裁判を起こしました時点でですね……あ、私まあ『風成の女たち』という本を書いておりまして非常にあの問題は調べてるんですけど、裁判が起こりました時点で、あの裁判勝つと思っていた者は誰もおらんのです。この裁判とうてい勝つなんてことは思わずに始めた裁判ですね、あれ。が、現実に勝ったわけです。勝ったために差し止めになったわけです。しかしながら、その裁判の進行過程を無視して大阪セメントは海陸両方から強行着工したわけです。石を投げこんだわけです。で、あの美しい日比海岸を、海底に石の山を築いたわけです。幸いにして、それはまあ、僅か二日の行為で止まりましたけれど、九電の場合はそうじゃない。おそらくこのままいけば、ほんとに埋めてしまうだろう。そんな時点でわれわれが勝った時どうするんだということをいってるわけです。まさに身近な風成という遠からぬ所の裁判所の例ということを考えればですね、やはり今、梶原原告が求釈明として提出しました問題というのは、これはやはり誠実に答えてもらわんと、ほんとに裁判所の、こう何というか、責任使命みたいなものすら軽んじられるようなことになるんじゃないかという気がしてならんわけです」

梶原「非常にそこらへんの印象が強いわけです」

恒遠俊輔「求釈明に対して、なんかしゃべりゃいいちゅうもんじゃないやろ。何かしゃべりゃ、それが答弁になるちゅうもんじゃないでしょ」

梶原「裁判長、あの、同じことを何度もいうようですけどもね、裁判というのが始められた段階で片っ方が勝つという、その世評が非常に強かったにしろ、まあその一つの例として風成があるわけですけども、その世評をくつがえすような判決が出ることだってあるわけです。そこらへんを全く考えていない九電が、あのまあ、今の代理人の発言ではっきりしたわけですけれども、あまりにも無責任です。海を埋立てて有害物質を出す発電所を建てようという企業にしては、あまりにやり方がズサンです。で、あのむしろ私が問題にしたいのは、先ほどの被告側代理人の一人が立ち上がっていいました、その、この裁判は自分たちが勝つというふうに考えるんでそこらへんの心配はしてないと、この発言は、あの、先ほど私指摘しましたように、本裁判の意味がないというふうになるわけです。はっきりいえば、そういう態度で本法廷にのぞむことがわれわれとしては、やっぱり許せないわけです、市民感情として。で、少なくとも、この裁判を裁く立場におられる裁判長としては、それはやはり、あの、許しえないことであろうと、あの、私は考えるわけです。で、少なくとも法廷内で——法廷の外で勝手にいうのは構いませんけども——法廷の中でそういう裁判蔑視、司法蔑視の発言をすることは、あの、許さないでいただきたい。で、そこからわれわれの求釈明に対して誠実な釈明をするという姿勢が出てくるわけです。その点をお願いします」

裁判長「考えてない、ないことを何かとやかくいえといっても、しようがないでしょ」

梶原「ですからね。あの、今そういう工法を考えてないとすれば、今日まで考えてこなかったとすれば、あの、さっそく検討を始めて、何月何日までには釈明が出来ますと、そこまでの約束ぐらいはほしいわけです」

肝心な被告九州電力をさしおいて、裁判長との噛み合わぬ問答に、私たちの苛立ちと不信は深まっていく。

もはや行政にも司法にも期待できぬと、みきりをつけた私たちに残されているのは、自らの身体を楯としての着工阻止行動以外にない。

私はへたな筆字で、機関誌「草の根通信」（第18号）の表紙に「檄」を書く。

権力の暴戻《ぼうれい》跋こして
ぶぜんの空昏し
一軀《いっく》ほむらと化して
坐らん明神汀

だが、着工が海上からだとすれば、いくら身体を楯として明神海岸に座り込んでも、阻止行動にはなりえまい。船がほしい。せめて一隻の船がほしい。私たちは沿岸を訪ねまわったが、埋立て反対派に船を貸そうという豊前海漁民はついに一人も見出せなかった。既に手にした僅かな補償金への漁民の義理は固かった。

六月二五日午前九時、亀井光福岡県知事は知事室に永倉三郎九州電力社長を招き、豊前火力発電所建設に伴う明神地先公有水面三九万平方メートル埋立て免許を交付。

九州電力は翌日の着工を表明。

第二章　殺されゆく海

海戦

小さな焚火の揺らめく炎に照らされながら、私たちは地べたに広げた一枚の図面を囲んでいる。その背後からもうとっぷりと海岸の夜は暗く、その暗がりはけじめもつかぬ海の奥処《おくど》から押し出してきて、この小さな海岸を浸し尽くしているようだ。

図面は、海岸背後の九州電力築上火力発電所を粗く描き込んだもので、その図上の幾点に細かな石屑が落とされているのは、翌日の包囲態勢の人員配置のつもりである。

ついに一隻の船も持ちえぬ私たちは、海上阻止行動を諦めざるをえず、焦点を陸上の築上火力発電所にしぼることに決していた。構内で起工式がおこなわれるのではないかという情報がしきりに流れて、さればその粉砕をめざそうというのである。九州全体に君臨する九州電力株式会社が、少数な反対派の妨害を恐れて起工式を見合わすとは考えられなかった。翌日は暦の大安である。

明神海岸の背後地を大きく占有するこの築上火力は石炭専焼の発電所（一四・五万キロワット）として五一年に稼働を始めたが、既に三年前頃から老朽化を理由に運休施設となり、今その門には「豊前火力発電所建設所」の新たな看板がかけられている。数日前からこの構内を囲んで六〇〇本ものおどろな太クイが打ち込まれ有刺鉄線が幾重にも張りめぐらされていることをみても、この構内で何かがおこなわれることの警戒態勢だと考えざるをえなかった。

私たちの作戦は、構内に至る四カ所の入口と、さらには海上工事の出発点となるはずの遥かな宇島《うのしま》港に人員を配置して、監視態勢をとり、いざどこかで何かが起きればそこにどっと集中するということであった。だが、その態勢を十分にするには、この夜焚火を囲んでいる人数では少な過ぎた。遠くから駆けつけている支援学生十余名と、隣市である大分県中津市から来ている私たち七名に過ぎないのだ。この緊迫の前夜、地元豊前の市民が一名も海岸に駆けつけてないところに、既に二年余を闘ってきた豊前火力建設反対運動のいいしれぬ苦悩があった。

夜更けて新聞記者が訪れ、新しい情報を伝えた。翌早朝、築上火力構内に二〇〇名の九電社員が白ヘル姿で集結する予定という。つい数日前の玄海原発核搬入の時に登場した九州電力自慢の自警団であろう。既に幾度の九電本社交渉で、私たちを押し出し突き放つ九電社員の激しい忠誠心はよく知っている。それだけに、二〇〇名が一気の排除に押し出してくれば少数な私たちはひとたまりもあるまい。いや、深夜の闇にまぎれて今夜にも急襲されるかもしれぬ。この小さな海岸は築上火力の広い構内を間に置いて、人家からは遠く隔たっているのだ。

緊張は高まった。

だが、今さら頼むべき援軍のあてはない。

中津勢七名は、この夜いったん帰って翌早朝出直してくるつもりであったが、事態の急変に備えて私と野田君（太、二三歳、公務員）が残ることにした。帰って行く得さん（梶原）からジャンパーを借りて着こんだ私はそれでも薄寒くて、好子さん（成本、二四歳、歯科助手）の黄色の上着まで借りて着こんだ。

六月も終わりに近いのに、海岸の夜がこんなに冷えるとは意外だった。

やがて焚火も果てて、熾だけが闇の中に紅く息づき、学生たちはテントにもぐりこんだ。私と野田君は、彼らから借りた一枚の毛布を持って、厳島神社の背後にある吹きさらしの網干場に寝た。床が汚れているので、隅にうず高く積む魚網を背にして寝たが、太く固い網が時間とともに背に喰いこんできた。

いつもは潮騒の淡いこの海も、午夜を過ぎてのしじまには、さすがに耳につく。冷えこみは一層増して、私は「海を殺すな！」と染め抜いたゼッケンをもう一枚胸に締めてみたが、その布地は寒さ防ぎには薄すぎた。

これではとても眠れぬと思いながら、それでも浅い眠りに落ちていたらしい。


車の音に目覚めると、もう薄明の明神漁港に漁師たちが集まりつつあった。

この狭い海岸の西の端が小さな漁港――というよりは船溜りで、もう出漁していく船のエンジンが響き始めている。どれも小さな船で、遠くまでは行かない。遅れた漁師が、起き出た私の前を過ぎて行くが、声を掛けることはない。松の木に張り渡した「豊前火力絶対阻止」の横幕にちらりと目をやりながら、黙って過ぎて行く。

日の昇る前の海が、いま乳色にしらんで凪《な》いでいる。

この静穏な海で、今日本当に何かの修羅場が演じられるのだろうか。乳色の海の果ての淡い青さが、空との境と見えて、起きぬけの眼を細めつつ、私は渚に立ち尽くした。

一台の自動車が到着した音に振り返ると、意外にも杖をついた人が降り立った。気付いて、私は声を呑んだ。浜元さん！　水俣病患者浜元二徳さん。

「まだまだ日本の企業は、これでも人間を痛めたらんごたる……」

眼前の海に向かって、吐息のように浜元さんはつぶやいた。

前夜のニュースで今日の着工を知り、支援者に頼んで徹夜で自動車を飛ばしてきたという。昨年会った時よりも、もっと不自由なあゆみになったようにみえて、私の心は痛んだ。

杖にすがる身体で、遠い水俣から心配のあまり駆けつけて、今豊前の海岸に立っている人のことを、この時刻まだ眠りに沈んでいるであろう豊前の全市民に叫びかけたい衝動が突きあげる。

さすがに疲れたといって浜元さんが車中で仮眠を始めた頃、宇島港の中空に低くなびく雲から朝日が輝き始めて、いつか薄青く変貌している海に紅い反射が映えていった。

今日埋立て作業の区域内となる岸寄りの海で網をたぐっている船が見える。さっき出て行った明神漁港の船のうちの二隻だ。

あなたが今、網を引き揚げているその海が完全になくされようとしているのですよ、それを必死に防ごうとしている私たちに、なぜあなたはその船を貸してくれないのです――憤りと哀しみで、訴えたくなる。

午前七時、この日有給休暇をとった得さんたち中津勢も出てきて、私たちは網干場を本部に定めて、築上火力各入口の監視に散って行った。互いの連絡は、得さんの単車が一台で駆けまわることになる。

ふと仰げば、火力発電所の高い建物の屋上に既に幾人もの九電社員が陣どり、双眼鏡で私たちの動きを見おろしている。よほど早暁に集結したのか、構内には白ヘル姿の九電社員が数多くたむろし、トランシーバーで連絡をとり合いつつ、態勢は万全とみえた。正門をはじめどの入口も固く閉ざされている。

午前九時を過ぎる頃、地元豊前市の地区労組合員が次第に海岸に集結を始めた。「豊前火力誘致反対共闘会議」(豊前市を中心に関係地区労により構成)の動員である。報道陣の車も次々と乗り入れて、狭い海岸に人が溢れる。

潮が満ちてくる。

午前一〇時二〇分、宇島港の西側防波堤（通称一文字護岸）の陰から一隻の船が出てくる。小さな船で、最初は漁船だと思って見過ごした。二隻、三隻と出てきて、アッ測量船だと気付く。双眼鏡の焦点をしぼると、船上にたくさんの青ヘル作業員が見える。さらに現れた一隻には、測量用の赤い旗竿が満載されているのが肉眼でも見える。

始まったのだ！

どよめきが起きて、皆海岸のへりに駆け寄って海上を凝視する。

船の動きに気をとられているうちに、いつの間にか、海中に突き出した一文字護岸の上に測量機が据えられ、数人の測量技士が現れている。測量は、海上に立てられる赤旗を二カ所の測量機で三角測量していくはずだ。もう一点の測量機はどこだろうと海上を探すけれど見あたらぬ。あそこだッと叫ぶ者があって振り向けば、背後の築上火力の高い屋上に確かに測量機らしいものが据えられている。遥かな距離からトランシーバーで交信しあっての測量だろうか。その屋上には、もう二〇人ぐらいもの人影がたむろしている。

船を持たぬ私たちは、茫然として沖をみつめている。もし一人一人の視線が矢を放つなら、この小さな海岸から幾百の怒りの矢が海上の測量船をひゅうひゅうと襲っていったろう。

だが、海上では妨げる者もないままに、次々と赤い旗竿が立てられてゆく。

新聞社の飛行機やヘリコプターが低く旋回して轟音を降らす。

午前一一時、共闘会議代表団が築上火力に行き岩瀬建設所長に面会を申し入れるので、私たち「環境権訴訟をすすめる会」からも代表を立ててくれということになり、私は宣伝カーに乗り込んだ。

その時、船体を傾けるようにして、大漁旗を飾った一隻の漁船が海岸めざして疾走してくるのが見えた。双眼鏡で船名（ＯＴ３―２０８６）を読みとった時、歓びが突きあげた。

真勇丸！

全速力で近づいてくる真勇丸の舳先を双眼鏡で見据えれば、おお、海岸に向けて手を振っているのは、西尾勇さんと上田耕三郎さんだ。

佐賀関《さがのせき》から応援の船が来たと、皆に知らせてくれと、私は叫んだ。直ちに共闘会議の宣伝カーが告げ始める。

「皆さん。ただ今、遥かな佐賀関から支援の漁船が到着しました。拍手で迎えて下さい。佐賀関の同志が船で駆けつけてきました」

真勇丸が私たちのたむろしている海岸の西端に突き出している明神鼻防波堤に接舷していくのを見届けて、宣伝カーは築上火力の方に向かった。私は残りたかった。残って真勇丸に駆け寄りたかった。

私が真勇丸の到着に歓喜したのには理由がある。

佐賀関――大分県北海部《きたあまべ》郡佐賀関は速水の瀬戸、別府湾を漁場として〈セキの一本釣り〉で知られる著名な漁の町である。この町が、ここ数年激しく揺れ続けている。

新産業都市大分は、別府湾の一部を埋立てた第一期計画を完了し、第二期埋立てをさらに東へ東へと延ばして、それは必然的に佐賀関漁場を脅かすことになった。立ち上がりはやや遅れたが、いったん立ち上がった漁民の抵抗は熾烈であった。七一年一二月三日、風速一五メートルの波浪をついて二五〇隻の海上デモを敢行した関《せき》漁民は県庁に押しかけ、大分県知事を取り囲んで二期計画反対決議文を読みあげた。だがその後、賛成派漁民も動いて、大きな漁協はまっぷたつに割れて賛否が拮抗し、漁協総会は流会に流会を重ねた。

埋立て反対派の漁民同志会会長が若い漁師西尾勇さんである。彼がおやじと呼んで慕う上田耕三郎さんは漁師ではないが、西尾さんの陰にいて、その機略で同志会の作戦に関与し続けて、良きコンビをなしている。

圧巻は七三年六月。佐賀関漁民は九〇人が大挙して上京、警視庁の制止を無視して堂々と白昼の銀座に大漁旗をかざしてのデモをおこない環境庁に押しかけた。あわてた大分県知事は、ついにその日、二期計画埋立ての中から佐賀関に近接した八号地を中断すると発表せざるをえなかった。

さらに彼らは、日本鉱業佐賀関製錬所からのヘドロによる湾内の重金属汚染が明らかになるや、無数の漁船をもって海上封鎖し、「金は一銭も要らぬ、湾内を清掃して返せ」という要求を突きつけ、土下座した所長はついにそれを呑まざるをえなかった。漁民闘争が、とかく金銭補償交渉にすり替えられていく慣行の中で、「金よりはきれいな海を」要求しての海上封鎖作戦は、たちまち〈佐賀関方式〉として全国に響き、その後徳山湾その他の海上封鎖作戦に影響を与えていったのである。

大分県の東と西の端ながら、私は西尾、上田両人と互いの反公害闘争を通じて知り合う仲であり、その卓抜な行動力に畏敬を抱いていた。

その二人が愛船を駆けつけてやって来てくれたというだけで、心強い歓喜が突きあげたのは当然であった。

海岸を去って築上火力正門に移った私は、真昼の豊前海明神地先に展開された壮快な海上戦を目撃することは出来なかった。

洋上攻撃は午前一一時五〇分頃に始まったという。海は満ち渡り、波は静かであった。明神鼻防波堤にばらばらと駆け寄った支援学生ら二〇名近くが飛び乗ると、真勇丸は直ちに洋上の船団に突入していった。

岸から僅か三〇〇メートル沖合の洋上では、既に測量も終えて、二隻の巨大な鉄鋼船がクレーンで捨石作業に入っていた。小さな真勇丸（四・九トン）は、まず作業指揮船「ふじ」（一三・七トン）に激突するように左舷船尾に接舷していき、数名が高い甲板によじ登って移乗していった。この船には豊前発電所建設所土木建築課副長が乗っていて、トランシーバーで築上火力屋上と交信しつつ全作業船の指揮にあたっていた。学生たちはこのトランシーバーを奪い取り指揮系統を遮断したのち、命じて「ふじ」を捨石作業中の第五内海丸（一九八・四二トン）に接舷せしめると、全員がこれに移乗していった。

彼らは口々に「海を殺すのか！」「無法な捨石作業はやめろ！」と叫んでクレーン運転室に迫ったが、九電の下請けとして雇われてきている彼らは、このような抗議行動は覚悟していたふうで、おとなしく作業を中断した。得さんは、グリスでねとねとするクレーン・バケットに登って、ワイヤーにすがりつくようにじっと座り込んだ。

この船には報道記者まで乗り込んできて、バケットの上に座り込んだ得さんはテレビの現場インタビューまで受けてしまい、さも闘士的行為をしているかのように取材されつつ、「しかしそん時のわしん内心はビクビクで……乗組員がみんなおとなしいのにホッとしていたもんなあ」と、彼らしい本心をあとで洩らした。作業員の中には、「あんたたちも大変じゃなあ」と同情的に話しかけてくる者もいた。

一方真勇丸は、もう一隻の捨石船第二関海丸（一九九・四八トン）にも接舷し、これにも数名が乗り移り、同船の捨石作業は中止された。

このあと明神鼻突堤に引き返した真勇丸はあらたに学生らを乗船させると、沖合で待機していた十数隻のクレーン船に突入していき、これらを完全に追い払った。

「みるみる眼の前ん海を掃除してしもうた――そげなん壮快さじゃったなあ」

海岸に立ち尽くす者たちが見惚れるほどに、小さな真勇丸の敏捷《びんしょう》な操船ぶりは、さながら船が生きもののように見えたという。

午後一時一〇分、ついにこの日の海上作業を断念した九州電力は中止指令を発して、船団はいっせいに苅田港へと退いていった。

築上火力正門での、岩瀬所長を出せ出さぬのだらけた交渉から抜け出た私が海上のことを気づかって戻ってきた時、既に海戦は終わって、真勇丸は明神鼻突堤の内側に接舷し、西尾、上田両人はまだ甲板上にいた。

近づいて行く私に気付いた二人が、突堤にあがってきて、「やあ、大変じゃなあ」と笑いながら頭をさげた。白い戦闘帽が、いかにも海の男らしい。

「本当にお世話になりました」

私は深々と頭をさげた。

「なんの、わしら自分が来たいから来たんで、あんたがなあも気にするこたぁねえんで。それより、わしらが来て、かえって迷惑じゃなかったろうなあ」

二人のそこまでの思いやりに、私の胸は熱くなる。

聞けば、午前三時に佐賀関を出港したという。国東の姫島沖でタチ魚を釣るつもりで出たが釣れないので、にわかに思いたって豊前まで走ったが、初めての海域で途中分からなくなり、中津沖で遇った漁船に宇島港への海路を尋ねたら、「お前ら埋立て反対に行くんじゃろうが、そげなんこつして何になるか、いねいね！」とどなり返されたという。もし急ぐんでなかったら、「俺はあいつを海ん中にちちこんでやったんに」と、上田さんは憤った。

いったい、豊前海の漁民は海を滅ぼされることについてどう思っているのか、というのが上田さんたちの呆れるばかりの疑問であり怒りであった。

「こん明神の突堤に船をつけようとした時も、あん漁師たちがなあ、なんかガタガタいいやがるんで、何をッ貴様ちゅうたら黙ってしもうた……」という。明神漁港の船溜りには、今も幾人もの漁師がたむろして見物をきめこんでいる。私たち反対派には船を拒みながら、作業員や機具運搬に漁船を出した者もいる。報道陣に船を貸し切った者もいるのだ。

「それじゃ、遅うなるけん、わしらもう帰るけん、がんばらんせや」

二時過ぎ、真勇丸は突堤を離れ、私たちはいつまでも手を振り続けた。

海上が掃討され、焦点は陸上の築上火力正門に移った。予想されていた起工式の様子はないままに、午前一一時に始まった共闘会議代表団による岩瀬建設所長への面会申し入れは、正門守衛を相手にいたずらに押し問答を繰り返すのみで、鉄扉は固く閉ざされ、内側から閂《かんぬき》は太い角材で補強されていた。この正門から五〇メートル先には既に機動隊が待機し、私たちのまわりにはたくさんの私服刑事が8ミリカメラを構えてうかがっている。

海上作戦の思いがけぬ勝利に勢いづいた学生たちが正門にどっと戻ってきて、鉄扉を激しく揺すぶり始めた。あわてた九電社員もどっと内側に駆け寄り防戦を始めたが、ついに怒りの力の結集はこの正門鉄扉を押しひらき、私たちはすかさず構内玄関に隊列を組んで座り込んでいった。

「海を殺すな！」「岩瀬所長出てこい！」「機動隊を呼んだのは誰だ！」「イヌどもは帰れ！」

座り込み部隊は支援学生と中津勢で五〇名ほど。その後方には地元豊前市の高教組の若い先生たちが座り込み、激しいシュプレヒコールを放ち続ける。私たちの前には、多分選り抜きの屈強な九電社員自警団が立ちはだかり、対峙し続ける。その中には、既に福岡の九電本社交渉で見かけた顔なじみもいて、私たちの憎しみをつのらせる。

午後五時を過ぎると、地元地区労組合員も勤めを終えて集結を始め、私たち座り込み部隊の背後の人員はふくれあがった。

ようやく日がかげり始めて、「ただ今から正門を閉じますから構内から退去して下さい」という看板を掲げる九電自警団に、私たち五〇人はデモ態勢を組むと激突していった。その瞬間、ばらばらと駆け寄った私服刑事が8ミリカメラを構え、さらには脇から私たちを足蹴にし、それに反撃しようとすれば、「こいつだ、こいつを逮捕せよ」と列の外に引き出そうとする。機動隊も駆けつけたが、高教組の先生たちが抗議して門前でくいとめる。

少数な私たちはついに押し出されて、鉄扉は再び固く閉ざされた。もう日は暮れていた。

海岸に引き揚げた私に、新聞記者がつきまとって、今日の感想を問いかける。

「どうですか、今日はすばらしい成功だったんじゃないですか？　海上のゲリラ作戦は、九電も予想していなかっただけに、色を失っていましたよ」

「――着工という既成事実は作られました。そうである以上、成功などといえますか」

私は怒ったように答えた。

今日の行動を省みるより、私にはまだ夜のうちにせねばならぬことがあった。ふくれあがった支援学生たちの宿舎探しである。

海からの風になぶられる細紐を、放心したように指にからめていて、それがいつの間にか荒く裂けた自分の胸のゼッケンの紐だと気付いて、私の疲労はにわかに濃くなっていた。

機械の側に立つ視点

翌二七日は冷たい雨に明けた。

容赦なく降りこむ小さな網干場に集結して、まずビニールの簡易雨合羽を買いに走ることから海岸の行動が始まる。

この日、私の装いは珍妙だった。

雨よけに大きな麦藁帽をかぶり、首には手拭いを巻きつけ、合羽を持たぬままに妻の黒い女物レインコートを着こみ、その上からゼッケンを胸に締めていた。足はゴム長、手にはまっ白い軍手。

学生たちに勧められてその軍手をつけるとき、私にはひそかな羞恥が動いた。多分学生たちにとってはデモの隊列の中であらわな手を傷つけないための慣れた装いであろうが、そんな体験もない私には、この白い軍手をつけることすら不似合に思えて気恥ずかしかった。私には、自分がおよそ行動型ではないという根深いひけ目があって、それは幼児の頃からの極度な虚弱体質から形成されたひけ目に違いなく、そんな自分がさも行動者らしい装いをすることにまず自身でひそかに照れてしまうのだ。こうして学生たちと行動しつつ、私にはふいと孤りの思いが湧くときがある。

あっ、巡視艇だ！

双眼鏡をのぞいていた者の鋭い叫びに、いっせいに海上を見やれば、降りけぶる沖に灰色の細身の艦船が五隻、さらに沖には大きな艦隻が一隻見えて、あれは巡視船だと双眼鏡が確認する。

いまし彼らは散開し、みるみる海岸線と平行に一線に等間隔に並び、さながら海岸の私たちに対峙して戦線を展開したかのように威圧的な配置をつくる。

「ケッ、大げさな真似しやがって！　たった二〇人ぽっちの反対行動が、そげえおそろしいんか！」

「やっぱり、とうとう露骨に国家権力が出てきよったなあ」

この日、私たちにはもう支援の船は来ないとわかっていた。前夜深更、佐賀関港に帰り着いた西尾さんから電話があり、「どうな、明日も必要なら応援に行ってもいいんで。遠慮せんすなよ」といわれながら、もうこれ以上の支援をおことわりしたのだった。既に二六日の海上戦に関して門司海上保安部が威力業務妨害の疑いで捜査に入ったと、新聞記者からの情報が届いていたのだ。

果たしてこの朝のおどろな艦隊は、まさに電力資本と国家権力の合体を示して、その弾圧示威は露骨すぎる光景である。

海上攻撃を放棄した私たちは、築上火力の入口を監視し、昨日に引き続き陸上作業用資材搬入阻止に焦点をしぼって、散っていった。

午前一一時、いったん海岸に戻ってきた私は茫然とする。

この狂暴な光景！

海岸から三〇〇メートルたらずの沖合に一八隻の巨大な鉄鋼船団が打ち並び、今やそれらが高く突き出すクレーンを振り回しながら、その先端の大きな鉄爪でつかみあげた砕石を無造作に海中に投石しているのだ。クレーンが回転するたびに、クィーッ、キーッ、キーッと不吉な金属音がきしみ、船底の砕石をつかむ時のガガッ、ガッシャーンという濁音、さらにエンジン音が交錯して、すさまじい喧騒が海岸を包んでいる。

鉄爪がひらき切って砕石が海中に飛沫をあげて落とされていくたびに、その方向に船が大きくかしぐ。砕石を放した瞬間の、ひらき切った六本の鉄爪の獰猛な形状に、私は悪感をおぼえる。

打ち並ぶ一八隻の船それぞれ、右に投石するものも左に投石するものもあって、その不調和がかえってまがまがしさを誘う。もう渚には茶色の濁りが寄せ始めている。

降りしきる雨の中で、私たち二〇人たらずは海岸に集まり、沖の巨大な船団に向かって怒りのシュプレヒコールを放つ。

　海を殺すな！

　ふるさとの海を奪うな！

　海が泣いてるぞ！

血を吐くような私たちの絶叫を、背後で機動隊と私服が何やら指差して薄笑いしているのをみつけて、私はマイクを握った。

「今薄笑いしているお前たち！　お前たちはそれでも人間の心を持っているのか。こんな光景を眼の前にして、お前たちに心の痛みは少しも湧かぬのか。必死に叫んでいる私たちを薄笑いするお前たちを、もはや私は人間の仲間とは思わぬ。お前たちはそうして笑っているがいい。やがて歴史がお前たちを裁くだろう。……私は……私は、今日のこの豊前海のくやしい光景を一生忘れないだろう」

叩きつけるように叫ぶうちに私の思いは激して、涙は湧いてやまなかったが、それは顔に打ちつける間断ない雨にまぎれていった。

海を殺すな！

海が泣いてるぞ！

俺たちの海を返せ！

巨大な機械力を駆使しての九州電力の圧倒的な力の誇示を前に、私たちの遠吠えがふとくずおれるほどに無力めく。

「ぼくはもう、土木工学にはいよいよ絶望してしまう」

激しいシュプレヒコールの音頭をとっていた坂本紘二君（三〇歳）が、興奮で蒼ざめた表情で、自らの学問を厳しく突き放す言葉を吐く。彼は九州大学工学部土木の助手であり、この眼前の工事を支える学問に身を置くはずの人間なのだ。

「この巨大な機械力を前に、ぼくは正直いって圧倒されてしまうよ。しかも、この巨大さが容赦なく自然を破壊していくんだから……いっそ土木工学の進歩なんかない方がよかったのかもしれない……」

そうなのだ。常に開発する側が駆使するのは、このように巨大な近代機械による威圧なのだ。このような機械力を前にすれば、一個の人間のなんと弱々しく無力なことか。

力が正義なりとするなら、さながら巨大機械こその巨大さゆえに揺るぎない正義となり、その前で心情を尽くして反対を叫び続けるひ弱な一個人は、もはやめめしい卑怯者のごとくみえて、自らの中にさえたじろぎが生まれるほどなのだ。

おそらく機械の側についた者たちには、そのような眼でしか私たちが見えていないことは確かであろう。機動隊も私服も九電社員も、海岸に座りながらしかし明らかに機械の側の視点で私たちの無力な絶叫を薄笑いしたに違いないのだ。

ともすれば、その圧倒的な光景にくずおれそうになりながら、祈りのように私は心中につぶやき続ける――

強靭な意志を、強靭な意志を。小山のような機械とも対峙して、なお揺るがぬほどの屹立した意志力を……

新聞記者が寄ってきてささやく。

「そこの明神漁港で見物している漁師さんたちにこの光景の感想を聞いてみましたがねえ……ひどいもんですよ。こげなんおもしりいお祭りは初めて見る、学生たちがもっと派手に暴れてくるっと、もっとおもしろなんのんになんていってるんですからね。いやもう、どうしようもありませんね」

傍若無人な捨石で汚され傷ついていく海が、それでも繰り返す奥深い生理のように、ひたひたと潮は満ち渡ってくる。

午前四時、小雨の中を最初の逮捕者が出た。

現場は築上火力の裏門で、海岸に近い場所でのこと。私もそこにいて、一部始終を目撃している。

その時刻、裏門の監視座り込みにいたのは八人ほどだった。火力構内裏門あたりにはなぜか九電社員が多くたむろしていて、いかにもこの門から搬出でも始まりそうな気配で、私たちもこの裏門には多くを配置していたのだ。中の九電社員は挑発的で、私たちに8ミリカメラを向ける者もあった。

学生の一人が、そんな社員に向かって、有刺鉄線を握って怒りの叫びを投げつけていたが、長年の潮風に朽ちていたのか、もろくも鉄線はちぎれてしまった。手でちぎれた鉄線に当人も呆れ、私たちも大笑いしてしまった。

同じく、裏門の板戸を足蹴にして憎しみの声を放っていた学生が、これもまたあっけなく板の一枚を蹴はずしてしまった。釘が朽ちていて抜けてしまったのだ。

ますます大笑いしていた時、一台の自動車が駆けつけ、私服刑事五人が飛び降りてくると、追っかけるようにして護送車も到着し機動隊がばらばらと降り立った。私服刑事は、ちぎれた鉄線と蹴はずされた板戸一枚に8ミリカメラを向けるとともに、内側の九電社員たちに、「どいつがやったっ!」と叫ぶ。

「よし分かった、その青いヤッケと、ビニール合羽のそいつだッ! 器物損壊現行犯で逮捕する」

私服刑事の指呼に従い、いっせいに襲いかかる機動隊から二人を守ろうとスクラムを組んだが、たちまち二人は激しい力で引き抜かれていった。護送車に放りこまれ連れ去られるまで、ほんの短い出来事だった。

手でちぎれた有刺鉄線、足蹴ではずれた板一枚、それは緊張した見張りの私たちの大笑いを誘った冗談ごとだったのに、あっという間に悪夢のような凶事に変えられてしまったのだ。(のちに知ったところによれば、築上火力構内にも屋上にも私服が配置されていて私たちは監視されていたのだ)

「誰が切ったといったんですか! こんな腐れかかった鉄線は風でちぎれたんですよ」

くやしさに唇を震わせて狩野浪子さん(四二歳、公務員)は私服に迫った。

「ほう、今日の風はそんなに強いんかね」

多分、豊前火力反対運動の専従担当らしく、福岡でも小倉でも私たちの行く所には必ずつきまとう小男の私服刑事があざわらった。

逮捕を正当化するように大げさな現場検証が続き、その間機動隊は居残って私たちを威圧し続ける。警察にしてみれば、どんな口実でもいい、誰でもいい、最初の逮捕者をつくることによって私たちの執拗な反対行動を阻喪させようとねらったことはまぎれもなく、それは見抜きながらしかし動揺は激しかった。

降りしきる雨の夕べ、私たち二〇名ほどは豊前警察署に二名の釈放を要求して駆けつけた。既に玄関には署員と機動隊が立ちふさがり、私服がカメラを構えている。中に入れぬ私たちは退去威嚇に耳を貸さず、彼らの前で抗議の叫びを繰り返した。瘦せ果てて四三キロの猫背の私は、シュプレヒコールの指揮をとりつつ、その叫びは怒りに猛っていた。

同志二名を返せ！

デッチあげ逮捕をするな！

同志二名頑張れよ！　われわれが表に来ているぞ！

海を殺すのは誰なのか！

二人の釈放はついにならずに、もう暮れ始めた豊前の町を、私と好子さんはシャツを買いに歩いた。濡れてつかまった二人への差し入れである。

ついそこの海岸で展開されている修羅の光景も知らぬげに、夕暮れの町の人々は平和にみえて、店を探しまわる私たちの寂しさは深んでいった。差し入れに行くと、完全黙秘の二人は、既に「豊前一号、豊前二号」と名付けられていて、それは豊前一号機、豊前二号機という豊前火力発電機名を連想させて皮肉だった。

海岸に戻ると、潮の退き始めた海中に、もう捨石による幾つかの小山が頂をのぞかせていた。

この夜、午前一時まで私たちの重苦しい対策会議は続いた。

この日、福岡市の西鉄グランドホテルで瓦林潔九州電力会長の叙勲祝賀会がひらかれていたことを、翌朝の新聞で私は知った。永年の電力業界での功績に対して勲一等瑞宝章が与えられたのだという。

九州・山口経済連合会会長として、九州の開発推進本山である瓦林九電会長こそ、このふるさとの海を殺す元凶であり私たちの憎しみの対象である。九州への企業進出を「電力は余っていますから」と全国に向かって呼びかけ、そのことによって電力需要を自ら開拓しながら、私たちの家庭に向かってはさも電力危機のごとき恫喝をかけ続けることで発電所建設を押し切ってきたのだ。

祝賀に駆けつけた亀井福岡県知事は、「玄海原子力、豊前火力と、最近発電所の建設が相次いで前進した。今後とも九電は勇気を持って発電所の建設を推進し、五二年夏の電力危機を乗り切ってほしい。今後とも九電の電力供給には全面的支援を惜しまない」と激励の挨拶をしたと新聞は報じている。まさに、豊前火力問題での経過の中で、亀井知事のとり続けた異常なまでの九電加担は、この挨拶を字義通りに裏書きしていた。

この記事を読みつつ、私には不意に、その祝賀会に集まっている者たちの一人一人皆、巨大機械の側に立ち、機械の力を己が威力と錯覚している集団だと思えるのだった。彼らはおそらく、その祝賀会の場の談笑で、明神海岸にたむろす僅かな人数の徒手空拳の無力なあがきを、巨大機械を背景とする視点で見くだし、「どうも分からん連中ですなあ」と鷹揚に頭を振ったことであろう。

分かるものか、お前らに分かるものか。雨に濡れながら夕暮れの町を同志の差し入れのシャツを買い求めて歩きまわっていた時の〈人間の心〉が、機械の側に身を置くお前たちに分かってたまるか。祝賀会の写真の載る新聞を前に置いて、いいしれぬ怒りがこみあげていた。

二九日正午、二人の学生は完全黙秘のまま小倉拘置所に移されていった。新聞によれば、いつの間にか鉄線切断個所は四カ所にもふえ、さらに住居侵入未遂の罪名まで付け加えられて、事実を目撃しているだけに、私には権力がその恣意のままにデッチあげを拡大していく過程が丸見えで、今更に権力の正体に恐怖が湧く。

この日の午後、海岸では愉しい作業が続いていた。環境権訴訟の原告恒遠君らを中心に豊前高教組の若い先生たちが団結小屋を作り始めたのだ。小屋そのものは既に海水浴場の休憩場があって、それを利用して「団結小屋」の看板を掲げ、檄文を大書した大きな立て看板、「抗議座り込み」の看板などを作製して、これからの座り込みの決意を示す雰囲気づくりをしたのだ。

明神海岸はもともと海水浴場なのに、昨年〈明神漁港の整備作業にダンプが出入りして危険なので海水浴場を禁止する〉という豊前市当局名での掲示が出されて、工事そのものは早く終了しておりながら、今もその禁止の掲示板は海岸に立てられたままで、明らかに豊前火力建設のための巧みな事前処置だったのだと思われる。

昨夏から使われぬままに、更衣室もシャワー室もバンガローも朽ちている中で、厳島神社と背中合わせの休憩所だけはまだ頑丈そのもので、細長い廊下に屋根のついた建物は団結小屋にはおあつらえなのだ。「市が建てた休憩場だから、こんなことぐらいには役立ってもらわんと」と、皆笑いながら看板づくりに励んだ。

私たちの期待は、この団結小屋が定められることによって、地元豊前の高教組と自治労の座り込みが始まるという点にあった。これでどうやら、少なくとも一日に二人の豊前市民が海岸に座り込むことになるのだ。「海岸に座り込んじょんのんは、学生やら中津やらよそもんのじょう」という中傷も、これであたらなくなるだろう。

小屋を作りあげて恒遠君らが引き揚げていった夕べ、初老の漁師が来て、うさんくさそうに建てたばかりの看板の裏にまでまわって何やら調べていたが、私の所に来て、「あんたが松下さんじゃな」ときめつけるように念押しした。

「あんたは大層頭のすぐれた指導者ちゅうことじゃが、それではひとつうかがいますが、あんたは他人の私有物をことわりなしに持ってきて使うことを、どう考えちょるんでしょうかな。……あそこに立てちょる看板はペンキを塗ってごまかしちょるが、あれは間違いない、わしん私有物じゃ。こん海水浴場を経営しちょったもんで、あの板は、海水浴客用のバラックの腰板じゃ。……エッ、あんたも指導者で人の上に立つくらいの人なら、他人の私有物を無断で取ることの良し悪しの分からんこたぁあるまい」

私は唖然としてしまった。

なるほど、その板切れが元はバラックの腰板だったにしても、そのバラック自体がもう不用のままに朽ちて、傾いた鉄パイプが残骸として錆びたまま置き去られ、板切れが二枚捨てられたように落ちていたのだ。まさか誰かの私有物だなどと思えるはずもなかった。どうみても捨て去られて古びた板切れ一枚に過ぎなかった。

海水浴場そのものを滅ぼした九州電力に怒りを向けるどころか、おそらくその九州電力にそそのかされてこんな古びた板切れ一枚の権利をいい立てて詰問を続ける男に、腹立たしくて私は言葉を投げ返した。

「俺にいうて来てもしらんわ。ちゃんとそこに書いちょろうがね、地区労団結小屋と。そこにいって文句いいなさいよ」

「ほお、あんたはこの海岸の責任者じゃないちゅうんじゃな。よっしゃ、そんないいかたをするんなら、こっちにも考えがある。こっちは警察に願ってもいいんじゃから……」

私はもう、相手にならずに暮れ始めた沖をみつめていた。

捨石で囲われていく内側の海に、しきりにボラが撥ねた。一度撥ねたボラはなぜか二度、三度と撥ね続けて、見ている私の心をはずませる。

弾圧

七月四日、まだ眠っていた私は電話で呼び起こされた。午前五時半であった。

「……ほらみないいちゃ。あげなんことするから、おとうさんがつかまって、今連れていかれたわあ。……あんたはこん方がいいじゃろ、まだ保安官が残って家宅捜索しよるから」

はばかるような小声で伝わってくる和嘉子さん（梶原夫人、三六歳）の言葉に、私の睡気は一挙に吹き飛ばされ、薄い胸の内で動悸は激しく高鳴った。受話器を置いて、やや呼吸をととのえねばならなかった。

「得さんが逮捕された。行ってくる」

ひとことといいおいて、自転車で飛び出した。和嘉子さんが庭に出てきて、「れい子（一〇歳）がまだ寝ちょるき、そんつもりでね。あの子が、おとうさんの手錠姿を見らんで済んで……ほんと、それだけが救いじゃわ」とささやく。

離れの得さんの部屋には四人の海上保安官が居残って家宅捜索を続けていた。「あんたは誰ですか」横柄に詰問する一人に、「環境権訴訟をすすめる会代表の松下です。捜索に立ち会いたいので令状を見せなさい」と要求した。

前夜遅く、得さんから電話があって、「どうも家の周辺に張りこみらしいもんの姿がチラチラするんじゃけど、なんかあんた心当たりはないで……二六日の件じゃろうかねえ、それともなんかいやがらせかなあ……」と問われながら、まさか逮捕までは想定出来ずに、まあそんなに気にしなんなよと答えたのだったが。

六月二六日の着工阻止行動を門司の海上保安部が威力業務妨害の疑いで調べ始めたとの情報は知りながら、それにしては取り調べのための呼び出しもかからぬまま一週を経て、もうそれは立ち消えになったのだろうという油断があった。保安官は大げさにも、前日夕べから張りこみまでして、午前五時に寝こみを襲って得さんに手錠をかけ腰縄まで打って連行していったのだ。

海を守ることこそ本務であるはずの海上保安部が、海を殺す者の手先となって、海を守ろうとした者に罪人のごとく手錠までかけたという事実に、無性に腹が立つ。そんな彼らに、和嘉子さんがていねいにお茶をついでやる。

「とにかく、おとうさんを眠らせてやって下さいね。お願いします。ここしばらく会社の勤めと海岸の座り込みで、ほとんど眠ってませんから。もうそれだけが心配です。お願いしますね……取り調べをきつくしないで下さいね……」

大した押収物もなく引き揚げていく保安官たちに、彼女は懸命な表情で哀願し続けた。

いったん家に帰って、佐賀関に電話を入れてみると、やはりここも寝こみを襲われて連行されていた。本格的な弾圧が始まったのだ。

同志たちに次々と連絡し、とにかく出勤前の短時間でも、明神海岸で話し合おうと約して、好子さんとタクシーを飛ばせた。

集まってきた誰にも、まだ事態が信じられぬふうで、とりあえずの対処策も思い浮かばず、沈黙の続く中でそれぞれの勤務時間がきてしまい、皆悄然と散っていった。とり残された私は海岸にかがみこんでいた。

ほらみないいちゃ――非難のこもった和嘉子さんの嘆きの声が耳にねばりついたように離れない。

いつの間にか、私は小さな棒切れを拾って、海岸の固い土をしつこく掘り続けていた。今の苦悩から逃れるてだてみたいに、私はムキになって穴を深めようとしていた。

なぜ、こんなことをしているのか。ふと放心から醒めて、自分の意識の底にある〈捕われからの脱出〉の希求に気付いた時、孤独の思いはさらに濃くなっていった。

夕刊は、早くも得さんを「梶原得三郎」と呼び捨てにする。このようにして誠実な社会人を犯罪者然として仕立てていく仕組みのおぞましさに、私は世間の良識を憎む。

その夜、豊前の坪根侔さん宅で緊急対策会議がひらかれた。

もう五名の逮捕者を出してしまった不安は、会議を重く圧して、これ以後も権力の恣意のままにどうにでも拡大していくであろう弾圧へのおびえは一人一人に深かった。

「権力ちゅう奴が、ここまで思いどおりにできるちゃ、思うちょらんじゃったもんなあ。……これまで、権力、権力ちゅう言葉を使いながら、実際には実体に直面しちょらんじゃったちゅうこっちゃなあ。……

これで刑法改悪やられたら、俺たちみんな、もうおしまいで……」

「どげえかなあ。もうこん際、学生は海岸のテント小屋を撤収した方がいいんじゃねえかなあ。警察のねらいは、徹底的にこん際豊前火力反対運動の息ん根を止めてしまおうちゅうんじゃき、まず得さんたち名前のはっきりしたもんを捕まえて、やがては学生を一網打尽に持っていこうち考えちょるじゃろう」

「そうちゃなあ。こげえ警察の思うとおりにできるんじゃってから、もうちょっと手も足も出らんもんなあ。それこそどげなん理由でんがでっちあげち逮捕できるちゅうこっちゃもん。いったん学生は撤退して、その間、団結小屋の方は豊前の地元が頑張るちゅうふうにした方がいいじゃろうなあ」

おおかたの意見はそこに落ちついて、しかし最終的結論は学生たち自身の会議に任せるということで、午前一時に沈痛な対策会議は終わった。救援対策委員が決められ、全国に緊急事態を訴えて、救対カンパをつのることも決められたのだった。

七月六日、先に逮捕され今もって不当な勾留の続いている二名の学生の勾留理由開示裁判（なぜ勾留を続けているのか、その理由を説明せよと当人が要求すれば、裁判所は公開法廷でそれをしなければならない）の傍聴に、私たちは福岡地裁小倉支部に集結した。同時にその日は、四日に逮捕された得さんらの釈放か勾留かが決められる日でもあった。

和嘉子さんも、一緒に来たいといって同行した。既に小倉拘置所に移されて地検の調べを受けているおとうさんを、ひょっとしたら廊下を連れられて行く姿でも、裁判所の庭から見上げることができるかもしれないからと、彼女はまるで少女のように隠しだてなく夫恋いの想いを告げるのだった。小倉裁判所は地検支部、拘置所の建物と隣接している。

この日、学生二名の理由開示裁判は荒れた。検察提出のでたらめな罪状をうのみにして読みあげるのみの裁判長に、傍聴席は怒りの罵声を叩きつけた。あっけないほど短く裁判が終わり、学生は再び手錠をかけられ、激励の拍手の中を連れ去られて行った。

再び法廷の庭に集まった時、私は和嘉子さんの姿を見失って探した。裁判所の建物の陰で彼女は泣いていた。やはり連れてくるべきではなかったと、悔いが湧いた。今日の刑事裁判の実態、手錠の学生たち、そして何よりも硬く牢固と聳え立つ拘置所の石壁を見上げるだけで、彼女と夫を隔てる権力の非情さが直感されて、その稚なすぎる心を刺し抜かれているのだろう。しばらく黙って寄り添っているしかなかった。

得さんらに関する決定は遅れそうだとのことで、いったん帰って行く車中でも、怯えたように彼女は沈黙の内に閉じこもり続けた。送って行くと、得さんのおとうさんおかあさんが田舎から駆けつけて待っていた。

「松下さん、得はどうなるんでしょうかなあ。……わしはもう魚市場にも顔を出さんで休んじょります。そらあ、べつに誰もわしに面と向かってどうこういうたわけじゃありません。いわれんけれど、しかしみんなが何を考えちょるかちゅうのんは、わしには痛いほどわかるもんですき、魚市場も遠慮させてもろうちょるんです……」

いきさつはどうであれ、逮捕された瞬間から新聞に呼び捨てにされ犯罪者然とみられていく仕組みは、良識社会にゆきわたっているのだ。

私は声を励ましていった。

「おとうさん、心配せんでください。なんにも恥ずかしいことでつかまったわけじゃなし。こんなもの、じきに釈放されますよ。こんな無茶な逮捕を裁判所の方が許しませんよ」

そうはいいながら、私自身はそれを信じてはいない。あんな些細な行為を咎めて逮捕した学生二名を、裁判所は勾留を認め続けているではないか。それに比べれば得さんらの行為ははるかに重いはずであり、罪状は厳しく問われることになろう。

そう考えていただけに、午後四時頃、検察側の勾留請求が裁判所によって却下され、得さんら三名が釈放されると知らせが届いた時、私はにわかには信じられず幾度も問い直したほどだった。もちろんそれは意外な歓びであり、電話に飛びついて和嘉子さんに告げた。彼女は、折りしも庭に来た知人にはだしのまま駆けおりて、「おとうさんが帰るんよ！」と叫んで抱きついたという。

直ちに行ける者だけで迎えに行こうと連絡をとりあっている時、追いかけるように非情の報告が届いた。裁判所の決定に対して、直ちに検察側が准抗告をしたので、釈放は保留され、これからまた裁判所は合議で再判断をやり直すというのである。落胆する私に、「しかし准抗告が通ったという例は小倉の裁判所ではまず例がありませんから、今夜遅くには出所となるでしょう」と、弁護士はいい添えた。

私たち一〇人ほどは、自動車に分乗して小倉へ向かった。台風八号の余波で、風が荒く、空は不吉な暗さでたれこめていた。

ひとつの灯もない夜の裁判所前に、吹き寄せられたようにたよりなく私たちは降り立っていた。ちょうど、裁判所の建物の真上を、それだけがまっ白な雲がひとつ疾んでいた。

三萩野病院闘争の人々が来て、私たちは裏門の宿直室前に案内された。この人々に、私たちは本当にゆき届いた世話を受け始めている。

北九州の地区労が経営する三萩野病院で、薬も注射も多用しない理想的医療を追求しようとした若い医師たちが、経営悪化を理由に解雇され、その復職闘争を支援する人々の闘いは、相手が地区労という革新組織である点で特異である。その闘争の過程で幾度も刑事事件被告に仕立てられてきた彼らは、もはや刑事事件には通暁してしまっていて、それこそ何ひとつ分からぬ私たちに頼りになる助言をしてくれる。助言だけではない。こうしてグループをあげて、こんな夜中までも私たちに添うてくれるのだ。連帯という既に垢じみて実態を喪ったような言葉はひとことも吐かずに、まるで自分らのことのように駆けつけてくれる彼らに私は目をみはる思いがするのだ。

風荒い暗がりに、時に小雨の吹きつけつつ、私たちは缶ビールを飲みながら裁判所宿直室外に待ち続けたが、ついに裁判官は結論を出さずにこの夜の合議を打ち切った。そのことが分かったのは一一時過ぎだった。裁判官はひとまず勾留請求却下に対し執行停止をかけたので、得さんらの釈放はならない。

落胆して帰りつつ、ああ明日は参院選の投票日だったなと思う。どの政党の支援も頼めぬ私たちには、選挙も遠い社会の出来事めく。賢い者たちは、ほんとにみんな体《てい》よく豊前火力反対闘争から身を引いていったなあと思う。そのことに私の怒りも怨みも、もう薄れている。

投票の日曜日も、私たちは早朝から人気のない裁判所に待ち尽くした。合議がどこでおこなわれているかさえ分からぬ不安の中で、私たちには、ただ待ち続けることしかできないのだ。正午になって、またしても合議は結論を出さずに打ち切られたと分かる。

ついに八日午前一〇時、裁判所は異例の判断で検察側准抗告を認め、三名の勾留を決定してしまった。接見禁止も添えられた厳しい判決であった。

環境権訴訟という民事訴訟の原告として裁判所に抱いてきた私たちの思いは、この時から無残にくつがえされた。もはや、裁判所をも敵だと思う。

和嘉子さんから、最初の厳しい非難を浴びせられたのは、七月七日、検事准抗告の裁判所合議が再度打ち切られて、しょんぼりと帰ってきた夕べのことだった。

その日から、私と和嘉子さんの問答は幾日も続いた。毎日のように彼女に添うて小倉にかよう汽車の中で、裁判所の庭で、私は彼女との苦しい問答を避けるわけにはいかなかった。

彼女が毎日のように裁判所にかよったのは、その横庭にじっとたたずんでいれば、拘置所から検察庁の取調室に移動させられる得さんを垣間みることができるかもしれぬという希望を抱いてのことであった。

「あんたまあ、新婦の若夫婦でもあるまいに」と、私は呆れてたしなめるのだったが。

ある朝、裁判所の表庭の方にいた私に、彼女が一目散に駆けてきた。

「おとうさんが！　おとうさんが今、取調室に連れて行かれた。早よ、来ないちゃ！　今度は出て行く時にまた見られるがぁ」

その時の彼女のはずみきった笑顔は、まぶしいほどだった。もう私などが早くに喪ってしまった、このうえなく純なものを見た気がして、――正直、もう私は彼女の非難に満ちた詰問に答え続けることに厭気がさしていたが、そんな己をもう一度自省して彼女と真剣に真向かう姿勢を取り戻すきっかけとなった。

七月七日の夕べに始まって、幾日にもわたって執拗に続けられた問答は、私に多くのことを考えさせた――

問答

「うちはなあ、こん前ん学生の人たちの理由開示裁判を見に行って、ああ、やっぱりあんたたちは過激派なんじゃち思うたんよ。……これまで、世間の人たちがあんたたちを過激派だちゅうても、いやそうじゃない、おとうさんたちがなんで過激派なもんかち信じてきたんじゃけど、こん前の裁判の激しさを見て、やっぱり世間から過激派だといわれる理由が分かったような気がする。裁判長に向かって、黙れとか引っこめとか、あんな口汚いことをまともな良識人なら誰がいえますか。第一、裁判長が理由を読みあげてる最中に大声を挙げてさえぎるなんち、失礼じゃないの。あるまじきことよ。……そりゃあ、うちだってあの裁判長の読みあげる内容には腹が立ったわ、そじゃけど、それでもやっぱり読んでる間はちゃんと静粛に聞くべきよ。それが世間の良識ちゅうもんでしょ。……だいたい、あんな騒ぎかたをして、うちたちの方になんの得があるちゅうんね。なあも得なんかありゃせんやないね。それどころか、裁判長の心証を悪くして、かえって損じゃち思うんよ。裁判長の頬がピリピリ震えよったんを、あんたも見たやろうで……」

「あのなあ……どういうたらいいかなあ……今いうた和嘉子さんのそげなん考え方じゃけど、そんな考え方こそ権力につけこまれるんだよ。あんたは法廷で皆おとなしくしてれば、裁判長はいい印象を持って、軽い判決をしてくれるち期待しちょるんだよな。それは、いいかえれば、あんたは権力にお慈悲を期待しちょるちゅうことなんよな。そうじゃろ。……だけど、権力にお慈悲なんか期待しちゃいかんのだ。絶対にいかんのだよ。権力にお慈悲を期待するちゅうことは、けっきょく最終的には、権力に媚びて、もうこれからはたてつきません、おとなしく目をつむり口をつぐんで柔順になりますちゅうことに必ずつながっていくんよ。だって、権力がお慈悲をかけるとすれば、それは絶対に抵抗もなあもせん、おとなしいいいなりになる者に対してだけなんだから。あんたも、そこんとこをはっきりと分かってくれちょらんと、大変な間違いを起こすことになるんよ。……とにかく、権力に対してはお慈悲のかけらも期待せずに、ただただ闘い抜くしかないちゅうことなんよね」

「それが、うちにはよう分からんちゃ。うちのいいよるんは、べつに権力にお慈悲とか媚びよとかしろちいいよるんじゃないんよ。あんたたちんごと抵抗すればするだけ、弾圧は激しくなるばっかりじゃない。それは、ばからしいこっちゃないで。そこは、やっぱりこっちも賢くして、わざっと一歩退いて、ある時は負けたふうをするんも方法じゃないんね。うちはそれをいってるんよ。……自分たちんじょう悲憤ぶって、ますます突き進み、ますます追い込まれていくんが、はたで見ちょって、はらはらするんよ……」

「うん、分かるよ。あんたのいいてえことはよう分かる。ところがなあ……わざっと一歩退いて負けたふりをすることが、実際には本当の後退、敗北につながってしまうとしたら、どうなるの？　いいや、そうはならんちゅうてんが、やっぱりそうなるんよ。なんちゅうかなあ……妙ないいかたをすれば、それが権力を相手にする闘争の生理みたいなもんなんよ。巨大な権力を相手の闘争ちゃ、そげなん性質のものなんよ。わざっと負けたふりなんか、そげなん器用なことの許される闘争じゃないちゅうことを肝に銘じちょかないかん。……まだまだ俺たちにゃ、権力を相手にした闘争の本当の厳しさなんちゃ、少しも分かっちょらんと思う。俺たちんやってる豊前火力闘争なんちゅうんは、ほんとに甘いもんと思うよ。これがなあ、ほんとに厳しい権力闘争じゃってみない、もう自殺者の一人や二人出ちょるはずよ……」

「松下さん、あんたなんちゅうことをいうんですか。いやです。うちは絶対にいやです。思うただけで身震いがするわ。そらぁあんたは職業的革命家をめざしちょるんじゃろうから、自殺者の一人や二人なんち平気な顔でいえるじゃろうけど、うちは絶対に……」

「ちょっと待ちなさいよ。俺が職業的革命家をめざしちょるだなんち、いついうたね？　この俺が職業的革命家なんちゅうたら……それこそ、るみちゃんや今井さんにいうてみない、皆大笑いするわ。俺は、あんたがあんまり俺たちん運動が激しいごというもんじゃき、いや本当に激しい運動ちゅうのんは、思い悩んで自殺者が出るほど厳しく耐え難いもんなんだち、たとえとして持ちだした話じゃないか。俺もそげなん運動はのぞんじょらんし、また実際にそこまで俺なんかに出来やせんわ。そらああんた、得さんやら好子さんやらるみちゃんやら今井さんやら野田君やら、今の中津んメンバーを見れば分かるこっちゃないか。みんな内気で、おとなしいはにかみやばっかりん集まりじゃないか……」

「でも、あんたは自分でも気がつかずに、だんだんそんな方向に行っちょるんじゃないの。あんたさっき運動の生理ちゅう言葉でいうたけど、だんだん状況が厳しくなればなるほど、運動が先鋭化していくちゅうんが運動の生理やないんで？　うちは今度のことがあって、いつの間にかおとうさんは、うちの知らん先の方に行ってしもうちょったんやなあち気づいたんよ。おとうさんが一番最初にこの運動に入っていった時の気持ちと今と、随分かけ離れてしもうたちゅう気がするんよ。おとうさんが一番最初にこの運動に入る時、うちにいうた言葉をはっきりおぼえちょる……俺はのう、れい子んために豊前火力に反対する……れい子は生まれつき気管支が弱いんよ……俺は無理のない運動をするから心配するな、自分にできるような運動をする、俺一人でもできるようなことをする……そういうたんを、おぼえちょるんよ。だから、うちは反対せんやった。――それが今は違う。あの頃の本当に素朴な出発をしたおとうさんと違ってしまった。松下さん、なぜあんたはあんなに学生を引き入れたんですか。もう、そこから最初の出発点と違うやないね。学生を引き入れたんは、あんたでしょうが……」

「……そらぁまあ、俺があっちこっちの大学祭なんかに講演に行って訴えたことがきっかけになっちょるちゅう意味からいえば、俺が学生たちを引き入れたちゅういいかたもできるじゃろう。じゃけど、それはあくまでもきっかけに過ぎんことだよ。俺が提起した問題を真剣に学生たちは自らの問題意識で検討して、これは豊前火力に反対せないかんと判断したからこそかかわってきたんだよ。あんたももう分かっちょると思うけど、豊前火力の問題ちゅうんは、もう単に豊前平野ちゅう地域性を超えて、大げさにいえば現代の文明構造そのものを問いつめよるんよ。……まあ、俺たちは〈暗闇の思想〉ちゅういいかたをしよるけどね。だから、この闘争にかかわってくる者に当事者も支援者もないち、俺は思うちょる。学生たちも、この問題の当事者として、かかわる権利があるんだよ……」

「……そじゃけど、学生の人たちがいたからこそ、あんたたちはあんな実力阻止行動をしたんじゃないで。学生の人たちがおらんで、あんたたちんじょうじゃったら、あんなことはせんじゃったろうで？　ということは、あんたたちはもう、学生の人たちに引っぱられちょるちゅうことやないで。……いったい、なぜあんな実力阻止なんかしたんよ。あんなことしても工事を止められんことくらい、あんたには分かっちょったでしょうが。小さな人数が、どう身体を張っても、あの大きな工事を止められんことくらい、ほんとは誰だって分かっちょったはずよ。それをなぜしたのよ。それは、学生の人たちは、若さにまかせて面白半分じゃったと思うんよ。しかし、あんたは違う。うちにいわせれば、あんたは運動のかっこうをつけたかったんよ。ミエなんよ。世間から注目されちょる豊前火力反対の運動のミエをつけるために、あんな派手なことをせんとならんじゃったんでしょうが。……どうして最初の出発点みたいに、自分でできるだけの運動をしないんですか。あの海岸に並んで、沖に向かって反対を叫ぶだけでいいじゃないの。佐賀関の船が支援にきてくれたからちゅうて、それに乗り込んで、捨石船に乗り移って行くことはなかったじゃないの。そこまではあんたたちの力にないことじゃないの。はっきりいうて、松下さんあんたのミエよ。おとうさんは、あんたのミエの犠牲になったんだち、うちは思う」

「……うん、……あんたからそういわれれば、……正直、俺はギクリとするもんがある。ミエじゃちいわれれば、確かにそうじゃったち思う。……そじゃけど、一方では、いや運動ちゅうもんには、ある場合にはむしろ、背のびもミエも必要じゃないかちゅうふうにも思うんだよ。背のびでも、ミエでもいい、そのことによって、まあ運動のある段階ででっかいことをやらかして、それがきっかけで運動が進展していくちゅうことはのぞましいことじゃもんね。……それと、なして実力阻止行動なんかしたかちゅうことは、やはり単なるミエなんちゅう動機では片づけられんことなんだよね。これはもう、これまで二年間以上反対運動を続けてきた経過を背景にして、どうしてもそこまでいかなならんじゃったとしかいいようがねえ気がする。もしあの時あれをやらんで見過ごしちょったら、それまでの二年余の運動が嘘になったと思う。少なくとも、運動を続けてきた俺たちには、そう思われたちゅうことなんよ。……とにかく、今はっきりいえることは、あん時実力阻止行動をしたという事実に関しては、一片の後悔も俺は抱いちょらんちゅうことじゃら。これは拘置所の得さんも西尾さんも上田さんもおんなし思いだち、俺は断言できる。……だいたいあんたは、ふたことめには、おとうさんが可哀想、おとうさんが可哀想ちゅうて、なんか俺なんかが得さんをこんな方向に引っぱりこんだごと責めたてるけど、そらぁあんた、妻として得さんの人格に対する侮辱やないかなあ。得さんをみくびっちょるちゅうことじゃないか。得さんが変わっていったんは、自らの力での変革で、むしろこの頃は俺ん方が得さんに引っぱられよるちゅうんがほんとじゃないかなあ……」

「うちはね、あんたたちんやりよることが間違いじゃち決めつけよるんじゃないんよ。おとうさんのやってることは正しいと信じちょるんよ。だから、れい子にもはっきり、おとうさんは立派なことをしよるんよちゅうてきたつもりよ。それはあんたもよう知っちょるやろ？　れい子が書いた作文も見せたでしょ。あれが小学校二年生の書いた作文だち誰が思いますか。学校でも、おとうさんが手を入れた作文じゃち思われたらしかったけど、あれは正真正銘れい子がひとりで考えて書いたんよ。やっぱりあの子も、毎晩のごとここに集まってするあんたたちの話し合いを理解していて、あんな大人顔負けの鋭い公害反対の作文を書いたんよね。それはそれで、うちはいいち思う。決して間違ったことをいってるんじゃないんだから。ただ、うちのいいたいんは、やりかたのことなんよ。もっと他のやりかたはないかちゅうことなんよ。これだけの中津市民の中で、なぜたった六人か七人しか一生懸命にせんのかちゅうことなんよ。二年間も続けながら、運動をする人がふえるより減ってしもうたんはなぜかちゅうことなんよ。そうなる原因は、やっぱりあんたたち自身にあったんじゃないかち、うちはそう思う。……昨日もある人が来て、あんたたちんやりかたを厳しく批判していった。なるほどなあち思うて、うちは聴いたんやけど……今、どうあがいてぶつかっても、敵は強力やから、いたずらに弾圧されて傷つくばかりや、それより選挙で革新議席をふやしていき、やがて民主連合政府をつくれば、こんな個々の問題は政治の段階で一挙に解決されるち、その人はいうんよ」

「あっ、それはね和嘉子さん、その論は、実は今、全国の各地の住民運動の中で賛否を呼び起こしている大変大きな問題なんだよ。つまりあんたが聞いたんは、革新政党のいいぶんなんだよな。確かにそのいいぶんは、その通りと思う。和嘉子さんが、もっともだと思ったのは当然だよ。民主連合政府をめざすのは、それはそれで結構なんよ。いや、めざさねばならんことだ。……だけどね、その民主連合政府ちゅうんは、まだ出来ちょらんのだ。ところが、今現実に眼の前に豊前火力は建てられ始めてるんだ。さあ、どうするんやちゅう時に、それに目をつぶって、とりあえず先の、いつできるか分からん民主連合政府に期待して、今の現実の阻止闘争をせんちゅうことにはなるまいが。あんたは、俺たちのやりかたを非難したちゅうそん人に、じゃああなたは今、豊前火力阻止のために何をしているんですかと聞き返してみればよかったんだ。俺たちのやりかたを非難するなら、その人はその人の信ずるやりかたで阻止運動をやってくれればいいわけだ。ところが、その人は豊前火力阻止運動なんかやってないんだ。今の問題に目をつぶってやり過ごすような者たちが作りあげる民主連合政府に、そもそも期待できるかちゅう気が、俺はするんよ。……とにかく俺も得さんも、今眼の前に起こっている理不尽には眼をつぶることができんタチの人間ちゅうことじゃら」

「そじゃけど、たった六人か七人で何ができるちゅうんね。……結果はもう眼に見えちょるじゃないの。だったら、あんたたちん運動ちゃけっきょく単なる自己満足じゃないね。……それともあんたに聞くけど、松下さん、あんたほんとに豊前火力を止めきるち信じちょるんで、正直に答えちょくれ」

「そうじゃないよ。そげなん問いかたがそもそもおかしいんだよ。止めきるち信じちょるかどうかじゃないんだよ。止めたいち思うちょるんかどうかちゅう問いかたをせないかんのだ。そう問われたら、俺は止めたいち思うちょると答える。そして、その思いに忠実でありたいちゅうことなんだ。……ところが普通、みんな今のあんたのような問いかけから始まるんだよな。まず最初に、この運動をすれば止められるんかどうかをいろんな角度から検討するわけだ。ところが相手は九州の政財界を牛耳る大九州電力だ、結論は否と出る。そらぁそうさ、誰もかなわんと思うよ。そこで、じゃあもうかなわんからやめちょこうといって最初から尻ごみすることになる。中津の運動が急速に収束していったんも、つきつめていえば、そういうことだったんだ。……だからね、勝つと思うかどうかちゅう問いかけは、運動の中でしちゃいかんのだ。……ところがそういう問いかけをせんと、展望がないちゅうて、俺たちはよく批判されるんじゃけど、俺たちにとっちゃ、止められるかどうかの先の展望よりも、今止めたいち思うちょる以上、とにかく今精一杯やらずにおれんちゅう、そういうことなんだよな」

「……もういやよ。とにかく、うちはいやです。あんたたちからもう見捨てられてもいい、どんなに軽蔑されてもいい。うちははっきりいいます。今度おとうさんが出てきたら、運動をやめてもらいます。おとうさんがどうしても運動の道を選ぶちゅうんなら、うちにも考えがあります。いや、べつに離婚とかそんなこと考えちょるんじゃないけどね。うちはおとうさんを見捨てたりはしませんから。……うちののぞみはただひとつ、あんたからみれば笑うやろうけど、おとうさんとれい子と一緒に平和に永生きしたいだけのことじゃから……」

「そうなんよ。俺ののぞみも、それだけだよ。俺だって、洋子やケンやカンと一緒に平和に永生きしたいもん。しかし、その平和な生活を確保するためには、やっぱ今、俺たちは闘わなならんと覚悟しちょるだけじゃないか。そらあ得さんもおんなし思いじゃろ」

「けどね、なぜ、うちたちだけが闘わなならんのかちゅうことよ。なして、うちたちだけが苦しまなならんので？　近所ん人たちを見てごらん。みんな自動車なんかこおてよ、日曜ごとにドライブに出かけよる。松下さん、あんたに自動車が買えますか。そんなお金はないやろうもん。あんたもおとうさんも、そんなお金はみんな運動の方につぎこんでから……第一、今のうちかたに私生活があるといえますか。勤めから帰ったち思うと、もうあんたたちが集まってきて、会議か作業の毎晩やないの。ほんと、この頃はおとうさんはれい子の顔も満足に見よらんじゃったもん。可哀想なごたった。……平和な生活を守るためとか、家族を公害から守るためとか意気がってみても、現に今、その家庭をこわしちょるんが自分自身じゃないんね。この矛盾をどうするんですか。……そうまで一生懸命してみても、世間じゃ、ようやってくれますなんちゅう言葉はひとこともかけてはくれませんよ。おとうさんがつかまったことで笑いよる人も多いと思うわ……」

「……和嘉子さんなあ、今の家庭をこわしちょるちゅうけどなあ……本当に家庭がこわれちょるち、あんた思うちょるんかな？　じゃあね、日曜ごとに楽しそうに家族でドライブに出かける人たちの家庭がこわれちょらんと断言できるんかな？　そらぁやっぱり、和嘉子さん、あんたの気持ちの問題じゃなかろうか。あんたは得さんを決して見捨てんのだちゅう、得さんはおそらく今回の弾圧でもっと激しく闘争心を鍛えられて戻ってくるじゃろ、そん時にあんたが得さんに寄り添うて、得さんの行く方向を支えてやれば、家庭は少しもこわれちょらんのじゃないか。なあも、家族ドライブだけが一家の楽しみでもないいち、俺は思うがなあ……」

「あんたには女の気持ちが分からんのよ。じゃあ、あんたも帰って奥さんに聞いてみなさいよ。……それにね、女は、男には分からん気づかいをしてるんよ。近所のつきあいやら親戚づきあいやらね。今度んことで、うちはどんくらい肩身の狭い思いをしちょるか、あんたに分かるで？……いうまいち思うちょったけど、親戚の一人に九電社員がいるんよ。その人が今度左遷されたんよ。それは、おとうさんのことがあってに違いないんよ。その人にはなんの罪もないのに、おとうさんが運動をするばっかりに、そんな人にまで大きな迷惑をかけたちゅうことじゃないね。けっきょくあんたたちは英雄気取りで運動して自己満足かしらんけど、実は周囲の善意の人々にとんでもない迷惑をかけよるちゅうことよ。卑怯じゃないね、うちは卑怯だと思う」

「なぜ卑怯かなあ……そんな理屈は分からんなあ」

「だって、そうでしょうが。けさだって、あんたたちは、うちにことわりもなしに、ビラを新聞に折りこんで、全市に不当弾圧救援カンパを訴えたじゃないね。それを見てさっそくカンパを持ってきてくれたお友だちが一人いて、うちは受け取るんがほんとにつらかったもん。自分の勝手であんな事件を起こしちょきながら、その結果逮捕されたからちゅうて世間に同情を求めるんが卑怯ちゅうんよ。善意の人々をそうやって利用しようとしてるちゅうこっちゃないね」

「いや、それは違う。たとえば、その左遷された人のことだけどね、よしんばそれが得さんとのかかわりにおいての左遷であったとしてもね、そのことの怨みなり憤りは、そういう卑劣な処置をした九電にこそ向けられるべきなんだよね。その人も得さんも同じ被害者なんだ。その被害者同士が怨み合ったり憎み合ったりすれば、それこそ権力の思うつぼじゃないか。権力のねらいは、いつもそんな巧妙な術策で俺たち被害者同士をいがみ合わせ分断して無力にさせていくんだよ。これはもう常套手段なんだ。権力のねらいを、俺たちゃ見失っちゃいかんと思う。常に被害者である弱い俺たちは、分断の策に乗せられずに、連帯していかなならん。そんな視点で考えれば、市民に向かってカンパを呼びかけるんが卑怯だなんちゅう言葉は出てこんはずだよ。だって、市民みんな豊前火力の被害者同士なんだもんね。……第一、あのカンパ呼びかけのビラも、本当のねらいはカンパそのものよりも、不当弾圧の実態を多くの市民に知ってもらいたいということだったんじゃら」

「……おとうさんは、もう会社もだめやろうなあ。うちには権力の壁ちゅうんが、もの凄く厚くて、もうどうあがいても、手も足も出らんちゅう気がする。なんか、あんたたちか弱いもんのじょうして、蟻が象に噛みつくけど、象は痛くもかゆくもないいち、そげなんふうに見えるんよ。おとうさんやあんたたちが抵抗すればするほど、わざとますます閉じこめられて、もうこんまんま出してもらえんのじゃないかちまで思うんよ。夜、そんなこと思いよると、恐ろしなって、もうまるで眠れんわあ。よう、一睡もさせんで取り調べが続けられるちゅうような話も聞いたことあるし、おとうさん大丈夫かなあち気がかりで……。ねえ、なぜおとうさんに黙秘権を使わせるんね。おとうさんがしゃべれば他の学生やあんたが逮捕されるきやろ？　あんたはおとうさんに黙秘させて、運動組織の方を守りたいんやろ？　うちには、運動組織よりおとうさんの方が大切じゃからね。……あんたに、おとうさん一人を犠牲にする権利は絶対にないはずよ。そらぁおとうさんはあんな性格の人やから、それこそ自分一人で全部の罪でもひっかぶって黙秘を通す人じゃわ、でもそれだけに、それはやはりあんたが組織の責任者としておとうさんを説得して、皆にあまり迷惑の及ばぬ程度のことはしゃべるように指示してもいいんじゃないの？」

「それは違う。そらぁ得さんが何もかもベラベラしゃべれば、あるいは即時に保釈になるかもしれん……ほんとはもう、そんな甘いことはないと思うけどね……だけどね、ここで得さんがしゃべった場合、あとで起訴されて裁判になった場合、今しゃべったことが否応なく証拠にされて、ひどくつらい立場に立つことになるんよ。だから問題は、今の苦しさに耐えかねてそれから逃避したいばっかりに何もかもしゃべって、実は先になってもっと大きな苦しみをしょいこむことになるちゅうことなんよね。単に運動組織を守るちゅうこと以上に、得さん自身のためにも、完全黙秘を貫かなならんちゅうことなんだよ」

「……おとうさん、起訴されるやろうか？」

「そう覚悟しておくべきだろうね」

面会待合室にて

大分県中津市。

火力発電所の建設される福岡県豊前市とは、県を異にするとはいえ、僅かに八キロメートル隔たる静かな城下町。発電所の二〇〇メートル高煙突が立てば、西風が確実に排煙を運んでくる距離に位置する。

一時は、社会、共産、公明三党、地区労、さらには婦人会までが加わって燃えあがった中津市での豊前火力反対運動があっけなく収束されていってから既に一年四カ月がたつ。

人口五万六〇〇〇のこの町で、今私とともに行動するのは、得さん、好子さん、今井さん（紀子、二三歳、農業）、るみちゃん（岡部、二四歳、洋品店）、野田君の五名しかいない。あと、日常の活動には加われないが定例会議には必ず出席する女性が三名いて、もうそれだけが豊前火力に立ち向かう中津市の全同志である。この中の誰一人をとってみても、内気ではにかみやばかりなのに、自らの心情に忠実なだけに政治的妥協など知らずに猪突し続けてきて、気付いた時には過激派の烙印を押されて孤立化してしまっていた。ひたむきに運動を続ければ続けるほど、権力の側のみならず本来の同志であるべき者たちからも〝過激派〟と呼ばれて遠ざけられてきた。日本一心のやさしい過激派グループだろうねと、私たちは笑い合うのだったが。

〝過激派〟でもなんでもない証拠に、得さんの逮捕による動揺は私たち一人一人に激しかった。

一番つらい思いをしているのは好子さんだろう。彼女は和嘉子さんの実妹である。早く両親を亡くし、幼い頃からねえちゃんにつききりで、和嘉子さんが得さんと結婚した後もずっと同居を続けてきて、得さん自身も好子さんを実妹のように思っている。和嘉子さんが私に忿懣をぶちまける以上に、同じ屋根の下の好子さんに当たり続けたろうことは痛いほど察しられる。好子さんが動揺していったのは当然である。

「うちたちんやりかたは、やっぱまちごうちょったんじゃないじゃろうか」

好子さんが興奮して私に問うてきたのは、七月八日の夜であった。

「あんたまでが動揺したら、中津の運動はおしまいじゃないね！」

わざと厳しい語調で私は制した。

「今は、俺たちがまちごうちょったかどうかを振り返る時じゃあるまいが。今は、得さんをどうして取り戻すか、得さんの留守中の運動をどう守るかちゅうことを一番真剣に考えなならん時じゃろ。得さんが出てきたあとに、反省があれば反省すればいいんじゃら。得さんが出てきてみたら肝心の中津の運動が壊滅しちょったちゅうたら、どういいわけをするんで……」

「……うん、うちもそう思うんじゃけんど。……なんち、毎日毎日ねえちゃんとの問答にもう疲れてしもうて、どうしていいか分からんごとなって……」

「時間がたてば和嘉子さんも落ち着いてくるよ。……なにしろ今度のことは一人一人にとって初めての弾圧体験じゃもん、みんな動揺が大きいのんはあたりまえじゃら。どうしていいか分からん時の最良の手は、うろたえんで首をすくめちょくことじゃろ。……ま、深刻に考えんでやり過ごそうや」

妻がコーヒーを入れようとすると、彼女は要らないといった。

「おやじの帰ってくるまでコーヒーを断つ誓いをしちょんのじゃら」

深刻な表情を続けていた好子さんが初めてはにかみの笑顔をみせた。

「おやじは拘置所ん中で、コーヒーが一番飲みたいやろうなあち思うんよ。一日に四杯も五杯も飲む人やったもんね」

好子さんは得さんを〝おやじ〟と呼び、得さんは彼女を〝好べえ〟と呼んでいる。〝好べえ〟が運動にのめりこんだのも〝おやじ〟の影響からだった。

「れい子ちゃんには、もうほんとのことをいうたの？」

「それがなあ、ねえちゃんはどうしてもいえんちゅうんよ。……おとうさんはね、小倉の方で、おとうさんたちの運動のことを聞きたいちゅう人たちがいるんで、しばらく帰れんからちゅうふうにいってるんよ。けど、れい子も薄々感づいちょるんじゃないかなあ。……ねえちゃんはもう年甲斐もなくおやじおやじで小倉へ行きっぱなしみたいにして、おかげで、うちがれい子に気をつこうて、遊びに連れて出たり本をこうてやったり……」

自分たちの環境を守ろうとしてまことにあたりまえな運動を続けてきた私たちにいきなり襲いかかった弾圧は、こんな形で心弱い家族の一人一人をまで痛めつける。自分たちのやってきた運動がほんとに小さなものであったと思うだけに、国家権力によるこのおどろなまでの弾圧に私は茫然とさせられるのだ。もし、あのいきなりな逮捕が自分を襲ったのであったら、妻はどんな反応を示したろうかと、私はひとりの思いの中ではかってみることがある。とりわけ小心な妻だけに、倒れるほどにおびえたに違いない。ただ私の妻は和嘉子さんほど夫恋いの想いは深くないから、私と離された日々もかえってとり乱すことは少ないだろうなあと、そんなことを考えては苦笑が湧くのだった。

今、妻は毎日のように、海岸で座り込む学生一〇人ほどの夜の食事を作ってくれている。時には自身でケンやカンを連れて浜まで届けたりもする。そのことを特に苦にしているふうでもないが、しかし問いつめれば、やはりもうこんな追いつめられた運動はやめてほしい願いをいうだろう。私がやむなく和嘉子さんの詰問に答え続けた言葉のひとつひとつを想い起こして、妻にそこまで厳しくいえるかと自問するとき、ひそかなたじろぎは湧くのだった。

七月九日、二名の学生は二週ぶりに釈放されたが、一五日には得さんら三名の勾留が再延長された。私たちは数多くの市民による身柄引受書を裁判所に提出していたが、裁判所判断は、三名を保釈すればなお未逮捕の学生十数名との接触による証拠隠滅のおそれがあるというのである。したがって、接見禁止も引き続くことになった。

この夏の遅いつゆが始まっていて、裁判所や拘置所にかよう毎日、雨が降りしきり時に肌寒い日もあった。

勾留延長の決まった日も雨が降り続いていた。和嘉子さんにどう告げたものか逡巡するうちに夜になった。せっかく小康を取り戻している彼女に、この非情な知らせはまた衝撃を与えるだろう。とはいえ、伝えぬわけにはいかぬことだった。

私の部屋でそれを告げた時、彼女は意外なほど落ち着いてうなずいた。「もう、それは覚悟していたんよ」という。

おや、と思った。単なる小康ではない、彼女は確かに変化し始めているのだと気付いたのは、その時からであった。

刑罰の全権を握っているのが権力の恣意である以上、それに対してどうあせっても自己消耗でしかなく、むしろ平然と耐え抜くことでしか権力との対峙はありえぬのだというくやしい現実に、ついに彼女も気付き始めたのだと思う。小倉にかよう日数を減らして、これまでほうりだしていた内職の新聞集金にも回り始めていた。その一方では、私にしつこく問うて刑事訴訟法の理解につとめていった。

「うちも、そんうち弁護士さん並みになるきなあ。こんだあんたが逮捕された時は、うちが救援対策本部長をつとめてやろうかなあ」

彼女の口からそんな冗談が出た時、私は腹の底から快笑した。ついに彼女も乗り越えたのだと思った。厳しい弾圧が、かえって彼女にひとつの境を踏み越えさせたのだと思った。

「なんで、なしてそげえ笑うんね?」

自分も笑いながら和嘉子さんは私の肩を叩いた。

地検小倉支部から私に呼び出しをかけてきたのは七月一七日であった。その頃には、検察側の捜査がなぜか共同謀議の一点にしぼられてきていることが、私たちにも分かっていた。特に検察側が立証したがっているのは、佐賀関の支援は中津の私の依頼によったのではないかという一点であるらしく、明らかにそれは私をも逮捕の網の中にとらえこもうということだと推測された。そうだとすれば、呼び出されたまま逮捕されるかもしれぬという危惧が私にはあった。

「おい、ひょっとしたらこんまんま帰れんごとなるかしれん。そん時はこれでなんとかやっていけよ」

出かける前、三七万円の預金通帳を妻に渡した。「それから、俺んことは会のみんなに任せて、お前はいっさい知らん顔をしちょけよ。ただし、海岸の炊きだしだけは俺がおらんでも続けてくれ」

そんないさぎよいことをいって出ながら、それでも検察庁の門をくぐる時、私の内心はおびえていた。いったい、このおびえは何なのかと思う。正直、私は逮捕されることがそれほどこわいとは思っていない。どうせ無職同然に原稿注文と無縁な文筆業であってみれば、外にいようが拘置所の中にあろうが、べつに支障はないのだ。それでいてひそかに怯えているのは、やはり権力に一対一で対峙する瞬間が本能的にこわいのだろう。それは私の生来の臆病さなのだ。

「あなたは佐賀関の西尾勇さんを知っていますか？」

「知っています」

「あなたは六月二六日の件で、西尾さんに支援の船を出すことを依頼しましたか？」

「その点に関しては答えたくありません」

「六月二六日、あなたは明神海岸にいましたか？」

「ある時間はいました」

「真勇丸が到着したのを見ましたか？」

「その点については答えたくありません」

「あなたが豊前火力建設に反対している理由は何ですか？」

そんな問答のどこに罠がしかけられているのか分からぬままに、私は慎重に言葉を選びつつ、検事を相手に火電建設反対の論理を説き続けた。若い検事はあらぬ方をみつめて聞き流していた。

終わって外に出ると、まず家に電話した。

「おい、つかまらんじゃったがのう」

妻は、ああほんとと、あっけない返事で答えた。

翌日、三名にかかわる勾留理由開示裁判がひらかれた。ここですら三名がそれぞれ顔を合わせえないように、一人ずつを出廷させて、同じ理由書を三度読みあげるのだった。この日も法廷は荒れた。

「あんたが責任者でしょ。皆にいうて、静かにさせなさいよ。これではおとうさんたちが可哀想やないね」

最前列に西尾、上田両夫人と並んだ和嘉子さんは、振り向いては私を幾度も叱りつけたが、「いいちゃ、心配しなんなちゃ」といって、私は無視し続けた。ついに傍聴者五人が廷吏に退廷させられ、さらには上田耕三郎さん自身が裁判長指揮に喰ってかかり、彼までが手錠をかけて退廷させられるという異常法廷となってしまった。

この日のため、さっぱりと散髪して出廷した得さんは、裁判長が理由書を読みあげた時、ひとことといわせてほしいと求めて許された。

「裁判長、あなた自身は、このままではわが国が公害によって滅んでしまうということを真剣に考えたことが一度でもあるのですか。これは人間として問いたいのです。……あなたは今、私に罪があるから勾留を続けるといった。私に罪があるかないかは歴史が決めるのであって、あなたではない。今、私はあなたたちによって手錠をかけられている。接見も禁止され読み書きも禁じられ、洗濯さえ許されていない。まさにこれは合法的リンチ以外の何ものでもない。だが、私は今正しいことを貫いているのだという誇りと自負が突きあげているのです」

荒れていた法廷が鎮まり、傍聴席から半身を乗り出して聴きいる和嘉子さんの両手が固く両膝を握りしめていた。

七月二二日、三名は起訴された。「公訴事実」は次のごとくである――

第一　被告人西尾勇は、漁船真勇丸を所有し、船長として同船を操業するものであるが、法定の除外理由がないのに、所轄管海官庁の臨時航行許可証を受けないで、昭和四九年六月二六日午前一一時四五分頃から午後〇時二〇分頃までの間二回にわたり、同船に各二〇名位を乗船させたうえ、豊前市八屋町宇島地先海上を航行し、もって臨時航行許可証を受有しない同船を航行の用に供し

第二　被告人西尾勇、上田耕三郎、梶原得三郎は、ほか一〇数名と共謀のうえ

一　前同日午前一一時五〇分頃、前記海上を航行中の東洋建設株式会社所有の船長滝川隆の看守する汽船ふじに故なく侵入し

二　前同日午前一一時五七分頃、前記海上に碇泊中の松枝繁治所有の船長松枝実郎の看守する石材運搬船第五内海丸に故なく侵入し

三　前同日午後〇時頃、前記海上に碇泊中の三谷喜八郎所有の船長松野輝政の看守する石材運搬船第二関海丸に故なく侵入し

第三　被告人梶原得三郎は、ほか数名と共謀のうえ、前記第二の二記載の日時場所において、折りから第五内海丸でクレーンを操作し海中に捨石作業中の松枝実郎に対し、クレーンのバケットの上に乗ってすわり、クレーンのワイヤーをつかみ、あるいは船倉内の砕石上にすわりこむなどして、もって威力を示して右松枝のクレーン運転ならびに海中への捨石作業の業務を妨害したものである。

以上の公訴事実によって、西尾勇さんの罪状は「船舶安全法違反」「艦船侵入」、上田耕三郎さんは「艦船侵入」、梶原得三郎さんは「艦船侵入」「威力業務妨害」に問われたのである。実際には真勇丸から離れなかった西尾、上田両人が「艦船侵入」の罪まで問われているのは、共同謀議があったという一方的断定のもとに、共同謀議に参画した以上、共同正犯（刑法第六〇条）とみなすからである。検察がなぜ共同謀議の有無に焦点をしぼっていたかの理由はここにあったのだ。

「ありもせんじゃったマボロシの共同謀議を、検察は裁判の中でどう立証していくつもりじゃろうなあ？」

起訴状検討会の席上、呆れたように一人が疑問を発した。

「共同謀議のデッチあげなんか、向こうにとってはどうにでもなるんですよ。要するに、反対意志を共有した同志が明神海岸に集結していたというその事実だけでいいわけなんですよね。あとは、それこそ目配せによる共同謀議が裁判所に認められた例もあるし、もっとひどいのになるとですね、暗黙の了解による共同謀議の認定すらありうるんですからね……」

さんざんそんな苦い経験を積んできている三萩野病院闘争のSさんが解説して、私たちは今更に暗然とするのだった。

「もう、こげなんふうなら、権力ちゅう奴は、ほんとになんでんが、したい放題んことができるちゅうこっちゃないか！」

重苦しさに打ちひしがれたように叫ぶ者もいた。

得さんは、起訴されたその日に、永年勤めてきた住友金属小倉製鉄所を依願退職した。

同所の内規では、訴追を受けると同時に、有罪無罪の確定を問わず懲戒免職を受けると定められていて、しかしそれは明らかに憲法違反であるゆえ、もし懲戒免職となれば会社を相手どって地位保全の仮処分で争うことを得さんは弁護士に伝えていた。それが、起訴となった日突然拘置所の中から会社宛てに依願退職届けを書いたのだった。

環境権訴訟の原告として、さらに今後は刑事事件の被告として、このうえ会社を相手の裁判までも抱えこんで、自身はともかくとしても家族をまで率いていく自信がなくなったことと、会社の労組に支援を期待出来ぬ不安を、のちに彼は寂しげに洩らした。それだけではない。僅かの額の退職金ながら、それさえ懲戒免で失えば、これからの日々をどう家族と生きていくかという目前の不安も濃かったのだ。本当は、私たちの会はそこまでの支援に責任を持つつもりであったのだが、私たちの会の非力を知り抜いている得さんにしてみれば、頼りきれぬ思いが強かったのだろう。彼が私たちに黙って依願退職届けを書いたことを知った時、彼をそこまで支えきれなかった自分たちの力量の弱さが悔やまれた。

私は、環境権裁判第二回の法廷で得さんが凜々といい放った言葉を想い起こす——

「私がこの運動にかかわり始めて、具体的には裁判を提起した昨年の八月二一日以降、私の勤め先である小倉の住友金属の直接の上司からいろいろな圧力がありました。こういう運動をする社員を抱えることは、企業にとってマイナスであるというわけです。で、出来ればやめてほしいと。私は、この運動は自分にとってどう生きるかというかかわりである。住友金属に勤めているということは、たまたまそうなっただけの話で、住友金属に職を奉じる以外に道がないわけではない。とすれば、より自分にとって重要なこの運動の方を選ぶ、そういうふうに答えたわけです。で、昨年の九月一日から、私が交代勤務をしていた関係では、どうしても直接の上司が看視できない、それで昼間だけの勤務に替えさせられています。で、さらに会社としては、これは裏話としては、九電からもいろんな話があったそうです。つまり九州電力が私に直接この運動をやめるようにという投げかけをするよりも、直接賃金を得ている住友金属を通じてやった方が、より効果的であることは、誰が考えても出てくるわけでありまして、九州電力はやはり住友金属からすればおとくいさんであるわけです。そういうところから、非常に卑劣な手段をもって住友金属の労務係に圧力がかかってくる。それによって、私はいろんな圧力を受ける。今、私の会社としては、九電が豊前の現地で着工の段階で実力阻止に立ち上がった時に、何らかの形で私が刑事責任を追及されるような事態が招来することを待っている。それであれば、就業規則によって、いつでも懲戒免職ができるわけです。しかし、私はそれにひるみません。なぜなら、自分がどう生きるかという問題で、この運動があるわけです。誰から指図されてやっているわけではないのです。したがって現実には首根っこを押さえている私の雇主がいかに介入をしようとも、それは一歩も譲ることができない」

——わしみたいに気の弱い決断力の乏しいもんは、まずあんな場所で一回公言をしておいて、自分を否応なしに土壇場まで追い込んじょかんと、なかなかふんぎりがつかんもんなあと、裁判のあとで彼は苦笑していたのだが、哀しいまでに〈公言〉どおりの現実となってしまったのだ。

起訴が決まった以上、保釈金さえ積めばその日のうちにでも保釈になるだろうと信じていた私たちは、なおも証拠隠滅のおそれによる勾留が続いていくと知らされて、歯ぎしりする思いであった。せめても、起訴と決まった日から接見と書物の差し入れ、手紙のやりとりが許可されることになったのが、暗くなりがちな私たちにとって唯一の救いであった。待ちかねていた私たちは、一日に四人から六人の面会者を小倉拘置所にかよわせるスケジュールを立てた。

私が得さんと面会したのは、接見禁止が解かれて二日目であった。呼び出されて入った狭い面会室は二重の金網越しである。「やあ！」得さんは、まるで私の方を励ますように笑いながら言葉をかけてきた。「心配をかけます。……外であんたがどんくれぇ苦労しよるじゃろうと思うち、その方が済まん気がしてなあ。また痩せたごたるなあ。あんまり無理しなんなちゅうても、無理せんならんじゃろうけど、あんたまで倒れたら、ほんとにおしまいじゃもんなあ。わしんことは、ほんと気にせんじょくれ。取り調べも大したこたぁなかったし……なあに、いっさい黙秘します黙秘しますで通して、検事もああそうですかちゅうだけで、こっちが拍子抜けするごたったわ。……みちみない、肥ったが。……どうで、海岸の方の埋立てはどんどん進みよるんじゃろうね。うん、うん、そうじゃろう、くやしいけどなあ……」

私の方は何やら照れてしまって、あまり言葉もさしはさめないのだった。こうしてはずんで話している得さんの、再び独房に戻っていってからの孤独な表情がみえるようでつらいのだった。僅か一〇分間と限られる面会中も、横に看守はつききりで会話を筆記してゆく。少しでも運動の内容に立ち入る話になると、制止された。

得さんとの面会を終えれば、西尾さん、上田さんとの面会を申し込んで、またしばらく待合室に座らねばならない。ここに来てひっそりと面会の順番を待っている人々は、いずれ勾留中の誰彼の家族や身内なのだろう。私はここに座りながら、ひしひしと権力の持つ二面性を痛感するのだった。

温順な民衆にみえているのは、いかにも公正で憲法的な表情の、こわくない権力機構であり、それはむしろ良識社会の一員たる自分を守り奉仕してくれているものとして信じられる。だが、いったんそれに抵抗した者に対しては、権力の相貌はもはや一変して迫ることになる。今、私たちに襲いかかっている恣意的で冷酷非情なものこそ権力の裏側の素顔なのであり、その素顔は良識社会の枠内にいる限り巧妙に隠されているゆえ、権力がそんな一面を持っているということ、否それこそが権力の本性だということを、とうてい信じてもらえぬのだ。良識社会からいったんはみだし、そのことによって弾圧にさらされるまで、分かりえない仕組みなのだ。

こうして面会待合室の固い椅子に来て座る人々は、よしどんな罪びとの身内であれ、今では権力の二面性を痛いほど知らされている者ばかりに違いなく、この待合室を出てさりげなく良識社会に戻っていったとしても、周囲とはどこか異質なかげりの濃い孤独を抱いているに違いないだろう。——そんな思いで、私はその小さな部屋に隣り合わせた寡黙な人々を、秘密の共有者のような親《ちか》しさでうかがうのだった。

私の夏は、小倉拘置所と明神海岸の往復の日々となり、瘦せ果てた身体ながら、さも健康体のように相貌のみは陽に黒く焼けていく。

第三章　山の神、海の神

海に顕つ虹

明神海岸にかよって行く。

毎朝、くたびれた黒カバンをさげて出て行く私に、「おや、お勤めを始めましたか」と尋ねる人がある。いいえ明神海岸で抗議の座り込みです、とはいわずに私は曖昧に笑う。いっそ通勤だと思われている方が気楽なのだ。

毎日町を行きつつ、私にはえもいえぬ気遅れが消えぬ。町の日常は、確かな労働を持った人々で溢れていて、その中をたった一人で座り込みにかよって行く私だと知られれば、きっと薄笑いされるだろう。確かな日常に支えられた大人社会では、日常生活からはみだした座り込みなんかはおっちょこちょいがわきゃがっちすることとしかみえぬのだ。「あん馬鹿が、いい年をしちから、学生んじょうと一緒におだっち、仕事もすらぁせんじ、なんの考えよんのんか」という侮りが耳元で聞こえる気さえするのだ。

自宅からバス停まで歩いて一〇分。中津からは豊前市八屋まで西鉄バスで一五分。降りて海岸まで徒歩一五分。それが毎日の通勤行程だ。

八屋のバス停で降りて、豊前の駅の西側に並ぶ鉄工所街を抜けて行くが、そこを通る時、ことにうしろめたい気遅れの意識は濃く働くのだった。顔中を汗と機械油と鉄錆にまみれて働いている作業員の確かな労働に、私の非生産的な座り込み行為が圧倒されそうで、つい気恥ずかしさにうつむいて過ぎてしまう。海岸に至るにはふたつの道があるが、いずれも築上火力の広い構内に沿うて、その外周を行くことになる。表まわりか裏まわりかの違いだけである。

私はいつも表まわりの道を辿る。そちらを行けば、厳島神社の参道を通り、小さな森を抜けるのだ。トベラやマサキやセンダンやハゼ、ヒメユズリハ、楠などの樹木が茂っていて、既に蟬の鳴き声が濃い。ここの厳島神社も宮島のそれの分社なのだろう。「女の神さんじゃから嫉妬深い。こん森んもんを何ひとつ取ってんがたたらるる」と、地元の老人にいましめられたことがある。子を連れて蟬を取っている時だった。

神社の正面境内を横切ると、狭い海岸である。そこに学生たちが座り込んでいる。

得さんたちの逮捕にうろたえて、どこまで広がっていく弾圧か見当のつかぬ不安のままに、私は学生たちの一時的撤収を提案したのだったが、けっきょく学生たちはあくまでも海岸に居座って弾圧とも対峙する方針を貫いた。そして、それこそが正しかったと今頃に気付く私は、そのことで自らを責めねばならなかった。実力阻止闘争に入った段階から、私の中の生来の臆病さと非行動性は、きわどい時点で運動の方向を誤らせるのではないかという不安と懊悩を、ひそかに私は抱き続けている。

豊前高教組、自治労による、最初のうちは二人ぐらいは来ていた座り込み動員もいつしか途絶えてしまい、今は学生たちが網干場からこちらの団結小屋に移り、テントも場所を変えた。日常の勤務と組合活動を持つ者たちにとって、連日の座り込みスケジュールはやはり無理だったのだ。

そして、それはただ時間的な問題だけではなかったかもしれぬ。おそらく、ここに座り込むことの意義をついに自分のものとできぬまま、そのむなしさに負けていったのであったろう。現実に眼前の海に毎日のように一〇隻前後のクレーン船がやって来て傍若無人な捨石を続けていく、それをただじっとこの団結小屋から見守っていることにどれほどの意義があるのか。市民の眼にふれることもない場所ゆえ、そんな抗議行為のなされていることすら知られず、九州電力にしても何の痛痒を感ずるはずもないのだと思えば、毎日繰り返すその行為が炎暑の中でたちまちむなしくなっていくのだ。

私にもそんなむなしさと不安の湧く日がある。そんな時、私はあわてて首を振る。迷いや疑いを振り払うように。今そんなことは考えまいと思う。よしんば無意味であろうとも、ここに座り続けるのだ、頑迷なまでに座り続けることによって現実状況に呑みこまれぬ屹立した反対意志を研《と》いでいくのだ。懸命にそう考えるのである。

キーッ、キーッ

座り込んでいると、毎日のように背後の森で鋭く透る声が鳴く。キーッ、キーッと鳴いて、それからにわかにせわしない急調子に転じてキュユーイ、キュユーイと際限なくひとしきり続いていく。コジュケイである。鳴き声はしても、姿はあまり見せない。

姿を見せるのはカワラヒワだ。その小さな緑褐色の姿を私たちのすぐ近くまで寄せてくる。座り込み小屋の床が低くて、そこに座っている私たちの視点が地べたに近いからか、海岸の土の上をヒョコヒョコとはねて動く小鳥が、今までになく可憐にみえる気がする。(低い視点の面白さといえば、海岸の地べたにとまる黒い蝶が、さながら青い海を背景にして大きく美しく見えることがあった)

そんな小鳥のひとつひとつを教えてくれるのが狩野さんだ。野鳥を愛して一人で山歩きを続けてきた彼女は、野鳥を追いつめていく開発のすべてに激しい憤りを抱き、そんなことから豊前火力建設反対運動に深入りしてきたのだった。北九州から明神海岸によくかよってくる。

おかしなのは、私たちがいる団結小屋の天井近くに鉄のパイプが吊り渡してあって、その中に雀が巣を作り、椅子を踏台にして覗いてみたら、二羽の雛がかえっているのだ。親雀にしてみれば、去年から廃止されているこの海水浴休憩場に、まさか常駐者が出現しようとは思わなかったのだろう。私たちは親雀をおびえさせぬよう、わざと雛のことには知らぬふりを続けた。

シラサギは、毎日のように明神漁港の先の方の入江の干潟に群れて餌をあさっている。時には捨石作業の上を翔んだり、埋立て区画内に降りたつこともあった。この豊前市の山の手には、もう福岡県内でも稀なほどのシラサギのコロニー（集団棲息地）があって、そこから飛んで来るのだ。その丘陵には、樹木にまるで白い花のようにシラサギがとまっていて、その華麗さを是非一度見ませんかと狩野さんに誘われながら、しかしそこは蛇山と呼ばれるほど蛇がウジャウジャいると知らされて、死ぬほど蛇のこわい私は悲鳴をあげて敬遠している。

「もう、県内でもほとんど唯一のコロニーなんですよ。この前、その丘陵を崩してバイパスを通す計画が出されたけど、みんなの反対で迂回させることに成功したんです。でもいくらコロニーが保存されても、こうしてシラサギの餌場である干潟が埋立てられていったんじゃ、またシラサギはどこかへ追いやられてしまうんですよね。野鳥が逃げて行くような世界に、私は住みたくないなあ……」

狩野さんの憤りは、いつもそこにいきつく。

この海岸で、最初カモメらしいものを見かけた時、おや、と思った。私は自分の家の近くの山国川川口で毎年春の終わりにはカモメがいっせいに姿を消してしまうのを知っているので、カモメは夏季には日本から遠く去っているのだと思っていた。実際大部分はカムチャツカの方に渡るらしいのだ。しかし、この海岸には一〇羽ぐらいのカモメが居残っていた。どうしてかなあと狩野さんに尋ねても、彼女も首をかしげた。

彼女は、早暁から一人双眼鏡をかかえて観測に立ち尽くすことがある。その時の観測記録を、あとで団結小屋に貼り出すのだった。

たとえば或る日――

コサギ　v（漁港干潟）多数
キアシシギ　v（漁港干潟）多数
カモメ　f（正面海上）三羽
コアジサシ　f（正面海上）一羽
セッカ　c（九電旧埋立地）一羽
トビ　f（明神潮湯上空）一羽
ハシボソカラス　f（明神漁港上空）一羽
カワラヒワ　v（海岸）二羽
コジュケイ　c（神社森）？
ホオジロ　v（九電構内）一羽
ムクドリ　f（神社）一羽
ツバメ　f（海上）一羽
アオバズク　f（神社森）一羽

vは、いたという符号、fは飛んでいたという符号、cは声だけ聞こえたという符号で、いずれも観測の正式符号だそうである。

つゆの日々、団結小屋はみじめだった。

細長い廊下で、前後に囲いの板壁もないことゆえ、少しでも風を伴えば雨はもろに降り込んで、私たちの居場所をなくすのだった。床に敷くムシロをあわてて吊りさげたりしてしのぐくらいが精一杯の対策である。

七月一六日も、雨はひどく吹きつけていた。本当はこの日、環境権訴訟の方の明神海岸現地検証のはずであった。裁判長に来てもらって、この傍若無人な埋立て光景をその眼で見てもらう予定であった。それを前日、私はことわってしまっていた。

もともと私たち原告側が申請し、裁判所が決定した現地検証を、私はことわったのだ。ことわるしかなかったのだ。

私たちが緊急な現地検証を申請したのは、まだ埋立て免許の以前のことで、近々にその免許が出そうなので、免許が出れば九電は強行着工することは間違いなく、そうなれば私たちが訴訟の中で主張し続けている環境権の大きな内容を占める〈海〉そのものが喪われてしまうことになり、だから是非緊急に裁判長に現状を見てほしいという趣旨からであった。六月二〇日の第三回の法廷で裁判長は現地検証を七月一六日と決定したが、九電はそれを無視して事前着工に踏み切ったのだった。

現地検証の日が近づいて、細目打ち合わせのため、私は一人で裁判所に出向いた。その打ち合わせの席で、裁判長と陪席判事のいいだした説明に、私は唖然としてしまった。

「松下さん、船で海上に出て検分しろというあなたがたの主張ですね、つまり埋立てによってどのように海が汚染されていっているかを見てほしいという趣旨だと思うんですが、それはどうですかねえ、……それは船を出すから海上に出てくれといえば出て行って海の汚れも見ますけどね、しかしひとつはっきりと理解しておいていただきたいことは、あなたがたの訴訟と埋立ては法的には無関係だということなんですね。いや、ちょっと待ってください。つまり、あなたがたの本件訴訟の請求の趣旨はですね、火力発電所を建設してはならないとの判決を求めていますわな、文面上そうなってるんですよね。そうするとですね、もし仮にあなたがたが本件で勝訴したとしてもですよ、それは発電所の建物を建ててはいけないという効力だけであってですね、埋立てをしてはいけないという点にまで判決効力は及ばんわけです。どうも、そこんとこをあなたがたは混同なさってるふしがみうけられるもんですから……」

「そらぁどうもおかしいですね。そんな考えかたがありますか。明神の埋立てが豊前火力建設のための埋立てであることは誰だって知っていますよ。とすれば、建設というのは土台の段階から建設のはずじゃないですか。建設してはならないとの判決を求める請求には、土台も造ってはならんという意味がこめれているのは当然で、だから埋立てまでを差し止めようとしていることは、誰だってそう解釈するはずですよ」

「法的に厳密にいえば、そうはならないんですよね。埋立てと上物《うわもの》は明瞭に区別されるわけです」

「どうも、なんか納得出来ん話ですね、……埋立てと本件訴訟が関係ないといわれるんなら、じゃあ私たちは現地検証で何を見てもらえばいいんですか？」

私はいささか茫然として帰ってきて、裁判所の考えかたを皆に伝えた。直ちに、近々に迫る現地検証をどのように組むのかの会議がひらかれた。裁判所が示したような詭弁的な考えかたのもとに曖昧な現地検証をする意味が果たしてあるのかという強い疑問が出された。そのような現地検証を実施することは、私たちが裁判所の考えかたを納得して呑んだように受けとられかねぬというのだ。けっきょく、会議の結論が出されずに私一人の判断に任されたような形になってしまい、そのまま前日がきてしまって、私はもう投げやりな気持ちで現地検証撤回を裁判所に申し入れたのだった。ちょうど得さんらの勾留再延長を小倉裁判所が決定した日であり、私にはもう裁判所への激しい不信感が突きあげていたせいもあったといえる。

まぎれもなく火電の土台となる埋立てであるのに、その埋立てが建設の一部ではないということは、どう考えても法的詭弁ではないか。本当なら現地検証の最中であるはずの午後、降りしぶく雨の飛沫に濡れながら、私はめいるような気持ちで座り込み小屋にかがんで、法律というものと私たちの常識がなぜこんなにも乖離していくのかを考え続けた。

いっそ、この土砂降りの雨中に、なにくわぬ顔で現地検証に来てもらい、ここで突如それを放棄して、この座り込み小屋で眼前のすさまじい破壊行為を見せつつ裁判長一行と討論するという手もあったなと、前日、衝動的に撤回を申し入れて好機を自ら逸してしまったことへの悔いも心の底に湧いていた。

つゆが明けて夏休みに入ると、私は健一と歓を連れて海岸にかよった。「よお、ケン君とカン君来たか」といって、学生たちにかわいがられた。

最初の頃、私たちはよく貝掘りをした。石ころだらけの干潟ながら、その石ころを片寄せて掘れば、アサリ貝がとれる。砂地でないだけに、貝汁にしても砂を噛み合わせることがなく、幾度か家にまで持ち帰った。子供たちは貝掘りよりも石陰にひそむ磯蟹取りを学生たちにねだった。

学生たちも最初のうちこそトタンの上でバター焼きしたり貝汁を朝夕に作ったりしていたが、さすがに食べあきてからは貝掘りをやめていった。

私はこの記録の中に、そんな学生一人一人の名を書きこみたい衝動にかられる。しかしストイックなまでに無名でありたいとする彼らを裏切ってはなるまい。彼らが無名を願うのは、ひとつには不当弾圧に対する防禦としての身元不明者でありたいということには違いないが、それ以上に、自己顕示の微かにも入りこまぬ無名の一兵としてこのような闘争を貫きたいという厳しい信念によるのだと察しられる。私は必要に応じて、学生一人一人を符号で書き分けていくしかあるまい。

学生G、学生Kは既に今年三月から一度も学校にも自宅にも戻ることなく、この現地に張りついて生活をしている。この二人の常駐者を軸に、他のメンバーは時おり学校に戻って交代する。その学校の名も、ここには記すまい。GとKに、「卒業はどうなるの？　ほとんど常駐を続けて無理ないの？」と尋ねた時、二人は照れたように、「それを改まって聞かれると困るんだなあ。まだぼくらの内心でも決着がついてないもんなあ。……でも、ぼくら無責任な去りかたは絶対にしませんよ。もし、ここを離れるときは必ずぼくらに代わる常駐者を置きます」と答えた。

さすがに、この二人の陽焼けは際立っている。

ある夜、明神の一人の男が酒に酔うて私にからんだことがある。

「おや、あんたが松下さんですか？　へえ、わしはまた、松下さんちゃ反対運動の大将じゃから、もっと堂々とした恰幅の人を思うちょったら、えらく貧相やなあ。……ま、あんたが松下さんなら、いいてえこつがある。松下さんよ、あんたもっと男らしくスカッとしないちゃ。いったいこげなん所にじっと座り込んじょっちから、なんになるんな。やるならやるで、もっと勇ましいことをやんないちゃ。あそこん捨石作業んとこまで皆しち泳いじ行っち、捨石ん山に登っち座り込みゃいいんじゃら。そげえすらぁ、工事は一発でストップするじゃろうが。どうせ反対すんのんなら、そんくれんこたぁしないちゃ。それもしきらんのんなら、あっさり解散しち、学生んじょうを親元に帰しちゃんないちゃ。あれを見ちみない。あげなん姿を親が見ちから、どげえ思うか、あんた考えたことあるんかな……」

　学生たちは団結小屋の内でローソクの灯に寄り添い、遅い夕食をとっていたのだ。

　私はこの男に、いいしれず腹が立った。なるほど、石山に行って座り込めば工事は完全に停止させうる。そのことは私たちも早くから検討したことなのだ。ただし、その座り込みが学生たちだけであれば、たちまち警察が出動し容赦なく一網打尽の逮捕となることは目に見えているのだ。もしそこに座り込むのが、明神地元の住民によるのであれば、事情はよほど違ってくる。無責任にけしかける前に、なぜあなた自身が地元住民としてあそこに座り込まぬのですかと激しく問い返したかったが、酔うてしかものをいわぬ人に、何をいい返しても無駄だという気がして、私は黙っていた。男らしさというのは、あなたがいっているようなものではない、それは時にはみっともなく、歯切れ悪く、臆病にすらみえかねぬもの、それでいて決して屈することなく持続していくもののことなんですよともいいたかった。

「学生んじょうを帰してやんない」という言葉から察して、この人は、あたかも私が学生たちに指図してここにとどまらせているのだと信じていることが分かる。事実、その数日前の新聞には、「明神海岸の学生たちは一日三五〇〇円で雇われて座り込みを続けているとの噂が流れている」ことを報じて、「ああ、そんならどう楽じゃろうなあ」と、学生たちを苦笑させたのだった。さまざまな中傷が、市民と海岸の私たちの分断を策して意図的に流されているのだ。功利でしか動いていかぬ大人社会の中で、もう無私の精神は容易にその存在をすら信じられなくなっているのだろう。

　この団結小屋の座り込みは、厳しいまでにそれぞれ参加者の自己資金の拠出で支えられているのだ。たとえば食事。彼ら学生たちは節倹して朝昼を兼食するゆえ一日二食である。その兼食の朝食は当番が自炊する。最初の頃はひたすらに貝汁だったが、それにあきてからは、ワカメの味噌汁かおじやだったり、いずれも簡単な粗食に過ぎない。そんなことでは本当に栄養失調になりかねぬので、夜だけは中津から食事を運んでくる。初め、私の妻が一人で炊きだしを担当していたが、すぐに中津の会員である七人の女性が曜日ごとの担当を決めて交代するようになった。そんな食事代すら彼らはきちんと一〇〇円ずつを積み立てて、月末には中津の会に払い込んだ。それでは自己資金（親元からの送金）を使い尽くすから、そこまで気をつかわなくてもいいというのに、「いえ、どうせどこで暮らそうと、食費は要るんですから。一〇〇円なら安いもんです」と笑う。

七月の終わる頃、ほとんど毎日のように午後になると驟雨《しゅうう》が襲った。その唐突さは呆れるばかりで、時には貝掘りに降りていた干潟から駆け戻る間さえなくて、子らと共にずぶ濡れになることもあった。驟雨の沖に白光が奔り、やがて雷鳴がとどろき渡る。

「おとうさんちゃ、はっぱがおどりよる！」

激しい驟雨は森の枯葉を打ち落とし、その枯葉が地上でまた雨足に打たれて反《そ》り返ったままはねるのを、子らが面白がるのだった。海岸の雨がそんなに激しいのに、明神漁港の西空は明るくて薄陽がさしていたりすることもあって、これはきっと虹を見るだろうと、私は期待した。

七月三一日夕六時、ついにその虹を見た。

とびきりすばらしい虹だ。

太くあざやかな虹の足が海上から顕《た》っていて、その虹を透して向こうに宇島港の西防波堤が見える。とすると、この虹は渚に立っている私たちからほんの三〇〇メートル以内の至近距離に顕っていることになる。私は興奮した。

私は、よく街中の空にかかる淡い虹を仰ぐたびに、その虹の顕つ足元はどこだろうと想い、その遥かなどこかに駆けつけてみたい少年のような衝動にかられるのだったが、その想いを果たすことはなかった。はからずもこの日、私はついにその幸運に遇ったのだ。虹の顕つ足元を、確かに見てしまったのだ。おまけに、この日の虹は、二重の虹だった。

「ダブル・レインボーの場合はね、外側に顕つ淡い虹を見てみなさい。ほれ、色順が内側の虹とはちょうど逆になっちょるじゃろ」

私が指呼していうと、あっ、ほんとだと学生たちは新発見したように驚いてうなずいた。

「主虹と副虹は、常に色順の配列が逆になるんだよ。科学的にいうとじゃなあ、空中の水滴に射しこんだ光線が一回の反射で出ると、外側が赤、内側が紫の主虹になって、二回の反射で出ると、外側が紫、内側が赤の副虹になるちゅうわけだ」

得意になって私は説明する。実は以前に、「虹の通信」という小さな作品を書いたこともあって、虹には関心が深かった。

この頃の驟雨は、たいてい夕べには霽《は》れて、雨に洗われたあとの夕日の美しさは格別である。

この海岸の西端は明神鼻の突堤だが、その内側はずっと入江となって流れが深く入り込み、その入り込んだ窪みに突出して九電の旧埋立て地（石炭専焼だった築上火力の灰捨場）があり、その向こうにずっと弓なりの大きな湾曲が遥かな北九州まで続いている。この入江の口にあたる部分の対岸あたりが、松江、椎田の松林の続く海岸で、その背後にはなだらかな山裾がさながら丘陵のようにゆるやかにゆるやかに続いていて、毎夕このスロープの上で落日は赤く輝いた。

その輝きは入江の海面を、明神鼻突堤と平行にひとすじキラキラと染めて、さらにはこの狭い海岸に駆雨の残した幾つもの水溜りをも染めあげた。

なぜかいつもそのスロープの上あたりは、低い雲が横に黒くなびいていていて、だから山裾の向こうに隠れこむ前に落日は雲の中に隠されてしまうのだった。落日が隠れたあとのやさしい余光の中で、学生たちがバレーボールに興じることもあった。狭い海岸なのですぐにボールは海に落ちて皆をあわてさせる。

その頃、私は帰って行く。

学生たちを浜に残して自分だけが〈家庭〉に帰って行くことの疚《やま》しさは、幾日、日を重ねても私の内からぬぐえぬのだった。

気鬱

七月二五日の夕べ、新聞記者が団結小屋に来た。珍しいことである。

六月の強行着工時に繰り込んだ報道陣も、埋立て工事が着実に進んでいくと分かると、もう取材の興味を失って寄りつかなくなり、なお抗し続ける私たちの執拗な運動が紙面に登場することもなくなって久しかった。

「九電は、明日陸上作業を開始するといっていますよ。あなたたちとしては、どんな阻止行動をとりますか？」記者が耳元でささやいた。

「ケッ、芝居がかったことをしやがるなあ」

海上着工からきっちり一カ月目の、いわば〝記念日〟を陸上工事着工に選んだ九電の底意に、私たち無力な反対派へのたっぷりな嘲笑がこめられていることを私たちは感じとった。

陸上作業開始が明日と告げられて、私たちに驚きはなかった。むしろ、なぜ九州電力がこれまで陸上作業を延期し続けているのか、その方が最初のうち私たちには不可解であった。着工しようと思えば、いつでも出来たのだ。せいぜい一〇人ほどの海岸座り込み部隊が時おり状況監視に巡回するとはいえ、築上火力正門前に座り込みを置いているわけではなし、九電はその気にさえなればいつにでも陸上着工を押し切れるはずであった。

なんのことはない、陸上作業を急ぐ必要は少しもなかったことが、やがて私たちにも分かってきた。明神地先の埋立ては、まず海中に埋立て区画の外壁護岸を造りあげ、そのあと沖の海底を浚渫《しゅんせつ》した土砂をサンドポンプで護岸内に送り込んで沈澱させるという工程をとる。最初のうち、ただ無造作に放り込まれていくとしかみえなかった石の山が、今では定かにつながって直線の護岸を成し、海面に埋立て区画を描き始めている。これが護岸の基礎で、この捨石の壁の上にセルラーブロックという巨大なコンクリートを置く工程が続く時期にきているのだ。

陸上工事とは、このセルラーブロックを築上火力構内で製造することだったのだ。そうと分かれば、捨石による護岸基礎の進むまではブロック製造の必要はなかったのであり（巨大なブロックの置場所を考えれば、むしろ事前製造は避けねばならなかったのであり）、今ようやくその時期になったゆえの陸上着工だと知ってみれば、この一カ月の陸上の静穏を、いかにも私たち反対派を刺激しないための遠慮のごとく宣伝してきた九電のずるさに呆れてしまう。

その夜、私たちは豊前の坪根侔さん方に集まって、陸上着工阻止行動をどう展開するかを話し合った。坪根さんたち豊前高教組は既に夏休みに入って、主力メンバーが各地の大会や研修に散ったあとで、にわかに明日の動員には間に合わぬという。もうひとつのたよりである豊前自治労の動員も、こう緊急では不可能だという。とすると、他に組織動員のあてもなく、けっきょくいま海岸に座り込んでいる部分だけによる阻止行動しか出来ぬのであり、その結論に皆沈みこんでいった。

おそらく陸上工事着工とは、セルラーブロック製造のための資材を築上火力構内に搬入することであり、それを阻止すべく、たとえ二〇人足らずでもピケラインを正門に張るべきかどうかに議論は集中したが、既に誰も弱気であった。

座り込むとしても、その二〇人足らずのほとんどが学生と中津勢という外人部隊ばかりだという点が問題であった。外人部隊に対して警察は容赦ない。おそらく巧妙な罠をしかけて待ち構えるに違いない。どんな些細な行為をも逮捕の口実とするだろう。そして、もし学生が逮捕されれば、必ず海上阻止行動の別件捜査にひっかけられることになるだろう。検察側は、得さんらを保釈出来ぬ理由として、まだ未逮捕の学生十数名のことを公言しているのだ。これ以上の逮捕者を出す危険は避けたいという思いは誰にも強く働いていた。

途中幾度も新聞社や放送局から明日の阻止戦術を問うてきて、それでなくても沈鬱な会議に無遠慮に踏みこんでくる傍観的第三者に、私たちは苛立ち、返事もせずに電話を切るのだった。マスコミが海上着工時のように派手な阻止行動を期待し私たちを挑発している底意に、ニュースだねに喰いつく者たちの無責任さが丸見えで、そんな手に乗るかという怒りがあった。

「いっそ肩すかしするか？」

誰かが、思いきったようにそういいだし、それしかねえなあと私たちは溜息のように呟いた。

「べつに闘争の接点は着工初日だけに限るこっちゃないんじゃちゃ。第一、こんな形でいつも九電側から闘いの日時を設定されるということが、ぼくらの敗北なんだよね。いきなり向こうが明日の着工を宣言してきて、それに対応出来んからといってぼくらおたおたしてしまう。それじゃ駄目なわけで、むしろぼくらの側から闘いの日時を設定すべきなんだと思う。仕掛けられるんじゃなく、仕掛ける側に立たんとぼくらの闘いは敗北の連続と思うわけ。……こっちの戦列を揃えて、出来るだけ早い時期に奇襲をするという、そんな積極的な闘いを確認しあったうえで、明日は肩すかしとしようよ」

坂本君がそう結論して、重苦しい会議の終わったのは、午前一時であった。

私は翌朝、恒遠君と小倉拘置所の面会に行って、着工現場には顔も出さなかった。帰ってきて今井紀子さんに聞いたら、「それがねえ、午前一〇時頃トラック三台とコンクリートミキサー車が二台、さあっと走りこんで、それだけやったんよ。あともう、なんぼ待ってもなあもないんよ。……築上火力正門の辺に人がいっぱいいるんで双眼鏡で見たら、それがまあ私服のおっちゃんと報道陣だけじゃら。いんちきくさい陸上着工やったなあ。私服だけで二〇人は張り込んじょったんやないやろか」そういって笑った。学生たちは団結小屋でわざと昼寝をしていて寄りつかなかったという。

その日、夕刊の報道は呆れるほど大げさであった。「無抵抗の資材搬入」「反対運動ヤマ越す?」「かけ声も出ず、力不足に歯ぎしり」――大きな見出しのどれもが反対運動の収束を暗示していて、団結小屋の私たちを憤激させた。

「もうあなたたちは反対運動をやめてしまったんですか?」

報道の波紋はさっそく、そんな問いかけで返ってきた。幾人もの豊前市民から、がっかりしたようにそう問いかけられたといって、学生たちは驚いた。まるで無関心みたいにみえながら、心情的にはひそかに反対運動の動向を見守っている市民がいたのだという事実に、かえって学生たちは励まされる。

私たちは決して反対運動をやめたのではありません、豊前火力建設を阻止するまであくまで頑張り続けます、共に立ち上がりましょう。――学生たちは、マスコミが報じた反対運動収束ニュースを打ち消すビラを作って、街頭に出て行った。これが〈テント通信〉第一号となって、以後の毎日、通信ビラは団結小屋で発行され、宇島駅周辺の街頭で配布されるようになった。

その頃を境として、テント小屋（団結小屋）は単なる抗議の座り込み場所から一歩踏み出して、豊前市民へ積極的に働きかけに繰り出していく拠点という性格を帯び始めた。

だが、陸上阻止行動を見送った私たちへの批判は、思いがけないところからも突きつけられた。拘置所の中の西尾、上田両人からである。拘置所では正午のラジオニュースだけは聞くことが許されていて、豊前火力の陸上工事開始と阻止行動のなかった平穏さを、二人は二六日の昼には知ったという。なぜ阻止行動を見送ったのかという痛烈な批判に、面会に行った学生たちは返す言葉もなくうなだれて帰ってきた。

「だいたいやのう、わしどうが身体を張ってまで応援に行ったんはお前たちが絶対阻止の実力闘争をやるちゅうたからやないか。よし、それなら支援せにゃいかんと思うて船を走らせたんやないか。実力阻止闘争をやるならやるで、なして徹底的にやらんのか。実力阻止とかいうても、けっきょくかっこういい言葉だけけんことじゃねえんかな？……捕まってしもうたわしどうは鉄砲ん玉じゃったんか。ふりかえったら、あとに続くもんは誰もおらんじゃないか。お前たちは捕まるのんがおそろしいで運動が出来ると思うちょるんか。えっ、わしどうは、ただの鉄砲ん玉じゃったんか……」

怒りをこめた二人の批判は、私たち一人一人の内心を突き刺した。特に私はうろたえた。

佐賀関と豊前・中津の運動はもともと異質である。一方は多数の漁民が中心となって幾度もの実力闘争を勝ち進んできた運動であり、私たちの方は農漁民を含まぬ少数な市民による孤立した運動である。一方が具体的な生活権（漁業権）に根ざした強固な運動であれば、私たちが拠りゆく権利（環境権）は観念的であり、それゆえのもろさがつきまとう。これほどかけ離れた両者が、はからずも刑事事件の被告として共同戦線を組まねばならぬなりゆきとなった時、私がまっ先に気がかりとしたことは、異質な運動を背景として発する意見の激突をどのようにして止揚していけるかという苦しい命題であった。いかに苦しくても、これから長期にわたって、どうしても成しとげねばならぬ命題なのだ。

私は佐賀関に足を運んだ。中津から大分市まで急行列車で一時間二〇分、さらにバスを乗り継いで一時間、半島の先っぽが佐賀関町である。

「なんにも気をつかわないで下さいよ。これまで捕まらない方が不思議なくらい激しい運動をしてきてるんですからね。豊前のことがなくっても、どうせいつかは捕まることは覚悟していました」

上田、西尾両夫人は、逆に私を励ましてくれる。西尾さんの姉にあたる人が自慢のトコロ天をついてくれた。私は、これからもたびたびこの遠い漁の町に来ねばならぬと思った。そのようにしてしか佐賀関の運動を理解出来まいし、西尾、上田両人との共闘も組めぬと思うのだ。

今、激しい怒りすらともなって佐賀関の二人から批判が突き出されているのも、その背景には佐賀関でのみごとに成功してきた実力阻止行動の実績を踏まえた自負があってのことであり、それは同時に、僅か二〇人足らずの外人部隊のみで阻止戦列を組まねばならぬ非力な運動の苦衷までは察しかねるということでもあろう。

「けっきょく、わしどうは先走った鉄砲ん玉じゃったんか」

自分が直接に聞いたのでもない二人の怒りの言葉が、私の耳朶《じだ》に反響し続けてつらい。支援に来てくれた人を裏切ってしまったと思うほどつらいことはない。

そして苦しいのは、二重の金網に隔てられ、傍では看守が筆記を続ける中でのたった一〇分間の面会に、二人の怒りを解くようなどんな立ち入った会話も不可能だということであった。心中どんなにあせろうとも、対面すれば言葉を発しえぬもどかしさのままに接見時間は打ち切られ、再び隔絶された独房に戻されていく二人の怒りと不信の増殖は、痛いほどに察しられるのだ。

私が割りあてて送り出す面会者も、戻ってくる時には悄然としている。私の心労は深まった。ああ、いっそ自分が代わりに拘置所に入ってしまいたい——苦しさのままに、つい投げやりにそんな逃避的な思いがよぎるのだった。

三萩野病院闘争のＳさんたちからも、「少人数だからピケを見送るというんなら、それはもう限りない後退なんだなあ。七月二六日を見送ったのは、どんな理由があったにせよまずったな」と、やんわりといわれて、私たちはますますしょげてしまった。

拘置所内の佐賀関の二人の怒りと不信を解くには、言葉が封じられている以上、けっきょく運動の中での敢然とした行動を見てもらうことしかないのだと、悄然とした気落ちの底で私たち一人一人の自覚は闘いの方向を定め始めていた。

ある日、茫然としたように私は厳島神社の森の小径にたたずんでしまったことがある。心中を占める寂しさが、誰にも見られていないそんな場所で、団結小屋に向かっていた私の足を不意に止めてしまったのだ。それは、思わず洩らした吐息ほどの停滞で、すぐに私は海岸の学生たちの方にあゆんでいったのだったが。

孤独が心を占めていた。

二年余の豊前火力阻止闘争の中心にありつつ、ついに運動に不向きな自分の性情を改めえぬどころか、この厳しい実力阻止行動の段階に至って、己の気弱なもろさはいよいよ露呈され、そしてそれが自らを羞恥で傷つけるだけでは済まず、運動全体を際どいところで誤らせているのかもしれぬというひそかな動揺が、よけいこの頃の私をぎくしゃくさせていた。

学生たちの遅疑を払拭した活発な行動力に占められる団結小屋で、ひとり私は〈お客様〉のように座り込んでもの思いにふけりがちだった。

学生たちは地図を広げて、豊前市内八〇〇〇戸の全戸ビラ入れを企図し、毎午後いっせいに組をなして散って行った。山の峡の深みまでを市域とする豊前全戸にビラを洩れなくゆきわたらせようという行動は、小屋の全員が集中しても多くの日数を見込まねばならぬ。それが分かっていながら、私はビラ入れに加わることもなく、小屋守りを続けた。学生たちも、そんな私をかりだして行こうとはしなかった。

私がひっそりと小屋守りに徹したのは、ひとつは体調の問題があった。前の年一〇月一日に私は久々の喀血をしていた。それは、その年の夏に電調審粉砕行動などで激しく動きまわった無理が、秋になって出たのだという反省があって、この夏は体調をセーヴしておきたいという用心が働いている。もし今年また喀血を繰り返せば、もう否応なしに入院が宣告される。それだけは避けたかった。

そんな体調の問題が根底にありつつ、しかし今の私には、何かもうこれ以上一歩の行動にすら踏み出せぬ気遅れが激しくて、それはむしろ気鬱と呼ぶべきかもしれぬ病的な小暗さで私を追い込んでいた。

私には何もかも自信がなくなっている。

かつて、ある人が私とようやく親しんできた頃、笑いながら打ち明けることがあった。「最初の頃、あなたはひょっとしたら自閉症じゃないかと思ったもんでしたよ。だって、あなたはまるきりものをしゃべらずに寂しい顔をしているんですからね」

よほど馴れきるまでは、どうにも人とたやすくものをいえぬという孤独な少年めいた欠陥は、今も寂しいまでに私の印象を偏屈にみせているらしい。

一人でも多くと語り合い、一人でも同志に引きこんでゆくことから出発していく住民運動の原則からすれば、私は甚だしい失格者なのだ。中津市五万六〇〇〇人の中で、真の同志が一〇人足らずにまで減ってしまった原因の大きな部分は私の性格によるのだという自責は、それを知りながらしかしどうしても改めえぬだけに、やりきれなかった。

なぜ、人と気軽に語り合えぬのかと思う。「おはようございます、今日も暑くなりそうですね」そんな路傍の挨拶をすら、ぎこちなく構えてしまう自分の性情の重苦しさをどうすればいいのだろう。誰彼にどれだけ気軽に言葉をかけ、どんなに人恋しく語り合いたい自分であることか。

そんな厄介な性情に加えて、私をさらに運動に不向きにさせているのが、極端な非行動性なのだ。その非行動性は、どうやら私のか弱い肉体そのもののせいであり、そうだとすればこれはもう直しようもなく、私の気鬱を深める。

こんなことがあった。

ある午後、海岸に来たFさんが健一や歓を先に車で連れ帰ってくれることになり、狭い海岸で車をUターンさせていたが、健一が急に忘れ物をいいだして、Fさんは自動車を停めて団結小屋の方に歩いて来た。その時、健一たちを乗せたまま自動車がひとりでに後退を始めるのを見た。海に落ちる！　私は「あっ」と叫びながら、しかし身体は金縛りにあったように立ちすくんで一歩も動けぬのだった。学生Kがすっ飛んで行って、ドアをあけブレーキをかけて際どいところで停止させた。

学生Kの敏捷《びんしょう》な動きと、立ちすくむばかりの私の肉体――その救いがたい差に、内心うちのめされていた。

そんなみじめさを、もう幾百度抱き続けてきただろうか。幼時から異常なほど運動神経が鈍く、徒競走では学校一遅く、運動会がつらくて学校の便所に隠れこんだりした。跳び箱は、高校生になっても一段をも越ええず級友たちを啞然とさせたし、鉄棒にぶらさげてもらっても一度の懸垂も出来ぬのだった。

身体も小さく、瘦せて病みがちで誰にもかなわねば誰とも喧嘩せずに忍んできた。そんな幼い頃からの〈肉体の歴史〉が今も私の精神をまで歪めていて、たとえばそこからそこへ駆けてみるのさえ逡巡するほどに意識と肉体が乖離している。

運動というものが、実に文字通り、自らの肉体を動かして駆けまわることで他者をも動きの中に誘いこみ、ついにひとつの勢力に成長していくことである以上、私の異常に遅鈍な肉体は、運動者として致命的な欠陥である。実力阻止行動という緊迫した局面のさなかで、私の肉体は幾度も金縛りにあったように立ちすくむことがあったのだ。

私はもはや、このいつまた喀血するやもしれぬ四三キログラムの猫背の瘦軀の改良には絶望していて、さればせめてそのみじめな肉体の中にいかに強靱な精神を屹立させていくかを、人には洩らさぬ孤りの永い闘いとして自らに課し続けてきたのだったが、それはついにこの二年余の豊前火力阻止闘争の中でも確立出来ぬことであった。

そんな私なのに、しかし反対運動の中心者としてマスコミに喧伝されていくとき、さながら雄々しき行動者の印象を放つらしく、〈あなたのように勇気のある行動者が羨ましい。私は卑怯な臆病者なのです〉というような手紙をよくいただくことがあって、私はむきになって返信を書く。〈いいえ、私はどうしようもない臆病者なんです。そして、あなたよりもっと非行動的な人間です。だからおよそ運動には不向きですし、実際、運動を好きとはいえません。誰かがやってくれれば自分は手を引きたいというのが本音です。そう思い思い、とうとうここまできてしまいました。恥ずかしいことです〉

座り込み小屋の日々、一番の慰めは訪問客のあることだろう。しかし、そんな日は滅多になかった。海岸に自動車の走りこんでくるたびに、つい私はそちらの方に顔を向けてしまう。それはどうやら私だけの癖ではなくて、学生たちもいっせいに首をもたげるところをみると、人恋いの思いは同じなのだ。ほとんどの自動車は団結小屋の前を過ぎて、突堤の方に行ってしまうのだった。座り込み小屋を訪ねてくる豊前・中津市民はほとんどいない。

「俺たちの雰囲気が悪くて誰も近寄れんのかもしれぬ」と自省して、「日中だらりと寝そべらぬこと。ヌードや漫画の週刊誌は目に触れぬようしまいこんでおくこと。快活にあいそよい態度をとること」などと、学生たちはいじらしいまでの心づかいを示したが、むくわれることはなかった。

たった一人、豊前市内の若い奥さんで、私たちの行動に共鳴して毎日のように重箱の弁当を作って差し入れに来ては、幼い子を夕暮れまで遊ばせていく人があった。「私にはなんにも出来ませんから、せめて学生さんたちにいったいいつまで弁当を作り続けることが出来るか、そのことで自分の意志力を試してみたいと思うもんですから……」その人は頬を染めてそういった。この人も豊前の地つきの者ではなく、二年前に移ってきて、やがてまた去るのだという。「一度都会に出て生活した者にしか、こんな自然環境の貴重さは分からないんでしょうかねえ」

地つきの人々の無関心さを、彼女は嘆いていうのだった。その人も永い里帰りをして、いよいよ小屋への訪問客は稀となった。

海岸に来る人が少ないというのではない。夏休みに入って貝掘りや釣りや海水浴の客は多くなっていた。もはや捨石の外壁でほぼ区切られてしまった海で、工事による濁りも気にかけず水泳を楽しむ者は少なくなかった。

奇妙でならぬのは、そんな人たちがまるで団結小屋に関心を示さぬことである。こうして海に遊びに来るのであれば、海への想いは深かろうに、それでいて眼前の傍若無人な埋立て工事になぜ怒りが湧かぬのだろう。これを怒らぬあなたたちにこの海を楽しむ資格はないのだと、おらびかけたいほどに私は腹立たしくなる。団結小屋の前にとりつけた大きなカンパ箱は幾日たっても空のままである。

八月になった日、明神のおじいさんが団結小屋にやって来た。私の前に立ちはだかると、圧倒されるほどに大きな老人だった。

「あんたたちゃ誰にことわっちここにいるかしらんけどが、地元んもんにとっては、いい迷惑じゃら。だいたい、こん休憩場は夏休みん間はこん辺の子供たちん遊び場で、ここをどんどん飛んじまわって遊ぶのんに、今年はあんたたちが占領しちょるんで、子供たちが遊べん。よおんべ部落ＰＴＡ会で皆から苦情が出ち、どげかしちくりっちゅうこつになって、一応わしが代表じゃから話しに来たんじゃが……なあもわしらは、あんたたちのやりよる運動がわりいとかなんとかそげなんこつをいうんじゃねえ、しかしあんたたちも良識があるんなら、こげえして公共の建物を占領して、そんうえ看板を打っつけたり、なんやかやペンキで書きたてたり、こげなんこつは出来んはずじゃ。こっじゃ、海水浴や貝掘りに来たもんも寄りつけんじゃろうが、……わしらもこげんことが続くんなら、ちっと考えなならん」

その海水浴も貝掘りも今年限りなんですよ。そうさせてはならないからこそ、ここに頑張っている私たちですよといい張りたかったが、かえって依怙地にさせてしまうだけだろう。

「分かりました。じゃあこうしましょう。半分に仕切って、私たちが片側に寄りましょう」

おじいさんはそれでも不満そうだったが、さすがにそれ以上は強硬にもいえずに帰っていった。そのあと、私たちは細長い建物の真ん中にムシロを吊って、その左半分だけを座り込みの領域と定めた。こんな地元の敵意をどうすれば変えていけるのだろう？

玲子ちゃん泣く

「なんぼなんでんが、おとうさんは七月中には帰れるよねえ」と和嘉子さんが期待していた七月も過ぎた。保釈要請署名三〇〇〇名分を裁判所に提出しながら、いつ保釈との見込みもなかった。

八月に入って二日目、私は健一と歓を連れての海岸行にれい子ちゃんを誘った。れい子ちゃんは水着まで用意してきた。豊前に着いたのがちょうど真昼だったので、バスを降りた所で二〇個のパンと二〇本の牛乳を買った。一日二食で動きまわる学生たちの健康が気がかりで、時おり私はそんな買い物をしていく。

得さん方にいつも出入りしているので、座り込みの学生たちは皆れい子ちゃんとは仲良しで、一人一人があだ名で呼ばれている。〝アホタニさん〟〝狼少年さん〟〝カッコイイ方のGさん〟〝エラハリさん〟〝カッパさん〟〝オランダさん〟〝ジュリー〟

この日の夕べ、福岡県自治労豊前京築総支部による現地集会がひらかれて、明神海岸に久々に人が集結した。自治労は早くから豊前火力反対現地闘争本部をもうけて組織ぐるみの運動を展開していて、私たちの環境権訴訟にも自治労専従役員の市崎由春さんが原告に加わっている。私たちも集会の後部に加わって地べたに座り込んだ。

集会の終わる頃、ふとすすり泣きが聞こえて振り向くと、すぐ後ろで〝アホタニさん〟の胸に顔を伏せて、れい子ちゃんが激しくしゃくりあげている。彼は、私に弱った表情をみせて目配せした。私は瞬時に悟った。

集会の中で、市崎由春さんが得さんの逮捕と長期勾留の不当性を報告したのを、れい子ちゃんが聞き、これまで伏せ続けてきた事実を知ってしまったのだ。いつかどんなはずみかで必ず分かる日がくるんだから早く事実を話しておくべきだと私は和嘉子さんに勧めていたが、七月末には得さんが帰ってくるかもしれぬと期待をつないでいた彼女は、ついれい子ちゃんにいいそびれて事実を隠し続けてきていた。聡《さと》いれい子ちゃんのことだから、本当はもう薄々と察していたのに違いない。市崎さんの報告がはじまって、すぐに泣き始めたのだという。

「なあ、なあ、れい子ちゃんちゃ。どげえしたんで、なし泣きよんのんちゃ?」

健一と歓が、泣きやまぬれい子ちゃんを覗きこむようにして、不安そうに問い続ける。〝カッコイイGさん〟の運転で、〝アホタニさん〟が抱きかかえるようにして連れ帰った。あとでそのことを知った市崎さんが、「私の不注意で悪いことをしました」と、しきりに気にしていたが、それは仕方のないことだった。むしろこんな形で事実に直面した方がよかったのだと思う。

この夜、私たちは海岸で大きなキャンプファイヤーを焚いた。自治労集会の人々にも居残っての参加を呼びかけたが一人残らず帰ってしまい、けっきょくいつもの座り込み部隊だけで燃え熾る火柱を囲んだ。小さな火の粉は美しく舞い上がってキラキラと海に降った。

満月だった。

どんなに少人数でもいい、こうして肩組める同志のいる限り、私は不器用な運動を貫いていくのだと、不意に涙ぐんでいた。

翌朝、気がかりでれい子ちゃんのことを尋ねたら、電話の向こうで和嘉子さんが笑った。「まあなあ、子供ちゃしようのないもんじゃなあ。あげえ昨日は泣いて帰ったんに、もうけさはケロッとしちょるんよ。これで、うちもさっぱりした。……これまで隠そう隠そうで、どれだけ気をつこうてきたか……」

梶原得三郎さま

梶原和嘉子（手紙）

ここ二、三日の暑さは全くたまりません。夕方からやっと調子が出てきます。

台所のある方の部屋は、二日からじゅうたんをのけて、踏み板も取り去り、障子をはずしておいろかしをしています。おかげでノミの野郎も隠れ場所がなくなったのか、それとも私が立ちどまる暇のないほど足を動かすので、とまる間がないのかもしれないけど――とに角、減ったような気がします。こんなわけで、あなたにはすまないけど向うの部屋で寝起きをしています。（注1）今まで家賃を払っていながら初泊りとは馬鹿げています。

今日は、好子が玲子を連れて、午後から泳ぐとかで明神浜に行きました。したがって私がカレーの用意をしています。七月四日以来、初めてのカレー作りです。時間をかけての料理は全く無縁のこの頃ですが、あなたの方がずっと食欲旺盛のようですね。

昨日、手紙受けとりました。梶原和嘉子様と書かれたあなたの手紙を受けとったことはなかったような――ということは、離れて暮らしたことが今までなかったのかもしれません。その意味でも、耐えることが、大げさにいえば、私の今の大きな試練です。

昨日の面会でも、重之兄さんはしゃべらなくても気持ちが通じるといったふうで淡々とした口調の中に情を感じとりました。きっと二人が面会から帰ったあとは、あなたはここまで来てくれたことのすまなさに胸をつまらせたことだろうと思います。私は反対に、黙っていたら泣いてしまいそうで、とに角面会の一〇分間、中津弁で早口にしゃべりまくってしまいました。でも、面会が許されるようになってから、以前のように拘置所の建物だけ見て帰っていた時に較べて、ずっと気が落着きました。

会社の事は、不思議とおろおろしていません。一度、岡田さんが連れて行ってくれた時、試験課を見せてくれました。（注2）

七月の予定表を書いた黒板や、机の中を開けてみて、主のいない淋しさをちょっぴり感じました。担当箱の中は、矢張り磁石が入っていました。洗濯機や乾燥機の話を聞いたり、以前危かったことのある大きい入口の機械も見せてくれました。昨日、荷物をまとめて、岡田さんと堤さんが持って来ました。帰るまで、そのままにしておきます。お餞別を色々な人たちからいただいています。食券も売りさばいてくれ、改善事業の賞金の積立ては、特に私にと書いて、これは和嘉さんに皆があげようといってくれたそうです。

　私が以前勤めていた電話局でも、幾人かが発起人で私を励ます会という名目で募金をして持って来てくれました。署名のことも多くの人に協力してもらいました。ずっと前に離れた職場ですのに、今尚こうして暖い支援を受け、気の重いこともありますが、好意として受けなさいといってくれるので甘えています。その他、色々な人からお見舞いをいただきました。

　毎日便りをしたいのですが、暇がなくて困っています。

　玲子も黒くなって、矢張り太っています。この頃は私が食事の時間がルーズなので、帰ってみると、お腹がすいたからといって自分の小遣いでパンを買ってあやと食べていたり、朝私より早く起きた時はトーストを作って「お母さんごはんよ」といってくれたりします。

　浜で市崎さんの挨拶の中で逮捕という言葉を聞き泣きだして連れられて帰って来た時は、さすがに可哀想でしたが、私も何かいうと二人で泣いてしまいそうなので、「心配しなくてもお父さんは必ず帰って来るからね」と、それだけいいました。

　勾留のこともはっきりしなかったので、もしいわないままあなたが帰ってこれたら、知らないまますませると思い、また先ではっきり理解出来る年頃になったらあの時お父さんはということで、あなたが話してもいいと思ったからです。植島先生も玲子の一本気なところを知っていて、それだけに絶対自分の意見をまげないところがあるといっていただけに、どう説明しようかと迷っていたのです。だから元気でお父さんがいるという証拠に便りをしてやって下さい。あなたにとっては、私以上に理解者であったかもしれません。

　上がり口に座って膝の上で書いていますが、また後日書きます。

昨夜あなたの単車でGさんが来た時は、懐しさで胸がいっぱいでした。矢張りこの音（注3）と一緒に帰って来るあなたがいないのが一番淋しいです。玲子の方は面会にも行けないのですから、もっと可哀想です。苦しみや辛さが大きくて永ければ、会えた時の喜びももっと大きいと思います。

自分をそんなにまできびしくして、苦しめながらしか生きて行けないあなたは本当に不器用です。目をつぶったり避けたりして決して人生を生きてゆけないあなたを、はがゆいと思います。でも矢張り放ってはおけません。可哀想で、私がいなくっちゃあと思ってしまいます。以前の一人暮らしをしていたあなたを思っていた時のような気持ちです。お節介で情にもろい女にとって、たまらなく哀しそうにみえる生き方なのかもしれません。やっぱり私にだけ分かるあなたの良さを、これから支えていってあげるつもりです。でもあまりこれから心配させないで長生きして下さい。

今度出て来たら、当分私があなたを逮捕して運動の方には渡さないと宣言したら、松下さんが「そらぁ困るなあ。保釈金なんぼ積めば出してくれるでぇ?」といったので皆で大笑いになりました。あなたの逮捕のあと、ずいぶん松下さんにはぶつかりました。女同士ならきっとしこりが残って絶交といったところだったでしょうが、さすがに男の人は違うなあと思いました。乱筆ですみません。

〈注1〉得さんは借家住まいだが、庭続きの隣があいたので、そこも借り受けて私たちの会議や作業場にしている。
〈注2〉得さんは住友金属小倉製鉄所の材質試験課に勤務していた。

〈注3〉彼は単車で中津駅まで行き、汽車で北九州に通勤していた。夜はその単車で帰ってきた。その単車を今は明神海岸に置いて学生たちの足としている。

梶原玲子さまへ

梶原得三郎（手紙）

玲子ちゃん。

しょ中おみまいもうしあげます。

この前、松下のおじちゃんが来た時に、玲子ちゃんのことを開きました。明神のはまでおよいでいることも知っています。カッコイイ方のGさんが、なんだかとても大きなアサリがいがとれるといっていましたが、あなたは見ましたか。明神のはまがうめられてしまわないうちに、わたしもいっておよいだり、かいをほったりしたいのですが、もうしばらくかえれないようです。

明神のかいがんでしゅうかいがあった時、お父さんのことを聞いてあなたがないたこともききました。それで今日は、どうしてそうなったかについてせつめいをしようと思います。

お父さんたちがなぜぶぜんかりょくにはんたいをしているかについては、あなたは作文にもかいたからよくわかっていると思います。

そして、中津の人やぶぜんの人たちにいっしょにはんたいをするようによびかけたけど、やっぱりだめでした。はつでんしょをたてたいのは九電という会社です。九電のえらい人やふくおかけんのえらい人の所にいって、なんべんもなんべんも、たいへんなことになるからたてないようにいいましたが、その人たちはお父さんたちのいうことをきこうとしませんでした。自分たちは、ほうりつできめられたとおりにしているのだから、もんくはないだろうというわけです。

でもお父さんたちは、会社がほうりつをちゃんとまもってもこれまでにたくさんの人たちが公害で死んだり、公害病になったりしたことを知っています。だから今の日本のほうりつでは、どうしても公害から人間のいのちをまもることができないと思っています。

ほうりつをもっときびしいものにつくりかえようと思っても、会社というのはお金をたくさんもうけていますからほうりつをきめる人たち（国かいぎいん）にそのお金をやってきびしいほうりつをつくらせません。

だから、人はだれでも自分のすんでいるちかくに公害を出す工場がたてられようとしている時は、自分たちで力を合わせてそれをとめなければなりません。お父さんはそう考えます。だまっていたり、口だけではんたいといっても何のやくにもたちません。ここまではわかってくれると思います。

そして六月二六日にとうとう九電は船に石をつんで来て明神の海をうめはじめたのです。これまで豊前火力にはんたいをしてきた人はその時明神に集まっていました。海に石をうめはじめたのを見て、何人かの人たちが急いでみなとにある船にのって、石をつんできて海にうめている船にのりこんで、そのさぎょうをやめさせたのですが、けいさつの人がお父さんを七月四日の朝たいほしたのは、そのとき船にのりこんでいった人の中にお父さんがいた、そしてリーダーだった。そして、人の船にのりこんだことと、さぎょうをやめさせたことはほうりつにいはんしているからというりゆうです。八月一六日に第一回のさいばんがひらかれることになっています。

このさいばんで、お父さんはけいさつの人がいうこととお父さんたちのいうこととどちらが正しいのか、さいばんちょうによく考えて下さいというつもりです。

さいばんかんというのは、六月二六日に明神でどんなことがあったのかをしらべて、どちらが正しいのかをきめる人です。玲子のお父さんは、どんなことがあってもまちがったことはしないことにきめています。

夏休みになってから植島先生のところに行ったりスギノイパレスに行ったそうで、ちょっとうらやましい。別府のおじちゃんが、お父さんがここから出たら自動車で、お父さん、お母さん、好子ねえちゃんをどこかにつれていってくれるといっています。おっと、かんじんの玲子ちゃんをわすれていました。

元気でがんばって下さい。交通じこに気をつけて下さい。はやくおみやげは何にするかきめときなさいよ。じゃあバイバイ

梶原得三郎さまへ
梶原玲子（手紙）
おとうさんお元気？
わたしはとても元気です。
おみやげのことですが、小倉でかったのは、リカちゃん、スーパーマーケットとリカちゃんのママです。だからおとうさんからのおみやげは、わたしは人生ゲーム、それがなかったらふた子の赤

ちゃんのへや。あや（注4）はふた子の赤ちゃんのうば車だそうです。

おとうさんのいるへやにはハトが来るそうですね。だからおとうさんの食事がもしパンだったら、少しのこしておいて、それを小さくしてハトにやればいいと思います。そうすればハトと友だちになれるかもしれません。

話はかわりますが、前の手紙、中津市小倉区金田町と書いていてどうもスツレイシマシタ。これからはきちんと北九州市小倉区金田町（注5）と書きますから。

あやは、こっちに来た時、「れい子ちゃんの妹になりたいなあ」といっていましたよ。ほんとうにそうなったらいいですね。きのうみょうじんのはまに行った時に、あやもいっしょでした。そして向こうで、あやが「あっ、チェンチェ」と、わけのわからないことをいいだしたので、みんなわらいました。そしてたのしくあそびました。

早く帰ってきてね。もし、おとうさんの手紙やはがきでがまんができなくなったら、あやとお母さんとあいに行くつもりです。でも、なるべくじっとがまんの子でいます。（だいごろうのように）

きのう、おとうさんたちの会のきかんし「草のねつうしん」の八月号ができて、好子ねえちゃんが、ほら玲子うれしいことがあるよ、といってくれました。わたしはとびあがってよろこびました。だってひょうしいっぱいにおとうさんの大きなしゃしんがでていました。お母さんが、これはこうだんしだといいましたよ。きかんしをだいてねたら、あさおきたらぐしゃぐしゃになっていました。

あやのはがきといっしょにつくと思います。あやがいつもかいている？というのは、マル・ハテナのことだそうです。いつみても、あやのはげいじゅつさくひんですね。

またまたまねしてじゃあバイバイ

〈注4〉 四歳の従妹。近くなのでいつも遊びにきている。
〈注5〉 小倉拘置所所在地。

梶原得三郎さまへ
成本好子（手紙）

今日、玲子と明神で泳ぎました。

私はクラゲと思うけど、足首に三カ所刺され、見た目がジンマシンみたいで気持ちが悪く、まだひりひりしてます。玲子は真黒に焼けて元気です。今日はビキニスタイル。足を何カ所もカキで切ったので、私も玲子もソロリソロリと歩いています。

ＯＢＳの「むしろ私は暗闇を選ぶ」が四九年民放連盟賞テレビ番組九州沖縄地区審査会で社会番組部門での優秀賞を受けました。これを機会に、八月六日に中津で上映会をすることにしました。最近すっかり中津市での呼びかけがおろそかになっているので、土曜日にビラ入れしました。

今まではおやじが色んな用意をしていたけど、今度は私が代って頑張ります。おやじのハガキ受けとった時、ビールを飲みながら涙ポコリと出て泣きました。「今、ねえちゃんを支えてほしい」といわれると、もう自分の力の無さをまざまざと感じ、自分の方がこわれそうでした。

姉ちゃんと話す時は感情的にならないように気をつけています。今度のことで自分の性格を変えるところがあり、自分で考える所もあり、少しずつでもおやじが帰るまで成長できたらと考えています。

人生はラ旋状だそうで、いきつ戻りつの中で成長するのだと、るみちゃんがいっていました。今回はおやじのことを運動の中で理解出来てなかった所もあり、姉ちゃんをイライラさせたりしたのだと思います。あせらずゆっくり時間をかけ、二人で色んなことを話し合いたいと思います。いくらか感情をもろにぶっつけることをしなくなりつつあります。

それで、七月三〇日にタバコをやめました。ちょっとの間に四キログラム痩せました。そのことと今回のことでの自分の反省の意味をこめての禁煙のつもりですが、その代りに一〇〇円のビールを飲んでいます。エヘヘヘ。でも、おかげでぐっすり眠れるよ。ビールもそんなに飲むわけでなく、小瓶一本あれば二日あるので、少し度の抜けた一日置きのでも結構顔は紅くなりますから安上がりな酒飲みです。

今朝草むしりをしました。朝顔の花が咲かないのです。ハシゴいっぱいになったのに、つるはどっちにいこうかと迷っている様子。ひまわりは小さい花だけど咲いてます。また書きます。

好べえ

お地蔵さん

明神海岸への入口は二カ所ある。

西の入口が厳島神社の表境内からで、これは神社の森の小径に続いている。こちらからは自動車は入れない。東の入口が築上火力のすぐ裏で、こちらがいわば海岸の表入口といった役をしている。

この東入口のすぐの所に、お地蔵さんが二体並んで石の台座に立っている。古いお地蔵さんではない。一九五八年にこの明神海水浴場で幼な子が水死して、その供養に明神の人々が建てたのだという。蓮華座に〈身代地蔵〉と刻まれているのが供養のお地蔵さんで、子供だから小さい。

「なんしろ子供のお地蔵さんだから、おひとりは寂しかろ」と思って、土地の人たちは横にもう一体のお地蔵さんを添えたのだという。

祈願者のあるたびに重ねられていくお地蔵さんの腹かけは、そっとめくってみると、もう二〇枚近くになっている。その一枚一枚に平癒祈願とか無病息災祈願とかの文字がしるされて、下隅に名前と年齢が見える。好太郎二歳などというのを見れば、病む子に代わって父母が祈願したものであろう。子供のお地蔵さんゆえ子供の病苦の身代わりをするのであろうが、しかし腹かけにしるされた年齢を読めば老人の方が多くて、いつしらず万人の病苦不幸を身代わりするお地蔵さんに化身しているのであろう。

毎日、誰かがこの二体のお地蔵さんにお詣りに来る。花筒の花をかえ線香をたき、石の台座の周辺を掃き清める。お地蔵さんの両脇に、低いカイズカイブキの木が植えられていて、その陰にほうきがいつも用意されている。

「おかげで、もうあれからこっち、一人も明神の海で死んだもんがおらんきなああんた」

毎日のようにお地蔵さんにお茶を供えに来るおばさんが、海を見ながらそういった。

身代地蔵の右手に並ぶお地蔵さんの蓮華座には〈千手観音〉と刻まれている。このお地蔵さんには光背がある。千手観音という観音さまがどんな性格なのか知らないが、私は勝手にこの地の伝説とからめて考えている。

昔、この豊前の地を支配するのはどちらなのか決めようと山の神と海の神が争ったという。山と海を持つ土地柄ゆえ、ありそうなことだ。激しい組み打ちが大地を揺るがせて続いた果てに、ついに海の神が勝ち、この地の支配者が決まった。勝利のしるしに、海の神は山の神の手を捥《も》いでこの厳島神社の下に埋めたという。山の神の手の連想から、そんな伝説と千手観音のお地蔵さんと無関係ではあるまいと、私は勝手に思いきめている。

ある日、若くない数人の婦人が渚まで降りて行った。貝掘りをするでもなく、埋立てを見に来たというふうでもなく、「なにしに来た人たちかしら」といって、女子学生Fが話しかけに行った。海岸に来る人には、必ず学生が「テント通信」を持って話しかけに行くようにつとめている。

「あのおばさんたち、豊前の山の方の人たちらしいんですけど、雨乞いに明神の海水を汲んでいって、村のお宮にお供えするんですって。……これまで日照りが続くと必ずそうしてきたんだって」学生Fは帰ってきてそう告げた。そういえば、毎日のように襲っていた驟雨も遠のいて久しい。

そうだ、ひょっとしたらその山の手のお宮というのが、この明神の海の神と争って手を捥ぎとられた神をまつったところではないだろうか。Fの話を聞いて、すぐにそう思った。山の村の鎮守のお宮の雨乞い祈願に遥かな明神の海水が供えられねばならないのだとすれば、あの伝説を措いては考えられぬ。よほど古くからの潮汲みの行事が、今も村人の中に守られ続けているのだと思うと、私はほのぼのと嬉しくなるのだった。

数日して、その婦人たちはまた海水を汲みに来たという。私は不在であった。

「お願いしたあくる日に、もう雨が降ってなああんた。さっそくお礼に新しい明神さんの海水をお供えしたいち思うてなああんた」

話しかけに行った学生Nが、あとで口調をそっくり真似て私に報告してくれた。「こげなんこつしてなあ……海を埋めちからあんた、ほんと明神の神さんが腹かいち、もう雨を降らせてくれんごつなるかしれんなああんた」そう呟いておばさんたちは捨石作業を暫く見て帰ったとも告げた。

山のお宮と明神の海を結ぶこんなひそやかな神事と、荒々しく巨大な機械を駆使して海を埋め尽くしていくような傲《おご》りの人智とは正反対のものであろう。人智の限りを知り、神に雨乞いして海水を供える神事を守り続けている謙虚な心に、海を埋立てるような不遜な思考の生まれようはずもないからだ。

この頃、座り込み小屋にいて、しきりに思い続けることがある。

やさしさについて。

そのやさしさとは、たとえば亡くなった幼な子をあわれんでお地蔵さんを建てた人々のやさしさ、まだ子供のお地蔵さんだからおひとりはさびしかろと隣に千手観音地蔵を添えたやさしさ、そのお地蔵さんに毎日のようにお茶を供えに来る人のやさしさ、山の神さまに海水を汲みに来る人々のやさしさをいうのだが、そんなやさしさの溢れた小世界に、ある日巨大な支配勢力が侵入した時、そのやさしさゆえに人々の抵抗精神は萎え果て、ついには支配者の意のままに操られてその手先とまでなってゆくのだ。やさしさを理不尽に踏みしだく者への怒りとともに、やさしさゆえにもろく無残に散っていく者の哀しみを思う。

やさしさが、やさしさゆえに権力からつけこまれるのではなく、やさしさがそのやさしさのままに強靱な抵抗力となりえぬものか、せつないまでに私が考え続けている命題である。得さんが逮捕された日から、その動揺の底で嘆きをこめて想い続けているのは、そのことに尽きる。

中津で今、私と共に行動している一人一人を思えば、なんと気弱でやさしい者たちばかりだろう。誰一人として、勇ましい運動者タイプの者はいない。一年前のあの大きな運動から皆いっせいに身をひいていったあとに、なぜこんな気弱でやさしいはにかみやだけが残ってしまったのかを思えば、いや実はそんな気弱で思いやりの深いやさしさゆえに運動から身をひけなかった一人一人なのだと気付く。「自分までがやめてしまえば、いよいよ小人数となって残る同志はどうなるんだろう」と思ってしまうそんな気弱な思いやりが互いを縛り合って、とうとう一〇人足らずの心やさしき者だけが最後に残ってしまったのだ。

そんな結びつきであれば、私たちの運動は単なる主義の共鳴を超えて、友情そのものだといいかえた方がふさわしいのかもしれない。孤立の底で、たった一〇人足らずで中津市の運動を無理なく生き生きと持続させてきたのも、やさしさと弱さを知り合った互いの友情によってであった。

毎夜のように得さんの家に集まるか私の家に集まり、会議ならぬ雑談の中からおのずから行動目標は決まっていく。集まることそのことが愉しくて、夜ごとですら苦痛ではない。その雑談の中には和嘉子さんもいたしれい子ちゃんもいた。我が家であれば、妻も加わるし健一も歓もはしゃいで、「ぶぜんかりょくはんたーい」と叫び「うみをころすな」と小さな拳を挙げて皆を笑わせた。それは、無理のない家族ぐるみの、やさしさに添うた運動であったと思う。

だが、そんな私たちに国家権力は手錠をふりかざして襲いかかったのだ。そして私たちは、一人一人のやさしさゆえに、今激しく動揺し傷つけられている。好子さんは哀しみで四キログラムも痩せ、その好子さんの深い哀しみの姿を他の同志たちが心痛して気づかっている。思えば、警察権力にとって私たちほどか弱い弾圧対象はあるまい。僅かのことにも傷つきやすいナイーヴな心の持ち主ばかりなのだから。

それだけではない。警察権力にとって私たちほど攻めやすい弾圧対象もあるまいと思う。私たちの運動は、警察権力に対してあっけらかんとするほど無防備であった。

同志の中に一人とて世慣れた狡智者はなく、だから勝つためにと割り切っての狡猾な戦術も、敵の裏をかくような策謀も皆無で、この二年余の運動は不器用なまでに純な正面攻撃に徹してきた。そんな私たちであれば、運動の内外でいっさいの隠しごとなど無く、たとえば私たちの機関誌「草の根通信」を読めば、私が痔に悩んでいることも、るみちゃんがどこに新婚旅行にでかけたかも、そして彼女の結婚に好べえと今井さんがどんな複雑な心境で酒を飲んだかも、野田太君が酒に眼のないことも、すべて読者に伝えられるのだ。それはつまり、運動というものを人間性を抜きにした主義・思想だけでの共同体とは考えずに、あくまでも一個一個の人間性の生き生きした連帯でありたいとする私たちの願いによってなのだ。

運動を定義づけてもっとも簡潔にいい放てば、主義・思想の行動的表出形態とも呼べようが、しかし私の主義・思想がどうであれ、私が深刻に痔痛に悩んでいる日には、哀しいかな私の運動は確かに阻喪しているのであり、されば私の痔と運動とは無縁な話柄ではないと考える。そんな視点で編集していく「草の根通信」の風変わりな誌面は、およそ硬直化した機関誌の氾濫の中で、とにかく読んで面白いという多くの読者の声に支えられて号を重ねてきていた。

だが、これを逆に権力の側からみれば、「草の根通信」を読むだけで私たちの運動の内情を知り尽くすことが可能という、願ってもないことになる。誰が運動の積極的参加者であり、その者がどんな性格でどんな日常生活なのかまで読みとれるのであってみれば、反対運動者一人一人の完全な資料カードを作製できるだろう。実際、九州電力も警察もそれを十分に活用してきたのだ。

得さんが逮捕された時、既に印刷所にまわしていた「草の根通信」第一九号には、彼の書いた克明な〈海上攻撃大作戦記〉が組みこまれていた。それは多くの人々に読んでほしい原稿であったが、検察側の証拠に利用されることを恐れた私はあわてて抹消したのであった。それにもかかわらず、検察側は「草の根通信」第一九号を発行の翌日には入手していて、これを共同謀議立証の証拠とする意図を露骨に示してきたのである。得さんの文章を抹消したとはいえ、同誌は着工阻止行動に触れての多くの記事で埋められている。弁護士さえ、「どうして機関誌にこんなに運動の内情をあけすけに書くのですか。敵に利用されてまずいですよ」と呆れて、私は叱られた。機関誌の件だけでなく、中津の運動そのものがあまりにも無防備すぎるという厳しい批判は、学生たちからも突きつけられていた。

そんな批判に私はうなだれてしまう。現実に私たちの無防備が梶原、西尾、上田の三名の逮捕、勾留、起訴まで許してしまったのである以上、気弱な私の心痛は深い。しかし、それでいてなお私はそんな批判に釈然とできぬ思いをやはり抱き続けるのだ。権力に対する防衛意識から、運動の中に隠さねばならぬ部分が多くなるとき、やさしさと信頼で結ばれた日常生活の中にある無理のない運動が異質なかげりを帯びていくことは間違いなかろう。既にこの頃私は電話の盗聴までされているふしがあって、日常生活そのものの防衛に狡智を働かさねばならぬところに追いこまれていて、そんな方向の行き着く先が運動の地下組織化だとすれば、私は暗然とするのだ。

やはり私が志向するのは、和嘉子さんや私の妻までを含みこんだ気弱でやさしい同志たちが、その日常生活ぐるみで運動を持続できることであり、よしんば攻めどころを熟知する狡智な警察権力に存分につけこまれるという不利を承知のうえで、なおかつ隠しごとを持たぬ純粋な明るさの中でついにやさしさがそのやさしさのままに強靱な抵抗力たりえないのかという一点に収斂されていくのだ。

コンクリートの壁の中に閉じこめられている得さんたちに見せたいといって、面会の日Oさんはささ栗の小枝とネコジャラシの草を摘んで行った。権力が私たちを隔てる二重の金網の目は、草の穂も通さぬほどにこまかい。

勾留中の三人は今もそれぞれの独房に切り離されていて、互いの接触は完全に断たれている。そんな孤独の中で三人は互いの消息を気づかい合う。それは私たちが金網越しに一人から受けとり次の面会でまた金網越しに他の二人に伝えるという間接手段しかなかった。最年長の上田さんが、ことに他の二人のことを気にかけて問うのだった。

「どうな、梶原さんの会社の方はちゃんと休暇届けとかの手続きは手落ちなくやってるんかな？　わしや西尾は外に出さえすればまた自分の気儘な仕事にそん日からでも戻れるんやけど、梶原さんの方はそうはいかぬと思うんじゃ。まず何よりも彼んことを考えちゃらんせよ」

実はもう依願退職をすませたのですと告げると、上田さんは自分のことのように落胆した。「あっそれから、西尾んとこの四九日をちゃんとやるように奥さんにいうてくれんな。西尾がこんなふうで家におらんのやから、なおさらそういうことはきちんとやらなぁいかん。佐賀関はそういうけじめをきちんとやるかどうかで評価される土地柄じゃから」

西尾さんは、幼い愛嬢を亡くしてまだ二週も経ぬ日に逮捕されてしまったのだ。不治の心臓病ゆえ早くから諦めていたことを西尾さんはいうのだが、そんなことで内心の哀しみがまぎれているはずはあるまい。独房の日々、幼い面影は消えることもあるまい。

幼な子の死にひき続いて夫の勾留という二重の不幸に耐えている奥さんのことも、私には気がかりでならなかった。西尾さん夫妻にはもう一人幼な子がいて、私が訪ねた日、おみやげの菓子箱を渡したら、奥さんが誰々ちゃんにあげようねと亡くなった子供の名をいい、うんとうなずいた幼な子がことことと階段をのぼって仏壇に供えに行ったのだった。まだ一家の中に、線香の香とともに哀しみはこめていた。そういえば、西尾夫人の面会がとぎれていることも、私には不安を誘った。

ある日の面会で、金網越しに上田さんから西尾夫人の懐妊を告げられた時、その唐突さに私は一瞬眼をみはり、「それはよかった」とはずんだ声をあげた。私までが救われる思いであった。

「西尾も器用な男よ。いつん間に赤んぼをつくる暇があったんかのう」と、上田さんは冗談を添えた。西尾さん当人は照れているのか、面会してもそのことにはひとことも触れないので、「おめでただそうやなあ」と私が笑うと、彼も笑いだした。「アハハ。わしもこげなん中で知らされた時はたまがったでぇ。喜んでいいんか哀しむべきか、……なんか複雑な心境じゃがなあ」そんなことをいいながら、しかし当人の表情は歓び以外ではなかった。

つと、表情をひきしめて西尾さんが上田さんのことを気づかって問う。

「どうな、おやじの気持ちは落ち着いてるふうかなあ?……なんしろ癇癖の人一倍激しい方じゃから。こん前も加納検事の机をひっくり返して怒ったとか、看守ん方がびっくりして教えてくれたけど、……あんまりここで大喧嘩してんが損なだけじゃもんなあ。もう、こうなったらあせっても仕様ねぇ、知らん顔して検事の取り調べなんか受け流せばいいんじゃが、おやじの性格はなかなかそうもいかんじゃろうし…

…わしんごと、観念して気楽に本でんが読みゃいいんじゃがなあ……」

実際、西尾さんはよく本を読んで差し入れが追っつかないことがあった。差し入れといえば、私たちが毎日世話になっている差し入れ屋のおばさんまでが三人の不当な長期勾留に呆れて、「なしてこんなに出られんのかなあ」と同情していうのだった。

私が佐賀関に届けた二度目の見舞金が奥さんたちから返されてきた。主人たちに相談したら厳しく叱られましたからという。いや、運動の過程で犠牲者が出た以上、その救済に尽力するのは、たとえ弱体な組織とはいえ当然なことなんです、これは私の負担ではなく会からの出費ですからと説いても受けとってもらえないのだった。

私は初めて拘置所の中の上田さん宛てに手紙を書いた。七月四日の三名の逮捕がたちまち全国各地の住民運動組織に緊急情報として流れていってから八月初めまでに一〇七万円もの救援カンパが寄せられた事実を告げて、だから会の方での資金不足は全然心配ないのだから、留守家族のためにも是非受けとってほしいと訴えたのだった。すぐに検印入りの速達が返ってきた。

> 日中の暑さはまだまだですが、もうこの中は夜中は毛布一枚かけて寝る位です。五階のマンション（！）ですから多少涼しいのかもしれませんね。さて、昨日手紙頂きました。よく分かります。本当に勝手な奴だと思うことでしょう。申し訳ないと思います。皆様の精一ぱいやってくれていることは、重々分かっております。しかし、私も妻も最後の最後までの意地は通してみたいと思います。どうしてもそれでは駄目な時はあなたに頼みます、その時こそよろしくお願い致します。保釈金の用意だけでも三名ですから多額でしょう。どうか生活のことまでは気を配らないで下さい。元

気で頑張っていますから安心して下さい。同志諸君にくれぐれもよろしくお伝え下さい。
最後に、狂歌と川柳を披露しましょう。この中の様子が分かると思います。笑わんで下さいよ——

奥に五歩横に三歩が俺の城攻めてもこられず出るに出られず
入浴ははいって一分洗って二分拭いて着るまで五分間
ゴキブリがゆうゆう歩く窓の外
目かくしの上に四角い空があり
鉄格子無限の空に拳つき出す

第四章　夜の海岸で

権力の共謀

あらたな陰険な弾圧が、また私たちを襲う。多くの市民には、まさか豊前火力反対運動とのかかわりまでは読めぬほどに、それは巧妙な弾圧であった。

八月一二日、福岡県教育委員会は唐突に高教組の活動者処分を発表したのである。この処分は豊前築上支部に集中した。一名の懲戒免職と数名の減俸処分が、この小さな組織にふりかかったのだ。処分理由は、前年の高校長着任拒否闘争時に起こったとされる暴力行為を罪に問うたのである。

福岡県教育界は、かつて革新県政下において幾つもの民主的自治ルールを教組側が獲得していた。亀井県政に代わってから、それはひとつひとつ奪い去られていき、抵抗する教組側の闘いは熾烈をきわめている。ことに豊前築上高教組の抵抗は果敢で、高校長着任拒否闘争もその一環であった。

教育行政を完全に掌握することが、同時に自らの政権延命策であることを十分に心得る亀井光福岡県知事は、ついにこの福岡県東端の小さな町の高教組に襲いかかったのである。それにしても、なぜこんな時期に、当事者たちをもその唐突さにびっくりさせるほど挑戦的処分が加えられてきたかを思うとき、私たちは豊前火力の反対運動に加えられている弾圧の巧妙な一環をなすのだと考えざるをえないのだ。

豊前市での火力発電所建設反対運動は、残念ながら自治労と高教組という労組組織に限定されていて、なかでも高教組が積極的で「環境権訴訟をすすめる会」の大きな部分を占めている。組合活動の中心にいる若い先生たちが、同時に豊前火力反対運動の中心者ともなっていて、そのことが実は豊前側の火電反対運動を苦しくさせていた。なぜなら彼らは、常に攻撃にさらされている高教組支部組織の防衛と拡大強化にほとんどの精力をさかねばならず、豊前火力反対闘争にまではもはや手がまわりかねるという状況に追い込まれているのだ。

それでも彼らは必死になって豊前火力反対闘争にかかわり続けている。私たちの会議に疲れ果てて出てきた坪根さんが、よく眠りこんでしまったが、誰もそのことで責める者はいなかった。支部長坪根先生の疲労は痛いほど察しられるのだ。

今回、福岡県教育委員会が豊前築上支部にくだしてきた苛酷な処分は、そのことによって活動者をなお奔命に疲れさせて、豊前火力反対闘争どころではない状況に追い込む意図をも秘めていたことはまざれもない。被処分者はいずれも豊前火力反対運動の中心者なのだ。

権力は綿密な共同戦線を組んでいるのである。得さんらの逮捕によって、まず中津勢を動揺させ、次に豊前勢を高教組処分という巧妙な弾圧で疲労させてしまおうというのである。福岡県知事亀井光と九州電力会長瓦林潔を筆頭とする九州政財界の仕組んだ弾圧の意図は露骨に見えすいている。この夏、権力は豊前火力反対運動を一挙に葬り去ろうと決したようである。

伊藤龍文君から電話がかかってくる。「松下さん、ごめん。新聞でもう知ってると思うけど、わしら大変な状況に追い込まれたたい。ここで一歩もひかれんたい。わしら昨日から寝らんで駆けまわりよるんよ。

そんなわけで、約束しちょきながら小倉には行けんごとなったたい。ほんとに済まんけどどうしようもないばい。梶原さんにはくれぐれもよろしゅういうてくれんやろか」

うん、いいよ。心配しなんなちゃ。あんたたちこそおおごとじゃき、そっちで頑張りないちゃ、当分豊前火力は俺たちんじょうでやるちゃ。――私は励まして声を高める。本当はこの日、伊藤君は小倉拘置所に面会に行くはずだったのだ。夏休みに入って、かえって組合活動で忙しく飛びまわり、まだ一度も得さんらとの面会も果たせず、そのことをしきりに苦にしていた彼がやっと盆の一日に時間の調整が出来て、これで小倉まで走れると喜んでいたのだが。

　これまでの豊前火力闘争の過程でもなお観念的でしかなかった〈権力〉が、今や眼の前に硬い壁のように確かに顕在化してひしひしと私たちを囲繞《いにょう》し始めていることを感じる。そんな〈権力〉が心底憎い。

　あの強行着工の日、築上火力の高い屋上から私たちを監視していた奴ら（のちに分かったのだが、それは九電社員に混じって海上保安官であり私服刑事であった）に向かって、私は幾度仮想の銃口を擬したことか。それは、あの強行着工の修羅場での興奮裡での仮想にとどまらぬ、今なおその想いはますますの憎しみをばねとして湧いてやまぬのである。

「私は断じて権力構造には同化したくないのです。支配者たちの生活様式に対して憎しみを抱きます。……本当にですね、人権と生命を守るには私たちはまず法と秩序を否定しなくてはならないのです。なぜならば、この資本主義社会における権力構造を支えているのが法と秩序である以上、それを否定しきらないと、けっきょく権力構造に同化していかざるをえないからです。それでは真の人権と生命は守れないと考えます。人権とは、自然法の中から出てきた、生まれながらの人間の権利であり、生命とは肉体だけの生命を意味せずに精神のことをいうのです……」

苦汁をしぼりだすように語り読ける人に、入日のあとの夕茜がまだほんのりと映えている。

明神海岸の地べたに数枚のムシロを敷き、私たちはカネミ油症患者紙野柳蔵さんの話に聴きいっている。私たちが名付けた〝住民ひろば〟は毎週月曜と金曜の夕刻、この小さな海岸に各地の反公害運動実践者を招いて、その重苦しい体験を聴くことを続けている。謝礼はおろか旅費さえも出せぬこの語り合いに、各地の無名の運動者たちは遥々と足を運んでくださる。そうやって来ていただきながら、聴く者は寂しいまでに少ない。豊前市民の参加を期待して〝住民ひろば〟と名付けて待ちながら、しかしそこに座るのはテント小屋の学生たちだけであった。小さな円座ゆえ、マイクも要らぬ語り合いとなる。

ＰＣＢ混入のカネミ油を食べたばかりに一家が病んでしまった紙野さんは、それにもかかわらず謝罪すらせぬカネミ倉庫社長の非人間性を怒り、家族をあげて倉庫前に座り込んで、この夏でもう二年目を迎える。その紙野さんが、被害補償を求めて小倉裁判所に係争中であった民事訴訟の原告から、七月五日におりてしまった。結審は近づいていて、多分判決によって被害者は補償金を得ることになるだろうに、それを目前にしてなぜ裁判の原告からおりてしまったのか。紙野さんはそれを語り続ける。

「聖書にもあります。『人は全世界をもうけても、自分の命を失えばなんの得になろうか。人はどんな代価を払われても、その命を取りもどすことができようか』と。……けっきょく、裁判に訴えて被害補償額を決めてもらうことは、自分の命に値をつけてもらうことでしょう、自分の命を売ることでしょう。さらには親の命を、子の命を私物化して売ることでさえあるでしょう。こんなことが人間の尊厳として許せますか。そう考えた時、私はですね、裁判をおりざるをえなかったのです。……裁判長は、私のいう心情は分かる、しかし今の制度の中ではこのようなつぐないしかないんじゃないかといいました。だがですね、だが、四日市で水俣で企業は敗訴し補償金を出しましたが、企業の社長たちは悔い改めたでしょうか、決して悔い改めてはいないのです。人を殺した企業が存続し続けているのです。そこに裁判の無力さがあります。……私はもはや金は要求しない。金は支配者の持つ物であり、私たちは乏しくてもいいのです。生活様式さえ改めれば済むのです。けっきょく、金を要求すればするほど支配者に同化され、権力構造にとりこまれていくことになります」

語り続ける人の表情から夕映えもいつしか消えて、頭上の空に星がひとつ見え始める。

「では、金を要求しないで何を要求するのか。私は何も要求しません。無要求の運動です。……しいていえば、非人間化されたものを取り返したいと思います。私たちを疎外してきたものを問いつめてみたいのです」

学生の一人がひっそりと立って行き、やがてこの円座に幾本のローソクの小さい灯がゆらめく。

私は三度ほど北九州市の紙野さんの座り込み小屋を訪れたことがある。世間並みな生活を断ち切ってしまった路傍の小屋生活の中から考え抜かれた紙野さんの一語一語は、「お前は私生活を捨てうるか、お前は物質的生活を捨てうるか」と、逃げ場のないまでに問い糾してくるようで、私をたじろがせる。この夜の〝住民ひろば〟は八時半まで続いた。

こんな地べたの語り合いを、「あなた方のいう〈暗闇の思想〉の文字通りの具現ですね」という人があった。一燈の電気もないこの暗い海岸でのローソクの小さな灯に寄り合う私たちの光景が、遠く離れて見た時、ふと聖画とも見えましたと、その信仰深い人はいい添えた。その思いは私にもあった。ある時遅れて途中から加わることがあって、海岸の入口からそのほのぼのとした明かりの美しさに思わず立ちどまったのだった。人の輪の中にローソクの灯が囲いこまれていた。それぞれが身体で囲いこむようにしていなければ海風に吹き消されるのだ。

だが、私はそのような光景そのものが〈暗闇の思想〉の具現だなどとは思わぬ。それは、たまたまこの海岸に利用できる電灯がないということから生み出された光景であり、むしろ本質的には、この〝住民ひろば〟に招かれて語る一人一人の思想が〈暗闇の思想〉そのものなのだと思う。

私たちが豊前火力阻止闘争の中で訴え続けてきた〈暗闇の思想〉は、そのいささか大げさな意匠をとり払えば、要するに限りなく貪欲な物質文化の抑制を説いているに過ぎない。このまま発電所増設を認め続けるならば、物質生産は限りなく、それは必然として資源を喰いつぶし自然環境を浄化不能なまでに破壊し人間性を脆弱にし、ついには自滅への道をころがっていくだろうことは眼にみえている。

ここらで踏みとどまって、発電所のこれ以上の新増設を停止し、今ある電力で可能な程度の生活を築こうと、私たちは主張し続けてきた。否、今ある電力をもっと抑制しても可能な生活に戻ろうといい続けてきたのだ。誘惑されやすい私たちの欲望につけこんで次々と買いこまされてきた製品を、そのような眼で点検するとき、多くの物は家庭から追放されることになろう。そしてそれは当然生産拡大をも抑制せしめることになろうし、私たちの家庭の電力需要をも抑制するだろう。（追放される物の中に、多くの電化製品が含まれていようから）

そのことにより物質的繁栄から後退していくとも、やっとその時私たちは紙野さんのいう〈非人間化されたもの〉を取り返せるのであり、私たちを〈疎外したもの〉を問いつめうるのだと考える。この〝住民ひろば〟に来て語った各地の反公害運動の同志は、皆このような思想を踏まえての闘いであることを報告してくれた。

このような私たちの思想に対峙できる論理も思想も、〈権力〉の側は持ちえていない。ただ現実をふりかざすだけである。九州電力幹部は、〈暗闇の思想〉に拠る私たちを露骨に〝松下一派〟と名ざして、「そのような哲学的主張に耳を貸す必要はない。われわれは電力需要がある以上、供給の義務があるのだ」とうそぶく。

しかも、その電力需要は自らが懸命に開拓しているのである。あれだけ昨年の夏喧伝された〈電力危機〉キャンペーンは、この夏どこに消えたのだろう。それどころか九州電力は記者会見までして、「今夏、九州の電力はたっぷりあります」とまで宣伝に努めているのだ。私たちが昨年の〈電力危機〉キャンペーンのさなかに、怒りをこめて指摘し続けたように、九電のいう電力危機は発電所建設に反対する運動を世論から孤立させていくための卑劣な操作であったのだ。もはや豊前火力に着手できた九電にとって、危機キャンペーンは不要となり、むしろ「どうぞたっぷりと使って下さい」とさえいいだしているのだ。

これが、〈権力〉の正体である。

私たちに今、銃はない。だが、こうして小さな海岸でローソクの消えがちな灯を囲んでひそかに用意されていくものが、ついには銃のごとく〈権力〉を撃つ日を、私は信じ続けようと思うのだ。

この夏、ついに盂蘭《う》《ら》盆に、亡母の墓参にも行けぬ。老父について行った健一が、「おとうさん、おはかんそばに、いっぱいおしろいばながさいちょったんで、けんくんがつんでばあちゃんのおはかにあげたんよ」と報告するのを寂しく聞くだけである。

魂送りの夜も、私たちは深刻な会議をひらいていた。翌日が第一回刑事裁判で、その法廷にどう臨むかについて、私たちは苦悩していたのだ。過日の勾留理由開示裁判から推しても、この刑事裁判第一回公判もまた、私たちの激しい怒りを呼ぶような反動裁判となるであろうことは、誰もが予測していて、しかしその怒りをあの時のようにあらわに法廷に叩きつけていいものかどうか、そのことの論議が重苦しく堂々めぐりをかさねていた。

苦悩の焦点は、三名の身柄の問題である。三名の勾留は、公判当日で四四日目に達する。普通、第一回公判で被告当人の罪状認否まで済ませれば、ほぼ保釈が決定されることになっていて、得さんら三名もこれでやっと保釈になるのだと期待をつのらせていることが面会の折の言葉で察しられるのだった。

そのためにはなんとしても第一回公判を罪状認否尋問まで進めねばならず、そのことを顧慮して弁護士も冒頭から争いたい逮捕の不当性の問題を伏せて、戦術のレベルダウンをはかっているほどなのだ。私たちも当然、静かに見守って裁判を遅滞なく進行せしめるべきではないかという穏健な意見と、いやそのような心理的譲歩は権力との対決においては必ずとめどない戦列の後退につながるのだという意見に分かれて、論は容易に決しがたかった。

和嘉子さんの意見を求めようということになって彼女が呼ばれた。緊張しているのか、最初彼女の声は震えを帯びていた。「……それは私ははっきりいわせてもらえば、静かな裁判であってほしいと願っています。やはり裁判長だって人間ですから、この前みたいにやじられれば感情を害して、保釈するはずのところをやめてしまうということになるでしょうからね。……でも、私にはよく分かりません。もし皆さんが、どうしても静かにできなくて、その結果保釈が見送られることになったとしても、私はもうそれは仕方ないと思っていますから、私には遠慮せずに論議を進めてください」

私はこのような苦しい会議をまとめていく能力をもはや持たぬ自分だと心得て、この頃の会議の司会役はいつも坂本君に押しつけている。彼の司会の特徴は、まず当人自身が熱心に意見をいい続けることである。「おい、司会役がしゃべり過ぎる」と冗談が飛ぶと、「あっ、ごめんごめん」と笑って頭をかくが、すぐまた熱心に弁じ始めている。

堂々めぐりをかさねていた論も、夜が更けるにつれて、しだいに収斂されていった。この際私たちとしては三名の身柄の問題は無視すべきだという厳しい意見にまとまっていったのである。

なぜなら、保釈するもしないも、それは権力の側が一手に掌握していることであり、それを私たちの側がどう忖度《そんたく》してみても仕方ないのだと割り切るのである。三名の保釈がまたしても延ばされるなら、延ばした権力こそが悪なのであり、三名の憤怒もまた権力に対して燃え熾るべきだといいきることによって、私たちの結論はおのずから定まっていった。「明日の裁判には、会としてはいっさいの規制をせずに臨むということでいいですね。怒りを声に出したい者は出すということです。ただし、その判断は一人一人において厳しく真剣であってほしいと。和嘉子さんも、そういうふうに理解してください」

坂本君が確認して、午前零時を過ぎての会議がやっと散っていった。帰って行く私に和嘉子さんが少しおどけた調子で口をとがらせてささやく。「明日は運命が決する日じゃち思うと、今夜はねむれんごたる。……おとうさんも、きっと同じ思いやろうなあ」

そう。私もまた祈るような思いなのだ。三人の保釈が決まりますように……

警官隊導入

地獄の閻魔大王も休むという盆の一六日、私たちはゼッケンを胸にまとって小倉駅に降り立った。そこではもう、先着した学生たちと鉄道公安官が悶着を起こしていた。祇園太鼓の銅像の立つ駅前広場で保釈要請署名を呼びかけ始めた学生たちにすぐ公安官が来て立ち退きを命じたのだという。学生たちは無視し続けて、既に三〇分間にわたり署名集めを続け、私が来た時には公安官が強制排除に動く寸前であった。「もういい。後発隊も到著したんだから出発しようや」学生たちをまとめて、小倉裁判所へ向かった。

豊前火力闘争の私たちを過激派だとする偏見は権力機構くまなくにゆきわたり、どこに行っても些細なことで悶着が触発される。一番啞然としたことがある。初めて数人で拘置所の差し入れに行った時のことであった。私たちが拘置所の玄関に入ると同時に、何におびえたのか受付に座る看守がいきなり非常ベルを押してしまった。どどっと繰り出してきた灰色の制服数十人に取り囲まれた私たちはあっけにとられて叫んだ。「いったいこれは何の真似だ！　俺たちはこうして差し入れに来ただけじゃないか」冷静に見ればそれは分かることであり、彼らもさすがに恥じたのか早々に散っていったが、この時ほど私たちに冠せられた過激派の偏見を痛感させられたことはなかった。

「どげかなあ、今日は傍聴席が半分うまるかなあ」

並んで歩きつつ、私は坂本君に弱気な推測を洩らした。刑事裁判の法廷も、環境権裁判でおなじみの最大法廷で傍聴席が一〇八ある。しかし今日の傍聴予定者をどう計算してみても五〇名を超えそうになかった。頼りの豊前築上高教組は処分撤回要求闘争に全勢力を集中していたし、自治労は星野村の集会に出払っていた。福岡県の山間の小さな星野村で奇妙な紛争が起きている。村職組が村長との交渉で獲得した給与賃上げが一部村民の反感を呼んでその撤回を迫られているのだ。市崎さんは自治労オルグとして星野村に張りついていて、どうにも動けない状況を電話で告げてきていた。組織動員がすべて駄目となると、組織以外の豊前市民、中津市民の参集はまずのぞめない。

だが、すぐに私は眼をみはらねばならなかった。炎暑の裁判所構内で職員の制止を振りきって抗議集会を敢行する頃には、どこから集まってきたのか支援傍聴者で溢れてしまった。佐賀関からは多くの漁民と神崎町民会議の人々が来ていた。遠い大牟田からは三池ＣＯ家族訴訟の人々。北九州からは三萩野病院闘争の人々、カネミ座り込みの人々、竜王プロパンスタンド撤去闘争の人々。一人一人、どこかの集会で顔を合わせたことのあるなつかしい顔ばかりである。

これではとても法廷に入りきれまい。今度は逆のことを心配せねばならなくなった。裁判所は九六枚の傍聴券を発行していた。かぞえてみると、三〇人以上が入廷できそうにないのだ。

入廷が始まると、すぐにそのことで激しくもめ始めた。なぜ全員を入れぬのかと迫る傍聴者と入口で防ごうとする裁判所職員のこぜりあいが続き、ついに三十余名残らずが法廷に押し入った。その間、定刻二時に手錠姿で入廷した得さんらは被告席に着席したまま開廷遅延をさいわいに最前列の夫人たちと短い会話をかわしていた。

いったん押し入ってしまった三十余名に、なお職員は執拗に退廷を迫り続けて、そのためであろう裁判長の入廷は遅れ続けた。和嘉子さんがはらはらして、「どうかしてよ、こんまんまじゃったら裁判が流れてしまうがぁ」と哀願するようにいいだして、私が収拾に立とうとしたとき裁判長が入廷してきた。

裁判長は着席するなり、「傍聴席以外に立っている者たちは退廷しなさい」と告げた。「裁判長、みんな心配して遠くから仕事も休んで来ているんです。静かに立って聞きますから、邪魔にはならんでしょうが、このまま裁判を始めて下さい」傍聴席が口々に答える。「出て行くのですか行かないのですか」わざと無表情に裁判長が繰り返すと、いっせいに怒号が湧いた。「こらぁ貴様をそこに座らせてやってるんは誰だと思ってるんだ、国民俺たちだぞ！」「なぜそんなに権威主義なんだ、静かに立って聞こうというんじゃないか！」「俺たちは出て行かんぞぉ」

「やむを得ません、警察による排除を要請します」

既に待機させていたのだろう。小倉警察署員三〇名が直ちに法廷になだれこみ、傍聴席後部は激しい怒号と悲鳴に包まれてしまった。「裁判長、法廷をこのような場にしたのは、あなたの責任ですよ。それでも恥ずかしくないんですか」前まで出てきて泣いて訴える婦人もいた。

固定された椅子がいっぱいに占めていて、法廷の後部の空間は狭く、そこに折り重なって警官隊と傍聴者が激突を続ければけが人も出るだろう。「逮捕されたぞッ」と叫ぶ者がいて、それまで傍聴席に座っていた者たちもどっと後部に押し寄せた。「逮捕じゃない、排除しただけだ」と必死に職員が叫び返す。もう限度だと思った。私は分けて入った。

「警官はとにかく法廷外に出ていってくれ。あとは、私たちの方で責任をもって自主退場するから」

肩で息を切りながら汗みどろの警官が一人一人出て行き、私は傍聴者に呼びかけた。

「みんなちょっと聞いてほしい。座席がなければ立っていてもいいから傍聴したいという私たちの全く正当な願いを、警察まで導入して排除をはかった裁判長を恥ずかしい存在だと思います。しかしこれ以上そのことで争い続ければ裁判は流れるかもしれず、さっきから入廷して待ち続けている三名の同志もそれはのぞんでいないと思うのです。残念ですがここは妥協して、傍聴券を持たぬ人は自主退場して外で待機してください。お願いします」

常に一番損な役割を受け持つと決めているらしい三萩野病院闘争の人々がまっ先に退廷し、学生部分が続いた。裁判は一時間遅れて午後三時にやっと開始されたのである。

既にこの日の裁判を遅滞させぬために求釈明書のやりとりは事前にすまされていて、公判は一気に当人たちの罪状認否にまで進んだ。「被告は訴追事実を認めますか」という裁判長の型通りの尋問に、三名ともきっぱりと否認を表明して、闘う姿勢を示した。

得さんはこの日も、裁判長にひとこと述べさせてほしいと要求して、認められると用意の草稿をひろげて凜々と読み始めた――


被告の一人として、本裁判に対する考え方について一言述べさせていただきたいと思います。

今日、汎地球的規模で工業化による自然環境の破壊がすすみ、とりわけわが日本列島における破壊はすさまじく、世界中から巨大な人体実験室として注目を浴びている現状であります。ここに至ってなお、企業は全くの反省を示さず、間に合わせの法律は次々に作られるものの、全く骨抜きのザル法でしかなく、各段階の行政体は、みごとなまでに主権者を踏みにじって、企業利益のガードマンと化し、全体としてまさに破滅への近道をひた走っている姿があります。

われわれは二年余にわたる反対運動を通じて、この実体を体で確認させられてきました。その中で得た結論は、自分と自分の子孫が生きるための自然破壊は自力で守る以外にない、誰も守ってくれないということであります。

逮捕の理由となった本年六月二六日の阻止行動は、そういう背景の中でまさに万策つきた果てにとられたものであり、いうならば、身に降りかかる火の粉を手で払う、たったそれだけのことであります。

ところが、そのわれわれは逮捕、起訴され長期勾留をしいられる。一方では、いまだ確たる防止技術も開発されぬままに、巨大な自然破壊装置ともいうべき火力発電所の建設工事は、五隻に及ぶ海上保安部巡視艇と乱闘服の機動隊、私服刑事の護衛を受ける。

もし、この一連の権力の行動が法であり正義であるとすれば、日本民族はもはや救うべくもないと思います。この上はむしろ、一日も早く全滅することで全世界の人々の反面教師となることにしか意味は見出しません。

とはいえ、われわれは一億総ザンゲの形で諦めてしまうことは出来ません。確かに、この呪うべき社会体制をある意味で支えることによってしか生きられないという意味で、自らも加害者であることの汚点を持ちながらも、しかし企業の恣意の前には圧倒的な意味においてやはり被害者であります。

われわれはわれわれの生命や健康を奪うことによって肥え太るものたちと一蓮托生というわけにはいかない。たとえ最終的にはそうなることが避けられないとしても、われわれは、いま生きてあるものとしての子孫に対する責任を放棄することができない。

そして、数年を経ずしてわれわれの行動こそが正しかったのだといわれる確信があります。いわゆる法律の専門家たちが、企業の利益よりも人間の命を大切にしてきたなら、ここまでの破壊はすすまなかったと思います。

しかし、私を取り調べた海上保安官の一人は、いかに最近の海上保安部が沿岸企業の公害取り締まりに積極的であるかを例を挙げて述べ、もっと信頼してほしいといったその口で、日本は人口が多すぎるのだから海なんか埋めてしまえば広くなっていいのだと語りましたし、また、捨石工事を眼の前にした時どんな気持ちだったかという検事の質問に、涙の出る思いでしたと答えたとき、同席していた事務官が低くせせら笑ったのを忘れることができません。

私はこれまで、環境破壊の元凶を企業活動として述べてきましたけれども、それだけではないと思います。真の元凶はその企業活動を許している法律であり、具体的にはその法律を企業に有利な方向でしか運用しえない専門家であろうと考えます。

私にとって今回の起訴は、「九州電力の金もうけの邪魔は許さん。お前らは黙って死に絶えろ」という検事の言葉ときこえます。もしそうでないのなら、検事はこの裁判の中で、現行法に全く触れずに環境破壊をくいとめ、われわれが子孫にわたって生き残れる方法を明確に示すべきだと思います。

そこで、裁判長にお願いがあります。

われわれの今回の行動は、これまでに述べました背景の中で、無法にも頭上にふりおろされる白刃を素手で防ごうとしたにすぎないものであります。したがって、単に二、三の行為だけを切り離して裁くことはできないと思うわけであります。その背景に十分な検討を加える中でこそ審理を願いたいと思うものであります。

さらに、はなはだ僭越ながら、本裁判の意義を構成員の一人一人が、いま生きてある者の一人として、どうすれば先祖から受け継いだこの自然を、これ以上汚さずに子孫に引き継ぐことが出来るのかを真摯に探る場とすることにおいていただきたいということであります。

本年七月、仙台で開かれた第一四回先天異常学会総会では、「先天異常児の増加を防ぐには、遺伝の側面から対策をとるよりも、環境の悪化をくいとめることこそ緊急で、しかも実効のある方法である」との意見が強かったといいます。

私も一人の子の親として、親の意志だけで生まれてくる子の、その健康な生存環境を破壊するもの、またはその破壊に手を貸すものに、子連れ心中や幼児殺しをとがめる資格は全くないと考えます。

最後に、われわれは現実には被告でありますけれども、しかしその志は、未だ経済発展が善であるとする現代文明の根底を、人間の名において告発する原告として本裁判に臨んでいることを明らかにしておきたいと思います。以上です。ありがとうございました。

数日前の面会の時であった。得さんは笑いながら、「今までは作家センセイがそばについちょるもんじゃき、文章のことはいっさいまかせっぱなしで済ませる癖がついてしもうて、……今度ばっかりは自分一人で書かねばならんから、えらい苦労しよるわ」と冗談をいった。それを思いだしながら、私は涙ぐんでいた。数日を集中して書きあげたという草稿は、鋭い怒りを誠実な言葉で抑制して得さんの精神がきらきらと光っている。

傍聴席に深い感動の静寂がゆきわたっていた。このような一語一語は裁判官とか検事とか廷吏とかいう立場を突き抜けて、人間そのものとしての心に迫るはずであった。そう思って凝視してみる裁判官も検事も、職業的に塗り固められた無表情で、何を考えているのか私には読みとれぬのだった。

激しい拍手に送られて、また三名が連れ去られて行くのを見て、一人の婦人が怒るように私に来ていうのだった。「松下さん。あんな立派な方たちに手錠などいう汚らわしいものをかけさせてもいいのでしょうか」

退廷しようとする法廷の後部に、さきほどの激突をしのばせて幾つものサンダルや眼鏡や万年筆が散らばっていて、皆ひとつひとつ拾っていった。裁判所前の小公園で公判報告集会を開いている時、弁護士が駆けつけてきて、「今、裁判長と交渉して、三名の保釈が決定しました。一九日に出所出来ます」と発表した。いっせいに歓声が湧いた。

「しかしですね、大変多額な保釈金がかけられました。一名につき五〇万円、三名で一五〇万円です」

今度はいっせいに怒号が湧いた。これまでの相場から推して、さらに最近の物価高を勘案しても一人三〇万円であろうかと推測していた私たちは、またしても甘すぎたのだ。明らかに、私たちの運動資金を吸いあげてしまい、そのことで運動を停滞させようという意図に基づく金額決定であろう。どこまでも、権力の恣意のままに私たちは翻弄され続けねばならぬのだ。

だがとにかく、三名の出所が決まったことは私たちにとってやっと暗雲の払われるような朗報には違いなかった。

この日、〝住民ひろば〟の金曜日で、明神浜に刑事裁判弁護を担当する永野弁護士を迎えて、刑事弾圧に抗する私たちの姿勢が検討された。若い弁護士は容赦のない言葉で、私たちの運動の脆弱さを剔抉《てっけつ》し続けた。学生事件を専門に手がけてきた彼からみれば、私たちの素朴な対権力意識の甘さ、それゆえの呆れるほどの無防備、結果としての無残なまでの狼狽ぶりひとつひとつが我慢ならぬようであった。「初めての体験だからとか、知らなかったでは済まされぬことですよ。こんなことでは豊前火力の運動は壊滅してしまいます」

いくら厳しくいわれても返す言葉もなく、たそがれの地べたに私たちはうなだれていた。ふと顔をあげた時、吹き寄せられたように幾羽のカモメが私たちの頭上を翔びなずんでいた。台風一四号の余波の風が荒く、潮騒も高まっていた。

「うちには、まだ歓びが本当に湧かんわあ。土壇場でまた、検察側が准抗告をやるんじゃないかちゅう心配で……」

和嘉子さんは浮かぬ顔でそういい続けた。「もう保釈金額まで決められたんに、今更検事の准抗告なんかあるもんか」と、私が念を押しても安堵できないふうなのだ。だから三萩野のSさんがからかって、「うん、佐賀関の二人の保釈は間違いないけど、梶原さん一人は残されるかもしれんぞ。なにしろ、あんな不遜な原稿を読みあげたもんなあ」と笑う。

八月一九日早朝、私はいつものくたびれた黒カバンに九〇万円の大金をおさめて小倉へ出発した。（保釈金一五〇万円のうち、六〇万円分は弁護士の保証書が代用する）

和嘉子さんも誘ったが、「もう本当に出られるち分かってから直ぐ電話をしちょくれ。れい子と駆けつけるから。……早くから行って、やっぱり駄目やったちゅうことになったら、それだけ落胆が大きいもん……」そんな臆病なことをいって尻ごみした。

裁判所では、もう単なる事務手続きだった。まるで取引のように無表情に札束をかぞえて受け取る裁判所職員をみていると、既に外で待機している二〇人の同志の熱い想いとの懸隔に私は茫然としそうであった。

裁判所での手続きは午前一〇時に終わり、書類は検察庁にまわされた。検事が保釈了承の印を捺せば、拘置所に指示が届き、三名は所持品を整理して「もう二度と来ないように」との型通りの訓戒を聞かされて出所という手順となる。それに要する時間を一時間とみれば、早ければ一一時の出所となろう。既に和嘉子さんへの電話連絡も済ませて、私たちは皆拘置所の前に待機した。じりじりと夏の盛りの真昼の日射しに誰も焼かれながら、拘置所の青い鉄の扉をみつめ続ける。

正午、ついにその扉があいて、三名は照れたように笑いながら出てきた。三名とも両手に大きな風呂敷包みをさげているのは、差し入れの本の山である。

「おとうさあん！」

れい子ちゃんがまっ先に得さんに駆け寄り、抱きつくともう泣きじゃくり始めている。私もこみあげるものを懸命に怺《こら》えていた。

拘置所の横庭で出所激励の小集会をひらこうとすると、昼休みをテニスに興じようとする職員たちに邪

出所した梶原さん（右）に駆け寄るれい子ちゃん。右から３人目が上田氏、４人目が西尾氏。

魔だと追われた。眼前で今、二三人の人間が熱い心を交わしあっている光景も、このような人たちにはなんの感動も呼ばぬらしかった。もともとは熱い感動もあったろう人々を、このように〈非人間化してきたもの〉のことを、私は考えこんでしまう。

私たちは佐賀関の二人に、いいにくいことを切りださねばならなかった。帰途、ひとまず豊前に立ち寄ってほしいということである。おそらく帰心矢のごとき心情を思えば、いいだすのは辛かったが、しかしこの出所の日にこそしっかりと豊前で語り合って、これまでの永い勾留中に齟齬していった互いの意中を是正しておかねばならぬことを、私たちは前夜遅くまでの会議で決めていた。

きりだしてみると、二人とも「もちろんあの明神海岸の現状も見たいし、いわれんでも寄るつもりじゃったわ」と承知して、直ちに自動車に分乗して豊前に向かった。

豊前の集会場では質素ながら既に宴席がもうけられていて、まずは健康な姿での出所を祝してビールの乾杯があげられた。

「本格的に飲み始める前に、少し硬い話をさせてもらいます」私は、前夜の会議でまとめられた経過報告を、痛切な自己批判をこめて述べたあと、とにかくこれからはひとつの刑事裁判を共に闘い抜いていくためにも、なによりも佐賀関と豊前・中津の緊密な連帯の必要なことを訴えた。「全くその通りと思います」と三名もうなずき、あとはそれぞれの獄中談となり、上田さんの話がことに皆を笑わせ続けた。

午後四時半、西尾、上田両人は出迎えの同志に守られて遠い佐賀関へと帰って行き、得さんだけは残って、この夕べの〃住民ひろば〃に迎えられた。海岸の夕空はこの日も茜色に彩られて、ムシロに座る得さんの表情を晴れがましく染めた。

「……出てきて、いきなりこげなん所で何かしゃべれなんちいわれてんが、どうもまとまらんなあ。……なんちゅうかなあ、外にいる人からみたら拘置所ん中ちゃさぞ大変じゃち思うかもしれませんが、なんのこたぁない楽なもんでした。取り調べに対しても黙秘を続けるだけで……なんかこう、こんなふうに英雄的に迎えられると、気恥ずかしいなあ。――ひとつ、こういうことはいえます。中で金芝河《キム・ジハ》氏のことを読み、韓国の現状を読み、その人たちが耐えている厳しさを思えば、もうわしらなんかほんとに気楽なもんで、……そう考えるだけでも大きな支えとなったことは確かでした。中で薄々気付いていましたが、出てきて家内が皆さんに大層迷惑をかけたことを聞き、申しわけない気持ちです。家内をまで運動に巻きこみえていなかったことを、今回もっとも痛切な反省として抱いています。しかし、いわばショック療法で家内が大きく変わり始めていることを知り、それが今回の弾圧での最大の収穫――わしにとってのですね、収穫だと、そんなふうに思って慰めています。……なんか、出てきたらあれもいいたいこれもいいたいと考えていたはずなのに、もうなんにもいわなくてもいい気がするのです……」

沈黙を強いられ続ける独房で、上田さんは時おり禁を破ってウォー、ウォーと叫んでいた。そしてその声は西尾さんの房にも届いて、おっ、おやじがまた俺に挨拶してくれてるぞと思ったという。さっき聞いた打ち明け話が印象深くて、ふと思いついた私は陽気に皆に提案した。「どうやろ、得さんもなあごおらんじょらんごたる。いっちょシュプレヒコールで得さんにも大声を出してもらおうか」

よっしゃいこいこ。いっせいに立ち上がって海岸に並んだ。海上では、この頃夜も灯をともして居残る作業船がいる。そいつらに向かって、私たちは力いっぱい叫んだ。

海を殺すな！
俺たちの海を奪うな！
海が泣いてるぞ！

夏の終わり

出所して数日間、得さんは私たちに顔をみせなかった。家族水入らずの休養だろうと察して私たちも近寄ることをはばかっていたが、休養どころか得さんと和嘉子さんは毎日のように出歩いて、保釈要請の署名をしてくれた一人一人に礼を述べてまわったり夜は遅くまで礼状を書き続けていることを知り、その几帳面さに驚かされた。

「署名ちゅうても、大部分の人はただ頼まれて機械的にしただけだよ。そこまで礼を尽くす必要はないんじゃないか」こんなことで疲れ果てている二人をみかねて私はたしなめた。「いや、そんな程度の人にこそ、けじめをきちんとつけちょかんといかんち、わしゃ思うんよ。むしろわしらの運動を理解し共鳴してくれるような署名者には礼もいらんけど、そうじゃなくて誰かから頼まれたから署名したというような人がわしらの運動をどう見るかちゅうたら、それはやっぱりその運動をになってるわしら一人一人の社会人としての姿勢からしか判断せんじゃろうち、わしは思うんよ。だからわしは、できるだけ一人一人にきちんと礼をいい、同時になぜあのような実力阻止行動をやらねばならなかったかも理解してもらいたいんよ」

得さんにそういい返されて、私は恥ずかしくなった。得さんが礼に駆けまわっていることそのことが、即、豊前火力反対の運動そのものであることを教えられたのだ。

得さんのお礼まわりが段落するのを待って、私たちは懸案の会議をひらいた。この二カ月余、厳しい外的状況に振りまわされるばかりで、それにどう対処するかの会議は頻繁に重ねながら、逆に内部自身の問題は一度も真剣な討議に付されることなく曖昧なままに経ているのではないかという学生部分からの提起は早くからなされていたのだ。

その会議のテーマは「テント小屋問題」にしぼられた。今や豊前火力反対運動の大きな部分がテント小屋に集約されていて、それとの各自のかかわりを検証することが、そのまま反対運動の内容問題を問うことになるはずであった。

その会議に、私は〈テント小屋に関する〝個人的〟問題提起〉と題するプリント用紙を配布して、そこに集約した一〇項目に基づく討議を皆に要請した。その一〇項目は、この二カ月余のテント小屋とのかかわりの中で抱き続けた私の悩みの率直な〈告白〉であった。

特にその告白的要素は、問題提起㊂の「単なる座り込み参加としての己――客分的参加としてのやましさ、テント小屋の中での〃私〃と学生との曖昧な相互関係」という項目にこめられていて、その部分の説明をする私はいささか上気していたと思う。

「まあ確かに俺としては、可能な限りテント小屋にはかよい続けたと思う。しかし、途中から、そうやってかようことだけにどれだけの意義があるんかちゅうことに次第に自信がのうなっていったんだなあ。それだけじゃない。もっとあけすけにいえば、そうやってテント小屋にかようことが義務としてなされてるみたいになって、なんかもう、俺はこうして運動しよるんだぞちゅうカッコウをつけよるだけみたいな自己嫌悪まで抱くようになっていったんだ。……はじめん頃は、そんなこたぁなかった。俺は俺なりに、このテント小屋は反対運動の象徴的拠点としての位置づけがあって、だからテント小屋に座りにくるだけでも、敵に対して意味があるんだと信じちょったんだ。……それが長期化するにつれて、ほんとにこんな所に座っちょるだけでいいんかなあ、意義があるかなあちゅう疑問の方が強くなったんだ。こんな入りこんだ海岸に座っちょったち、市民の眼に触れるわけもねえし、九電にとってんがべつに困るほどの場所を押さえられちょるちゅうわけでもないんじゃから、無視しようち思えば無視し続けるじゃろうし。……そんならそれで、学生諸君のビラ入れに加わるかちゅうと、どうも気軽に加われんで……まあ、それにはひとつは俺の体調の問題ちゅう個人的状況もあるのはあるんじゃけど、それだけじゃない、どうも俺ん内部に、学生諸君みたいに気軽に行動出来んものがわだかまってるんだなあ。気恥ずかしさちゅうかなあ……」

そこらになると、もう説明しにくくて、私は語尾を曖昧に呑みこんでしまう。この日の会議も坂本君が司会役だった。

「どうやろ、今の松下さんの提起した問題は、テント小屋をどう位置づけるかちゅうことと深くかかわっていると、ぼくは思うわけ。それで、ぼくは今の松下さんの言葉で若干ひっかかるところがあったんだけど、テント小屋を象徴的拠点として位置づけていたという部分ね……そこんところ、得さんはどう考えるの？」

「そうじゃなあ。わしもテント小屋は今や反対運動の象徴的拠点として、是非維持し続けたい場所じゃち考えちょるんじゃけど……」

「違うんだなあ。そうじゃないんだなあ。決して象徴的存在なんかじゃないとぼくは思うんだけどなあ。学生諸君はそこんとこ、どうとらえてるか……T君なんか、どう考えてるわけ？」

「ぼくは象徴的存在なんかじゃないと思う。テント小屋ははっきり具体的に敵との接点だと思う。闘いの最前線だと思うんだ。たとえていえば、中津や豊前での運動をベースキャンプだとすれば、テント小屋はアタックキャンプなんじゃないか。実力阻止をいう以上は、そうでなければならないとぼくは思うな」

テント小屋の位置づけで出てきたこのくい違いの底には、運動の現況をどう認識しているかのくい違いがある。

得さんや私は、もはや明神地先海面に圧倒的に展開されている既成事実に対して、現実に対抗手段を持ちえぬとみていて、そうであるなら、現実には敗北だがしかしあくまでも反対意志だけは海岸に屹立させ続けるのだという象徴的な闘いとして現況を認識しているのであり、他方学生たちは、なお敵と直接にわたり合えるのだと機会をうかがっているのであり、テント小屋はその日に備えての攻撃拠点だと認識しているのである。

私は、二週ほど前に〝住民ひろば〟で語られた伊方原発反対労学共闘会議の学生の発言を思いだしていた。「われわれの闘いは、圧倒的な敵の勢力の前に敗れるだろう、しかしたとえ敗れても、われわれが精いっぱいに闘ったという事実は消えないし、それが歴史的に評価される日は必ず来るんだ――という考え方がありますね。苦しい孤立した闘いの中で生まれてくる自己慰撫の考え方です。しかし、そんな考え方が実はもう敗北ではないのか。歴史的な評価を期待する心情には、もう今の現実の場での後退が始まっているのですね。われわれは、最後の最後まで今の勝利だけに執着して闘い続けねばと考えるのです」

その時の指摘の鋭さが、あらためて、この夜の討議の中で私の心中によみがえってきた。圧倒的現実を眼の前にして、私や得さんの意識裡に敗北的後退（歴史的評価への期待という逃避）があり、それなのになぜ学生たちがそこを突き抜けているのか、私はもっと厳しく自己検証をしてみようと思う。

夜更けて、恒遠君と伊藤君が疲れ果てた顔でやってきた。「まだ晩めしも食っちょらん。高教組の会議からやっとこっちに抜けてきた。遅うなってすみません」

渡された〈問題提起〉に眼を通していた伊藤君が、「遅う来て、これまでの討議経過も知らんけど、ひとこといわせてもろうていいかな」と語りだした。

「ここに松下さんが、やましさちゅう言葉を書いちょるんで、実はそんことたい。わしも、実は非常にやましさを感じちょるんたい。いや笑いなんなちゃ、本気たい。……皆も知っての通り、わしはほとんどテント小屋には顔を出したことがないわな。それは高教組の方の問題で忙しくて、どもならんちゅう理由はあったたい。じゃけんど、ほんとに海岸に全然行けんほど忙しかったかちゅうたら、そげなんことはなかった。行こうと思えば、ちょっとくらいでも行ける時は正直んとこあったんたい。ところが、なごう行かんと、なんかこう、やましい気がしてさ、……行っても、お前は今頃なんしに来たんかち、……そらぁそげなんことはいわれはせんやろうけど、わしん方でそう感じてしまうんよ。それでなおさら行けんごとになってしまうんたい。それじゃあいけんと反省しちょるんじゃけど……」

「うん、そんなやましさは、わしにもある」と恒遠君までがいいだして、会議はやゝ、やましさの論に集中していった。「まあ、わしん場合は伊藤さんよりは横着にできちょるんか、テント小屋に近寄れんちゅうほどの過剰意識はないけどがよ、しかし伊藤さんのいうやましさは、よう分かるなあ……学生部分に対して、わしらみんなそれを抱いてるんやないかな」

「おかしいよ、そんなことおかしいよ」

坂本君が頭をかかえこむようにしていう。

「しかし、なんでそんなにやましさを感じるの？」

学生たちは口々に私たちのやましさに疑問を示した。

「本当は、テント小屋に来るとか来ないとかに、そんなにこだわることはないんじゃないですか。来れる人が来る、それでいいと思う。たとえテントに来なくても、それぞれの場で可能な運動をやってるならばやましさなんか感じることはないんじゃないか。高教組の人たちは今高教組の闘いを必死にやってるんだから、それは豊前火力闘争を闘ってると等質のことと思うんだ。だったらなにもやましさなんか抱くことはないんじゃないかな」

学生Tの指摘は、私の痛い部分を突いていた。既に私は気付いていたのだ。私のやましさの根には、このひと夏中津市での運動の完全な停滞状況があったことを。だからこそ私は〈問題提起〉の一項目に、「テント小屋が反対運動の中心となったことにより、おのずから学生中心の運動になり、そのことに萎縮して中津の運動がその独自性を失い精彩を欠いていったこと」「学生とわれわれの相違を相互にきちんと認識すべきではないか」ということを掲げていた。

そこに論議が飛んだ時、学生Ｎが発言した。

「われわれ学生と、家庭を持った松下さんたちが違うのは当然であって、その違いを今頃になって確認しようという遅れこそが問題なんじゃないかなあ。――本当は、六月二六日の実力阻止行動の前の段階できちんと済ませておくべきだったと思う。……だからさ、なんかこうお互いに遠慮しあって、まるきり相互批判がないまま曖昧にずるずるときてしまったという感じなんだ。本当はぼくら学生は、もっとずけずけと批判をしてもらいたいんですよ」

「……どうも、わしら気弱なもんばかりじゃきなあ」

得さんの言葉に皆笑って、この夜の討議は終わった。確認したことは、もう一度豊前は豊前で、中津は中津での独自の運動をやり直すこと、つまりベースキャンプを着実に広げることによってアタックキャンプであるテント小屋を支えるということ。そして運動の中では互いがそれぞれの立場の相違を認めあい、決してやましさの心情などは持ちこまぬことという二点であった。

気がついたら秋――

そんなあわただしさで、小さな海岸の夏が去っていた。かよっていく道辺に彼岸花が咲き、数珠玉が実を結び、ネコジャラシの穂は白銀色を帯びてきた。厳島神社の森に鳴いていたつくつく法師の声もいつの間にか熄み、昼間も澄んだ虫の声が聞こえるようになっている。お地蔵さんの花筒も紫苑や鶏頭やコスモスやりんどうが供えられ、海岸の夕べはもうジャンパーを着こんでも冷えこむ。

これから厳しくなっていく寒さに向かって、座り込み小屋を本格的に改造することを私たちは迫られている。風の吹き抜ける細長い休憩場の建物に厚い板壁を張り窓をとりつけ、内部には畳を入れねばなるまい。

その工事にかかる時、これまで静観の構えの警察が強制排除に動き始めるのではないかという懸念は濃い。この土地が厳島神社の所有であり休憩場の建物が市の公共物だとすれば、そこらの立退き要請を根拠にして警察はいつでも動けるのだ。

奇妙なことがあった。八月の終わる頃、この海岸で思いもかけぬ昼火事があったのだ。お地蔵さんの背後にかつてのバンガローが朽ちかけて残っているが、これが炎上したのである。既にここは九電に買収されていて、いずれは壊される物であったから燃えようとも構わなかったろうが、すぐさまこの火事の責任が団結小屋の学生たちにあるかのような噂が市民の間に流されて、私たちは卑劣な陰謀を感じとった。その頃から海岸への私服刑事の出入りがしきりとなっている。

学生たちの多くは夏休みが終わって引き揚げていき、少ない日には僅か三人になった。

「人数が少ないから、一人でようけ食べられていいじゃろ?」

炊きだしの妻が冗談をいったら、「ですけど、たくさんの人数で奪い合って食べてた時の方がなんだかおいしかったなあ」そう答えたといって、「寂しいんよねえ」と妻は呟いた。

学生たちは、迷いこんできた小猫と小犬を飼い始めている。中津からは私、得さん、紀子さん、好子さん、野田君の誰か一人が必ず毎日団結小屋にかよって学生とともに座り込んだ。るみちゃんは来年初めの出産を控えて、もうさすがに海岸にはかよえなかったが、炊きだし担当は続けている。

海上工事は既に明神鼻突堤から延びる捨石の西護岸に巨大なブロック積みを始めている。私たちは時おり突堤まで行って、その工事に見入るのだった。巨大な工事を僅か四人の若い労働者がクレーンを駆使して軽々とすすめていく。私たちの小さな素手の抵抗との隔差に茫然として溜息の出ることがある。

そんな工事のすぐ傍の海面では、明神の漁師たちが海苔ひびを立て始めている。一〇月に入れば豊前海はすぐにも種子つけなのだ。

ある日、豊前の町に缶詰を買いに出た坂本君が、八百屋の娘さんに「あんたたち、いつまで海岸の座り込みを続けるつもり?」と問われたという。「豊前火力を追い出す日まで、いつまでも」そう答えると、「あんたたちも馬鹿ねえ。もう、どうあがいてもくつがえせるはずないのに」と娘さんは呆れて、「でも、そんなあんたたちが好きよ」といってにぎり飯を作ってくれたと、笑いながら帰ってきた。

「俺たちみんな、馬鹿の集まりだもんな」

坂本君があらためてそう繰り返して、私たちは大笑いした。

九月二二日夜、この小さな海岸を染めて夏の別れのキャンプファイヤーが燃え熾った。豊前市で開かれた第五回反火力全国住民運動組織交流会に各地から参集した一〇〇名の同志を歓迎しての火柱であった。

小さな海岸のひと夏の記録を書き終えるペンを置こうとして、ふと気付いた。小さな海岸、小さな海岸と書きながら、本当にどんなに小さいのかを具体的に書き洩らしていたことに。

私の歩幅でそれを測ってみよう。まず団結小屋を背にして海へと歩み出す。一歩、二歩、三歩……三七歩目がもう護岸でストンと海へ落ちる。では東端のお地蔵さんを背にして西端の明神漁港へと歩いて行く。一歩、二歩、三歩……一五五歩目に船溜りに着く。本当にそんな小さな海岸で、真ん中に丈高く痩せた感じの松が五本立っている。

後記

本書は、もとより独立した一個の記録であるが、しいていえば一年前に刊行した『暗闇の思想を』の続篇と、いえなくもない。

思えば、一年前の丁度今頃、私は『暗闇の思想を』の後記をしるしていた。折りしも石油ショック直撃のそのさなかに於いて、私たちの反火力闘争はますます厳しく孤立化していくであろうことを、にがい予言として後記の中にしるしたのであった。事態は、その通りに進んだ。

一九七三年末の石油危機は、わが国が挙げて、より少い石油で成り立ちうる文明への転換の第一歩とすべき天啓の時であった。現実には、なによりも石油が大切だという危機意識形成の方がよりすばやく、環境問題どころかという暗黙の圧力は、私たちの運動をいよいよ厳しく孤立化させてきた。そして今、一年余前の石油ショックは、わが国全体にもはやどれほどの警世のひびきをも遺してないようにみえる。

一九七五年の正月を、ずっと病臥し続けている。

水島コンビナートの三菱石油タンクからの流出油の状況を、病床で追うにつれて、私はもうこの汚染だけで、瀬戸内海環境保全臨時措置法は一片の空文と化してしまったことを思わざるをえなかった。通産省幹部は、「困ったことをしてくれたものだ」と、新聞で語っている。瀬戸内海を回復不能なまでに汚染されたことが困ったことなのではなく、このことによって石油基地に対する反対運動が激化し、石油九〇日備蓄政策が後退せざるをえなくなるかもしれぬことを、困惑して嘆いているのであった。

続いてマラッカ海峡の事故である。

病臥し続ける私の思いは暗い。

だが、私たちの小さな闘いは、やむことなく続いていく。病床の私を囲んで、会議がひらかれる。明日、梶原、坂本両君は渥美火力と尾鷲火力の視察に発つ。残る者も皆、民事裁判・刑事裁判の為の資料検討を分担する。

私は同志たちに甘えて、なおしばらくの病臥を続けるだろう。

一九七五年一月一〇日

●『明神の小さな海岸にて』

文庫版のためのあとがき

本書の「後記」を書いた目付けから、早くも一〇年余が過ぎたことになる。いくつかの後日談を語っておきたい。

明神海岸のテント小屋を自主撤去したのは一九七六年八月一一日であったから、九二年余にわたって海岸での監視は続いたことになる。この小屋の撤去と共に学生諸君は去って行った。

梶原得三郎さんらにかかわる刑事裁判は五年間続いたが、一九七九年四月一八日の一審判決で確定する。罰金刑であった。

職を喪った梶原さんは、のちに耶馬渓《やばけい》の谷間の里での魚の行商を数年続けたあと、自宅の近くに借りた車庫を改装して小さな魚屋を構えた。誠実過ぎる彼に商売は不向きで、小さな店が大きくなる日はついに来ないようである。

いまも発行が続いている「草の根通信」（第一五〇号）に、往時を振り返った文章があり、彼はこう書いている。

〈三四歳からの一三年間といえば、それを〝青春〟と呼ぶには気がひけるけれど、私の人生にとっての

青春は、どう探してもこの中にしかない〉

彼の三四歳といえば、豊前火力反対運動に加わって来た年を差していて、その翌年には逮捕され失職し、刑事裁判の被告とされていったのである。それにもかかわらず、いま回想して彼はためらわず、こういうのである。

そして私も又、自分の思いを重ねてこの言葉を納得する。テント小屋に苦しい常駐を続けた学生諸君も含めて、多分誰もこの運動にかかわった日々を悔いてはいないのではないか。それほどに同志を信じ合った一途な運動であったし、策も何も弄しない若々しい運動でもあった。

本書の中で、和嘉子夫人と私がぶつかり合う問答の記録に、その頃の互いの一途さは読み取っていただけるだろう。あのときほど、彼女の得三郎さんへの愛情の濃さを思い知らされたことはない。

いま、彼も私も四八歳である。彼は先に引用した文章の終りをこう結んでいる。

〈私の心は、あの充実した日々をもう一度取り戻さずにおくものか、という熱望に燃えている〉

四八歳の抵抗などと笑うなかれ。本書を読み返すとき、私の血もまた騒ぐのである。

一九八五年五月

しろうとの真剣勝負

一九九九年一〇月刊、『松下竜一　その仕事12　暗闇の思想を』（河出書房新社）巻末の「書き下ろしエッセイ　諭吉の里で〈12〉」より

「なりゆき」が一気に加速する。

一九七一年秋、西日本新聞社から公害問題という思いもかけないテーマを与えられて、初めて別府湾への取材へ出向いたことが「なりゆき」の始まりであったが、更なる「なりゆき」によって私は長篇ノンフィクションの第一作ともいうべき『風成《かざなし》の女たち』を書くことになる。

しかも「風成」との出遇いは、一冊の本を書くだけのことにとどまらなかった。当時、大阪セメントの進出を阻止し昂揚の極みにあった「風成のかあちゃん」たちに、私は問い詰められるのだ。

「松下さん、あなたの地元でも大変なことが起きてるじゃないですか。それをいったい、どうするつもりですか」という問いかけに、私は答えることができなかった。臼杵湾奥という一地域の反開発闘争を闘い抜いたことで、「風成のかあちゃん」たちは私の足元ともいうべき周防灘総合開発計画にまで眼を向けていたのだ。

ようやく豊前市や中津市で労働組織が路傍に立てた「周防灘総合開発反対」「豊前火力反対」の立看板が目につき始めていたとはいえ、たとえば私が参加していくような住民運動はまだ豊前平野のどこにもな

かった。スオーナダ開発は、むしろ市民に期待されていたのである。

「あなたは自分の足元のことに知らぬ顔をして、こんなところまで来てうちらのことを書こうとしているんですか」と、もちろん「風成のかあちゃん」たちがそんなことを直接いいはしないのだが、私はそう受けとめてうなだれるしかなかった。

「ものかきとは、そういうものです」といった答え方もあるのだったろうが（そして、それをまちがいだとも思わないのだが）、それを口にできずに私は黙っていた。

豆腐屋を廃業しペン一本で立つことを決意した前年夏、私には解決できていない難題があった。「書くこと」と「行動すること」を両立させうるのかという設問が、その時点では深刻な意味を帯びていて私は幾人かの知友にそのことでの助言を求めたほどである。

「作家は作品が勝負なのだから、書くことに専念すべきではないか」というのがおおかたの助言であったが、行動者には向かぬ私の本性を良く知る者たちだけに、それ以外の助言は出せなかったのだろう。

厄介なことに、それらの助言を納得しながら、しかし私はそれで自分を落着かせることができないのだった。あえてペン一本で立とうとした決意の中には、自由となった身で一歩社会に踏み出してみようという願望もあるのだったから、書斎に籠もるということは自らに許される選択ではなかった。都《みやこ》の役者砂田明さんが水俣病患者の存在に心を突き動かされて、白装束の巡礼姿となって水俣への行脚に出たというニュースに心を揺すぶられていたときである。

結局、「書くこと」と「行動すること」は両立できるのかという課題には答を見出せぬままに、私はペン一本の生活へと踏み出してしまったのだが、「風成」に来て改めて私はそれを問われたようだった。

足元に押し寄せている巨大開発計画には知らぬ顔をしながら、風成のことを書く資格があるのかという自問は、抜けない棘のように私の意識から消えなかった。だからといって私に何ができるのかと懊悩しているところに届いたのが、周防灘総合開発問題を考えるシンポジウムを呼びかける、広島大学の石丸紀興氏からの手紙であった。

「なりゆき」が更なる「なりゆき」を生み、加速していくことの不思議さ。私の存在など知ろうはずもない石丸氏が、なんらかの手段で「落日の海」（連載は九州域内であった）を眼にしたことで、呼びかけの手紙を送って来たのだ。

わが町でシンポジウムを開催しましょうと石丸氏に返信を出したことによって、一九七二年初夏、わが町での豊前火力発電所建設反対運動は点火し、一気に燃え上ることになる。西日本新聞の依頼で、心細い思いを抱きながら別府湾の公害問題を取材に行き始めたときからわずか九カ月後に、私はわが町での開発反対運動の中心に立っていたのだ。

あれよあれよという「なりゆき」の背景に、一九七〇年代という時代があったことはまぎれもない。急激な高度経済成長による公害問題が深刻化し、列島各地に反公害・反開発の住民運動が野火のように拡がる時期と重なっていたのだ。

「竜一ちゃんが一人で東京を動きまわってるなんて、どうしても信じられんわ」と、私が飛び回り始めたころ姉はよくそういって不思議がった。豆腐屋時代の私は中津から一歩も出たことはなかったし、姉から見れば私という弟は電車の切符一枚さえ自分で買えるだろうかと心配になるほどに、世情に疎い存在としてあったのだ。

「なりゆき」とはいえ、そんな私が市民運動なるものを始めてしまったのだから、何もかもが手探りだったのは致し方ない。

豊前火力反対運動以前に、わずかながらの運動体験がないわけではなかった。宇部市の牧師夫人に慫慂《しょうよう》されて加わった、無実の獄中死刑囚を救援する運動（仁保事件）があったし、宮本裁判官の再任拒否に始まる「司法権の独立を守る大分県民会議」への参加や、原水禁世界大会（長崎）への参加もあったとはいえ、自らが責任を負ってつくりあげていく運動ではないという気楽さがあった。

だが、周防灘総合開発計画反対、そしてそのエネルギー基地としての豊前火力発電所建設反対運動は、石丸氏の呼びかけに応えたときから、私自身が一からつくりあげていかねばならぬ運動として始まったのだ。

しかも、私はすべての点においてまったくといっていいほどに「しろうと」であった。「運動」という世界においての「しろうと」であったし、「科学・技術」においてはもちろんのこと、「法律・裁判」という分野でも「しろうと」そのものといえた。なにもかもが「しろうと」であるままに、いきなり実戦の場へと押し出されてしまったのだ。

そのころ私は新聞に、「われら、しろうと！」と題する小文を寄せて、しろうとであるがゆえの軋轢を告白している。

〈反対運動に立ち上がって以後、私はおのずから、いわば運動の〝くろうと〟ともいうべき革新政党や労組の幹部らと接触していくことになったのだが、その人たちの私に接する態度は、常に大人が子供に対するような高みからの微笑を含んでいた。

とかく直情的に事を進めようとする私は、いつも彼らのやんわりした制止でたしなめられた。「まあまあ、あなたの気持ちはよくわかるが、運動には運動のルールがあるのだから」というのだ。しろうとの君にはわからぬ、永い民主運動の歴史から生まれてきたルールがあるのだといわれれば、私ははにかんで黙るしかない。

だが、無念なことに、そのようなルールを踏んでいく過程で、運動の《浪》ともいうべき怒りはみるみる薄れ、爆発しそうだった活力はそがれていくのだ〉

火電阻止に必死になればなるほど直情的に動いてしまう私は、やがて気付いてみたら、そのようなくろうと組織から、ていよく排除されていたのである。

豆腐屋をやめた私が初めて市民運動にかかわろうとしたとき、私に親しく声を掛けてくれたのはわが町の共産党の人たちだった。孤独な豆腐屋暮らしで仲間という者を持ちえなかった私が、そんな彼らにたちまち友情をすら抱き始めたとしても不思議ではあるまい。だが、いったん「トロツキスト」問題で共産党の方針と対立したとたんに、彼らの誰も私に寄りつかなくなってしまう。彼らとの関係を友情とすら思い始めていた私に、そのような私的感傷など容喙《ようかい》できぬ組織の非情さというものを見せつけられたことは、ショックとなってあとを曳いた。

日本共産党についていえば、いきなり衝突した「トロツキスト」問題以外のことで私が同党を公然と批判したことは一度もない。にもかかわらず、同党は以後一貫して私を排除し続けるのである。統制された党のことであるから、もちろん全国にわたって。

本稿でたびたび使っている「しろうと」というキーワードは、私に限らず一九七〇年代の反公害・反開発の住民運動を担った者たちを共通にいいあてていたという気がする。

あるとき突然発表される開発計画は、地元住民には寝耳に水の驚きであることが多い。わが家に降りかかる火の粉を払うように、やむなく反対に立上る住民が、運動体験においても、開発・公害問題においても「しろうと」であるのは当然なのだ。運動にも組織にも一切無縁な豆腐屋出身の非理数系の私が、その点で極端であったとしても、七〇年代前半期の列島各地で住民運動を担った者たちの事情はおおむね似ていたはずである。

中央省庁の机上で一方的に策定され線引きされた巨大開発計画に抵抗して地元住民が立上るとき、それは「専門家」という「権威」に立ち向かう「地域生活者」という「しろうと」の図式にならざるをえない。しばしば開発側は大学教授を立ててアカデミズムの権威によって、「しろうと」住民を説得しようとしたが、住民側が暮らしの知恵によってそれに反駁していくという光景はこの時期よく見られたことである。大分新産都では語り草の話だが、新日鉄進出にあたって地元住民にいかに無公害な企業であるかを説く大学教授が、「グリーンベルトをもうけますから大丈夫です」というのを聞いて、それが何か公害除去の新しい装置だと思い込んでいたら、なんのことはない工場のまわりを緑化することとわかって住民は怒りと不信を爆発させたという。

私が豊前火力反対運動に立上った一九七二年当時は、各地で行政や企業の専門家とわたりあう「しろうと」住民の「暮らしの知恵」の好例が、いきいきと交錯し伝播している時期でもあった。

一九七二年といえば、大学解体、権威の解体を叫んで燃えさかった全共闘運動が機動隊によって封殺されていったあとであるが、そこでのテーマであった「いったい誰のための学問なのか」という根源的な問いかけは、この時期の住民運動へと流れて生きていたといえる。現実に大学を捨てた若者たちが、水俣などへ入ってもいた。

東京大学助手の宇井純氏は大学の教室を自主講座として一般にも解放し、各地で反公害・反開発運動を担っている当事者を招き、その住民論理を語らせることで、アカデミズムではない「生活者の知恵」に光を当てようとしていた。その講座は直ちにパンフレットとなり、自らの武器とするべく私はむさぼるように読むのだった。

ついでに白状してしまうと、私には長い間にわたって、自分は大学で学べなかったというコンプレックスが深くわだかまって消えなかった。それを解消できたのは、豊前火力反対運動という実戦の場においてだった。「しろうと」たる私の知恵で専門家とわたりあえるのだと気づいたとき、私は長年のコンプレックスから解放されていた。自分には一生無縁と思えていた大学の門をくぐったのも、この運動の中においてだった。宇井さんの東大自主講座を始め、いくつかの大学で若者たちに語りつつ私には格別な感慨があった。

「書くこと」と「行動すること」をどう両立させるのかという懸案は、気がついてみると実戦の場で消し飛んでいた。

いったん反対運動に立上った以上は、加速こそすれ停滞は許されなかった。切迫した事態の進行に対応しようとすれば、ただもう走りに走るしかない。もちろん、諦めてドロップアウトすることはできるのだが、それを考えたことは一度もなかった。

「書くこと」でいえば、あっという間に孤立を極め極少者の運動へと追い込まれたとき、いやおうなしに私はペンを武器とせざるをえなくなる。電力会社も電気事業連合会も、豊富な資金力でマスメディアに電力危機キャンペーンを展開できるのだったから、たとえほそぼそとでも私は書くことで反対運動の主張を世に問うしかないのだった。「暗闇の思想」などというおどろなタイトルも必要であったのだ。

しかも皮肉なことに、私がすべての組織から排除されたことで、いっそう「書くこと」の自由を得たのは確かである。組織の意向を顧慮したり組織から掣肘《せいちゅう》されることもなく、あくまでも私自身の思いと行動を率直に書いていいのだった。梶原得三郎さんを始めとする私の少数の同志たちは、この点でまったく寛容であった。多分私は『豆腐屋の四季』と同じ率直さで火電反対運動の実情をさらけだしたように思う。

私は「なりゆき」ということをしきりに書いてきたのだが、いまこうして振り返ってみると、一見「なりゆき」と見えながら実は一九七〇年代という時代の大きな潮流に乗って、あらがいがたい道筋を辿っていたのかも知れぬという気がしてきている。たとえば私が豊前平野というきわめてローカルな現場で書く報告が、そのままジャーナリズムに受け入れられたということ自体が、この時代の潮流であったろう。

七〇年代前半期に最も旺盛であった反公害・反開発の地域住民運動は、いわば中央に対する地方の反乱であり地方の復権を意味したが、それは一つの潮流としてジャーナリズムにも反映され、地方からの発信が中央のマスメディアにある重みをもって受けとめられたのだともいえる。それとは意識せずに、そのような潮流を私は最大限に利用していたことになる。中央に出て行けばまちがいなく埋没して消えたはずの松下竜一は、豊前平野に居座ることで作家たりえたというのが実相ではあるまいか。

やはり不思議な「なりゆき」である。

豆腐屋を廃業する三三歳まで、ただの一度も何かの集会に参加したこともデモの隊列についたこともなかった私が、いきなり火電反対運動という修羅場の渦中に放り込まれたのだから、やみくもな真剣勝負で即応していくしかないのは当然だった。私的におさめるわけにはいかぬ、社会的責任を負ったわたりあいである。

そしてそれは、そのまま私の作家修業（文学修業とはあえていわぬ）とも重なっているようである。同人雑誌で鍛えられたこともなければ、ひそかな習作を筐底《きょうてい》深くへ溜め込むということもなく、まして文壇登竜門の賞に応募したわけでもなく、いきなり書いた第一作の『豆腐屋の四季』で登場してしまった私は、なんの習練も積まずに真剣勝負の場に出てしまったにひとしい。ここでも、私は「しろうと」なのだった。

こんな私如きが作家たりえるのかと、ともすれば怯みがちであったペンに力を与えてくれたのは、反火電運動の修羅場を「しろうと」の真剣勝負でくぐり抜けつつあるという自信であったろう。反火電運動を経ることで、私はどうやら作家として立てたのではないかと思う。

ここらの相関性の濃密さゆえに、いったい松下竜一は運動家なのか作家なのかという借問はしばしば呈されることで、世間的にも前者と見られていることが多い。売名的運動家という声が、私の耳にまで届いたりする。

かつて一九八〇年代の半ばに、『現代用語の基礎知識'87』が付録として「現代人物ファイル」を編んだことがある。九〇年代への適確な展望をそなえて時代へのメッセージを発している五〇〇人を選んでいるのだが、松下竜一もその一人に入っていた。ただ、その選ばれた分野が「文学」でも「ノンフィクション」でもなく「社会運動」であったことに、当人は愕然としてしまった。

いや、なにも「文学」か「ノンフィクション」で登場させよなどといっているのではない。だが、どう考えても私は社会運動家ではないのだ。時代をリードする一七人の社会運動家の一人に松下竜一が加えられたことは、まったくのミスジャッジであったというしかない。社会運動家であるにしては、良くも悪くも余りにも作家的であることを私は自覚している。（いわずもがなのことだが、社会運動家を作家よりも

貶めてこういうことをいっているのではない）

豊前火力発電所は逮捕者まで出しながら建設されたが、本格的な操業はわずか数年で終った。時代はすでに原子力発電に移っていたのだ。では、めったに運転されぬ豊前火力は廃棄されたのかというと、いまも生きて存在し続けている。

あまり知られていないことだが、原子力発電所というのはひどく厄介な施設で、常にそれを補完する火力発電所や水力発電所がなければ、それ自体のみでは存在しえないのである。なぜなら、その危険性ゆえに原発は長期にわたる定期検査を義務づけられているし、あるいはなんらかのトラブルが発生しても直ちに止めなければならない。そのときの代りとなる火力や水力が常に用意されていなければならないのだ。いいかえれば、一〇〇万キロワットの原発を運転するためには一〇〇万キロワットに相当する数多くの火力や水力を遊休施設として持たなければならないわけで、実に無駄の多い発電方式といわざるをえない。

いまや原発の時代へと移ってしまったが、反火力運動の中で唱えた「暗闇の思想」の持つ意味はいっそう切実さを増しこそすれ、薄れることはあるまい。

いまから一〇年前の一九八九年八月の「エコノミスト」に寄せた一文の中に、私は次のようなことを書いている。

〈さいわいにも石油ショックによって高度経済成長は終り、周防灘総合開発計画も凍結され、瀬戸内海九州側の自然海岸はほぼ無傷で残されることになった。豊前火力のみは反対を押し切って建設されたが、それとてもすでに数年前から運転を止めている。火電から原発の時代へと移り、九州では玄海一、二号と川内《せんだい》一、二号が稼働し、既設の主要火力はいざというときの補助施設と化しているのだ。

いまや電力が余ってしかたのない電力会社は、いかにして電気を使わせるかに知恵をしぼっているのが現状で、「電気な暮らし」などという宣伝コピーまで持ち出している。

「節倹は美徳」が、またもや「浪費は美徳」へと逆転しているのだ。石油ショック時の国をあげての反省など、どこかにすっかり忘れられている。

私は「暗闇の思想」で、もうこれ以上発電所を増やさずに、とりあえずいまある電力で成り立つような社会や暮らしを考えようと提言したが、そのとき（一九七二年）の全国九電力の供給能力は六九五二・六万kW時であった。

それと比べると、一九八七年度の供給能力は一億五五四四・一万kW時に達していて、実に二・二三倍の発電量である。七二年当時をふり返っても、格別に不便な暮らしとも思えなかったからこそ、私は「もうこれくらいの電力を上限として」と述べたのだが、そのときから一五年間に二・二三倍にも発電所を増やしてしまったのであり、その分だけ私たちの暮らしは過剰なゆたかさと過剰な便利さを加えることになったのだといえる。

まことにエネルギーとは、求めれば求めるほどに自己肥大化してやまない怪獣の如きものではないか〉

そのときから更に一〇年余を経た一九九八年一月、私はあるミニコミ誌の巻頭言として次のように書く。

〈通貨暴落、株価最安値、不良債権、金融不安、企業倒産、リストラ、経済危機……といった文字、言葉を見たり聞いたりしない日はない。マスメディアはあげて〝不景気〟の大合唱であり、無策の政府批判をくりひろげている。いかにしてこの経済危機を脱し景気を回復するかに、世間の、そしてマスメディアの関心は集中しているようである。

待てよ、といいたくなる。

ついこのまえの京都会議は、いったいなんだったのか。地球温暖化防止のために世界各国が京都につどい、日本も二〇〇八年―二〇一二年の温室効果ガスを一九九〇年比六％減らすことに合意している。CO_2を中心とする温室効果ガスの大量排出により地球は発熱状態に陥りつつあるのだが、この熱を引かせるためには人間の活動（とりわけ経済活動）を抑制するしかないことは自明である。

私が物理学者槌田敦氏の話を聴いて、物理の法則としてのエントロピー論を知って深く納得したのはもう二〇年前のことである。

総ての活動が廃熱（エントロピー＝汚れ）を生み出すのは物理の絶対法則であるが、その廃熱は水に吸収され水蒸気となって蒸発し宇宙へ放出され、水は再び雨となって地上に戻ってくるという地球浄化システムが対処しきれないほどに人類は大量の熱を生み出しつづけていて、それが地球温暖化を招いているという説明は明快であった。槌田氏が警鐘を鳴らしてからでさえすでに二〇年が経過し、そのかんにもこの国の経済活動はとどまることはなかったのだから、エントロピーはますます増大していると考えねばならない。

地球温暖化を防ぐためには、経済活動を抑える以外にないことは明白なのだ。

日本政府はCO_2を排出しないという理由を喧伝して、更に原発二〇基増設で削減目標を達成できるかの如き非現実的な政策を打ち出しているが（原発が〝石油の缶詰〟といわれるように、決してCO_2とは無縁でないのだがここでは論じない）、ちょっと考えればそのごまかしがわかる。原発二〇基分もの電力が生み出す経済活動が、どれほどの廃熱を生じさせるか。地球温暖化を防ぐどころか増大させる方向でしかないのだから、政府のいっていることはペテンそのものなのだ。

ことは単純で明白である。

人間の活動、とりわけ経済活動をできる限り押さえ込んで、エントロピーが水循環による地球浄化システムに再び納まるところまで減少させる以外に方法はないのだ。

そう考えると、現今の経済停滞・不景気はむしろ「地球」にとって望ましいことになる。発熱を続けてきた地球にとっては、ひとときの〝やすらぎ〟とさえ思えるではないか。

年収二〇〇万円でかつがつに生きている〝売れないものかき〟である私には、この不景気がむしろ快い〉

一九七四年春に刊行された『暗闇の思想を』が、二五年を経たいまも意味を喪っていないことを、私は哀しむべきなのかも知れない。

●解説

経済より人間が大事だ！　宣言

鎌田　慧
（ルポライター）

ここに松下竜一さんの開発反対運動の記録二冊が、収録されてある。この作品が実践者によって書かれた記録として、いまでも不朽の輝きを放っているのは、電力会社社員や官僚、裁判官など「権力」側の動静が、きわめて身近なところから活写されているばかりでない。登場人物への眼差しがよく行き届いていて、負け戦を担った心優しい仲間たちとの交流が、共感を与えるからである。

ひとびとの生活の場である海を、開発の暴力から守るという、いわばごく当たり前の市民的抵抗に、肝心の地域の人たちが眼を背け、運動は孤立していく。それでも、なにくそとばかり唇を噛んでむかっていく、その松下さんの負けじ魂が快い。

七〇年代。そのころ、公害反対運動は全国でさかんに闘われ、各地に無名の指導者が頻出していた。工業化によって汚染された日本の自然が、壊滅的にまで打撃を受けることなく、ようやく復旧されるようになったのは、日本列島に勝ったり負けたりした市民運動があってこそだった。

いまでも、かつて買収された農地や山林に、「開発」の影が亡霊のように彷徨《さまよ》っている。やってこなかった工業開発や原発予定地が、雑草の生い茂るまま打ち捨てられてあったり、荒れ果てたままのゴルフ場跡が残されていたりする。欲望の残骸というべき光景だが、それでも、福島原発での大爆発をともなう大事故を思えば、まだ修復可能な荒廃、とわかる。

火力発電所の環境破壊よりも、なん千倍もの恐怖的な原発事故をわたしたちは迎えてしまった。地震大国のなかで、さらにまたあらたな事故も想定される。いま松下ルポを再読しながら、あぁ、とふかい溜息を吐《つ》かざるを得ないのは、電力会社と官僚と裁判所との構図は、ほぼ四〇年前とまったく変わることがないからだ。

電力会社と官僚と裁判所は、四〇年前からまったくおなじことをやってきた。自分たちの利益のために、ひとさまの命と人権とを無視してきたのだ。火力発電よりも、もっと輪をかけて規模の大きい、もっと巨額のカネが動く大事業が、原発建設だった。

水力発電、火力発電、そしてさらに巨大な利権がからんだ、あらたな電力需要が原発だった。なんと虚妄で危険な「開発」だったことか。

『暗闇の思想を』のはじめに、愛《いと》おしそうに描かれているのは、中津市の海岸である。岸からクルマで三キロも沖にはいれる遠浅の海で、そこからさらに二キロすすんでも、貝掘りができる。裸足で嬉しそうに歩く子どもの手を引いて、絹貝をひろって歩く。遠浅の海は、魚が育つ海の宝庫である。瀬戸内海につながる豊かな海である。

それを埋め立てて工業開発をする、というのが、「周防灘開発計画」だった。日本政府と大企業は、全国各地にひろがっている白砂青松《はくしゃせいしょう》の海岸を、工場群で押し潰し、公害を撒き散らしてきた。

　周防灘開発は、一九六九年に経済企画庁（現・内閣府）が策定した「新全国開発計画」（新全総）の一環である。わたしはおなじ新全総計画のひとつである、青森県の「むつ小川原開発」の反対運動に関わっていたので、とりわけ印象深い。もうひとつの巨大開発が鹿児島県の「志布志湾開発」だった。

　やがてそれぞれは、幻の開発計画として、消え去ったが、開発賛成と開発反対とにひとびとを分断した傷跡は大きい。とりわけ、むつ小川原開発は、ひとびとを田畑から追い払い、いくつかの集落を荒野に変えた。ついに絵に描かれたような工場は、姿をあらわすことなく、いま「原子力開発」の拠点とされている。これからもしも核燃料再処理工場などの建設が完成するならば、県の範囲をはるかに越えた、広大な地域を核汚染の恐怖に曝すことになる。

　このとき、わたしは、経済企画庁で「開発天皇」といわれていた、下河辺淳開発局長にインタビューしたが、彼は「むつ小川原と周防灘、志布志湾の三カ所の開発は絶対成功する」と力をこめていった。

　周防灘開発を担うために建設されることになったのが、この本の舞台である、豊前火力発電所である。九州電力の計画は、四基建設によって、二五〇〇万キロワットの発電を担う、というものだった。当時では、巨大な火力発電所である。

　豊前市の海岸は、著者の住む中津市から八キロ北上した、県境のむこう側である。当時、最大の公害発生源であった火力発電所は、行政単位を越えた厄災だった。ところが、九電は、「無公害発電所」を宣伝し、「九州電力はこの美しい環境を守ります」「公害のない、キレイな発電所でございます」といって、住民に接近していた。

松下さんは、一緒に運動をはじめることになった仲間と、関西電力多奈川火力第二発電所建設にたいして反対運動をはじめていた、和歌山県岬町のひとたちの許を訪問して励まされる。そこでは「ばばたれ関電いんでしまえ！」というような、激しい立て看板を掲げ、町ぐるみの運動がおこなわれていた。

「東北電力を相手に黒井の人たちが直江津火力を撃退したように、あるいは東京電力を相手に銚子の人たちが実に五二〇万キロワットという巨大火力を撤回させたように、全国で次々と反公害住民が火電や原子力発電所にストップをかけていけば、基点は公害からの素朴な地域闘争でありながら、その結果日本の産業経済にもたらす制動力ははかりしれまい。すでに関電では、通産省認可を得て、管内大口需要者に対し電力使用制限令を発している。そこまで関電を追い込み、同時に関西の大企業を生産制限に追い込んだ少なくとも一因を、ブリキ屋のおっさんたちがになっているのだと考えれば、痛快このうえない。

関西の産業界が電力供給制限（最高三〇パーセント）により操短を迫られたとしても、『そないなこと、わしゃよう知らんわ』と、小里さん（岬町の運動の中心人物＝引用者）らは笑っていい放つだろう。彼らには、目の前に多奈川第二火力がくるかこないかだけが問題なのだから」（三九頁）

小里さんの「わしゃよう知らんわ」は、偉大な思想である。公害企業と健康と、そのどっちが大事か、経済と人間と、そのどっちが大事か。健康やいのちのほうがはるかに大事だ。わたしたちは、経済のことなどよう知らん、といいきれるかどうか。

これは「暗闇の思想」の萌芽、ともいえる主張である。

このころ、日本のマスコミを席巻していたのが、田中角栄の「日本列島改造」だった。

これは簡単にいえば、置きざりにされてきた列島の遠隔地に巨大な工業地帯を建設し、高速道路や新幹線や飛行機で結びつける、というネットワーク構想でもあったが、つまるところ、公害企業を遠隔地に集中させる、という構想だった。

先回りしていってしまえば、この虚大プランは、四年後に日本列島を襲った「オイルショック」によって頓挫、こんどはアジアにむかって殺到するようになった。「公害輸出」である。田中角栄首相が、タイを訪問して反日デモ隊の抗議を受けるのが、この本が発行される直前の七四年一月である。

「一体、物をそげえ造っちから、どげえすんのか」

海の埋め立てに抵抗する漁民の声である。

この声が、大量生産、大量消費、大量廃棄という自然破壊への抗議だったのだが、日本の政治家と経営者は、聴く耳をもたなかった。日本はすでに「オーバー・プレゼンス」（過剰なる存在）だった。大量生産した製品をアジアの国ぐに売りつけ、工場をアジアの国ぐに進出させ、自分たちは溢れかえったものに取り巻かれ、公害の毒によって破滅する。

としたなら、と松下さんは決意する。

「それを救うには、年一〇パーセントなどという高度成長を下降させるしかない。そしてどうやら、その最も有効な手段が発電所建設反対運動だとすれば、地域エゴのはずの住民運動が、実は巨視的には救国の闘いではないか。

そうなのだ。もう、もうけもほどほどにしてのんびりいこうやと、昨年の年収五四万円の貧乏作家は呟きたいのだ。これでも一家五人、飢えはしなかったのだから」（四〇頁）

公害をなくすためには、高度経済成長を止めろ。そのために、発電所を増設させるな。明快な主張である。それで生活水準が落ちたにしてもたいしたことない。この開き直りは、「高度経済成長」の拒否である。経済成長政策は国策だったから、反企業の思想であり、反国家の論理である。

ところが、日本はもうそのころでさえ、ゼロ成長だったのだから、もう発電所などつくる必要がなかった。それで政府と電力会社など財界がはじめたのが、原発建設だった。火力発電をやめて、原発に切り替える政策である。

たとえば、福岡県筑豊、福島県常磐、北海道空知地方の炭田に無数にあった炭鉱は、六〇年代までに整理され、「スクラップ・アンド・ビルド」と冷然といわれていた。小の虫は踏みつぶし、三菱、三井、住友など、大の虫を育成するやり方だった。

労働者は悲惨だったが、経営者は救われた。

炭鉱整理のあとは、石油による火力発電、それでさえ当時は公害の被害が多かったが、その後は、「公害のない、キレイな原発」への置き換えがはじまった。堂々たるウソである。ウソのカネをつかってマスコミを支配すれば、本当になる。

それでもまだクビをひねっている、建設予定地の人びとへは、膨大な費用を使っての買収がはじまった。どんなにカネをつかっても、経費に入れ、その総額に利益率を掛ける「総括原価方式」を政府が認めていたから、電力会社はカネは使い放題だった。

七〇年代、公害企業をアジアに追いだした。いま、それとおなじやり方で、福島事故のあと、日本では新、増設できなくなった原発を、アジアの国ぐにへ売りつけようとしている。公害輸出どころか、核汚染輸出であり、核拡散である。

もしもそこで事故が起こったとき、道義的にどんな責任をとるのか。その国が核兵器製造をはじめたとき、それは関係ない、といいきれるかどうか。平和憲法のもとで、政府と原子炉メーカーは核施設の輸出を計画している。死の商人である。

電力は絶対必要だ、と電力会社や政府がいう。しかし、公害と引き換えに無限に使う必要はない。まして原発においておや、である。

いまは原発計画が中止になった、関西電力と中部電力が立地を予定していた石川県珠洲《すず》市で、原子力推進の宣伝にきた原発御用学者（あえて名前は入れない）が、原発ができなくなると、四分の一の人が死ぬ、と脅かしたのを聴いて、住民のひとりが質問にたった。

「死ぬのは都会の人間ですか、田舎の人間ですか」

件《くだん》の学者は、

「それは都会の人間です」

と答えた、という。都会の人間が死なないために、地方は犠牲になれ、という言い方だったのだ。四分の一が死ぬ、とは、人をバカにした脅かしだった。この本で松下さんはこう書いている。

「国民すべての文化生活を支える電力需要であるから、一部地域住民の多少の被害は忍んでもらわねばならぬという恐るべき論理が出てくる。本当はこういわねばならぬのに——誰かの健康を害してしか成り立たぬような文化生活であるのならば、その文化生活をこそ問い直さねばならぬと」（一二五頁）

誰かを犠牲にする便利さなど、認められない。それが主権在民の思想である。「公益」を語る大企業でも、「国益」を主張する国家でも、けっして個人を犠牲にすることはできない。

この思想が、強烈にあらわれているのは、福岡県と豊前市が「豊前火力建設に伴う環境保全協定」を結んだことにたいする、農家のおじいさんの発言である。

「協定が結ばれたちゅうけんど、そらあどうもおかしいのう。わしんとこには、なあも相談にこんじゃったが」（二〇五頁）

正論である。「大事なことはおれたちに聞け」。真っ当な主権者意識である。小さな海岸にも、民主主義の思想が根付いていたのだ。

『豆腐屋の四季』を書いてベストセラー作家になった松下さんが、突然、公害反対運動の中心人物になったことが、この本のテーマでもある。そればかりか、やがて聞くも恐ろしいアナキストに同調する本を書き、爆弾闘争の若者たちに同情を示して、家宅捜索まで受けるまでになる。

眼を剥くような真っすぐな、打算のない、不利な方にむかって前進していくのが、松下竜一の真骨頂である。

朝の早い、豆腐屋の厳しい労働に耐え、父親亡き後、必死の思いで六人の姉弟の面倒をみて、知事表彰に輝いた模範青年が、あれよあれよとばかり、反体制作家になっていく。

「（ゲバ棒を振るっている）『学生と違って、この若者はどうです。世の中にどんな不満があろうと、黙々と胸内に耐えて、ただひたすらに豆腐屋としての分《ぶん》を守って勤労にいそしんでいますよ』こんな若者になりなさいという形で利用され始めている己がようやく私には見え始めたのだった。誰も彼もが、私みたいに物言わぬおとなしい若者となるとき、誰が一番喜ぶのか」（二一〇頁）

あたかも、洗礼のような、運動の中での自己否定と変身、その瞬間が見事に書かれている。自己変革の厳しさは、他人の変革にも愛情溢れる厳しさとなっている。

『明神の小さな海岸にて』での圧巻は、逮捕された梶原得三郎さんの連れ合い、和嘉子さんとの「問答」である。この妥協のない討論は、人間変革に期待する松下竜一のエッセンスである。

「……おとうさんは、もう会社もだめやろうなあ。うちには権力の壁ちゅうんが、もの凄く厚くて、もうどうあがいても、手も足も出らんちゅう気がする、なんか、あんたたちか弱いもんのじょうして、蟻が象に噛みつくけど、象は痛くもかゆくもないち、そげなんふうに見えるんよ。おとうさんやあんたたちが抵抗すればするほど、わざとますます閉じこめられて、もうこんまんま出してもらえんのじゃないかちまで思うんよ。夜、そんなこと思いよると、恐ろしなって、もうまるで眠れんわあ。よう、一睡もさせんで取り調べが続けられるちゅうような話も聞いたことあるし、おとうさん大丈夫かなあち気がかりで……。ねえ、なぜおとうさんに黙秘権を使わせるんね。おとうさんがしゃべれば他の学生やあんたが逮捕されるきやろ？　あんたはおとうさんに黙秘させて、運動組織の方を守りたいんやろ？　うちには、運動組織よりおとうさんの方が大切じゃからね。……あんたに、おとうさん一人を犠牲にする権利は絶対にないはずよ。そらぁおとうさんはあんな性格の人やから、それこそ自分一人で全部の罪でもひっかぶって黙秘を通す人じゃわ、でもそれだけに、それはやはりあんたが組織の責任者としておとうさんを説得して、皆にあまり迷惑の及ばぬ程度のことはしゃべるように指示してもいいんじゃないの？」（二九二頁）

得さんの妻が、かき口説くようにいうのを聞きながらも、松下さんは得さんのためにも黙秘を貫いたほうがいい、と説得する。

「……おとうさん、起訴されるやろうか？」

との質問に、彼は冷然といい放つ。

「そう覚悟しておくべきだろうね」

ここに温い信頼関係があらわれている。

明神の小さな海にむかって叫ぶ、シュプレヒコールは、時代を超えて、いまにつながっている。

海を殺すな！
ふるさとの海を奪うな
海が泣いてるぞ！

書誌

●暗闇の思想を

一九七四年三月刊　朝日新聞社
一九八五年五月刊　社会思想社（現代教養文庫）
一九九九年一〇月刊　河出書房新社
（「松下竜一　その仕事」第12巻）

●明神の小さな海岸にて

一九七五年三月刊　朝日新聞社
一九八五年六月刊　社会思想社（現代教養文庫）

◆松下竜一　略年譜

1937年　2月15日、中津市に生まれる。10月：肺炎による高熱のため右目を失明。多発性肺嚢胞症を発症。

1956年（19歳）　3月：中津北高校卒業。5月：母・光枝死去。進学をあきらめ、豆腐屋を継ぐ。

1966年（29歳）　11月：三原洋子と結婚。歌集「相聞」をつくる。

1968年（30歳）　12月：『豆腐屋の四季』自費出版。

1969年（31歳）　4月：『豆腐屋の四季』が講談社から刊行。7月：緒形拳出演でテレビドラマ放映。

1970年（33歳）　7月：豆腐屋をやめ、作家宣言。

1972年（35歳）　7月：中津の自然を守る会発足。

1973年（36歳）　3月：環境権訴訟をすすめる会結成。4月：『草の根通信』創刊（第4号）。8月：7人で豊前火力建設差止訴訟（豊前環境権裁判）提訴。

1974年（37歳）　6月：豊前火力着工阻止闘争。

1977年（40歳）　10月：鞍手町立病院で多発性肺嚢胞症の診断。

◆松下竜一　著書目録（単著・単行本・初版）

1969年　『豆腐屋の四季―ある青春の記録』講談社

1970年　『吾子の四季―父のうた・六のうた』講談社

1971年　『歓びの四季―愛ある日々』講談社

1972年　『風成の女たち―ある漁村の闘い』朝日新聞社

1974年　『5000匹のホタル』理論社、『暗闇の思想を―火電阻止運動の論理』朝日新聞社、『檜の山のうたびと―歌人伊藤保の世界』筑摩書房

1975年　『環境権ってなんだ―発電所はもういらない』環境権訴訟をすすめる会 編・ダイヤモンド社、『五分の虫、一寸の魂』筑摩書房、『明神の小さな海岸にて』朝日新聞社

1977年　『砦に拠る』筑摩書房

1978年　『潮風の町』筑摩書房

1979年　『ケンとカンともうひとり』筑摩書房、『まけるな六平』講談社、『疾風の人―ある草莽伝』朝日新聞社、『あしたの海』理論社

1980年　『豊前環境権裁判』日本評論社

1981年　『海を守るたたかい』筑摩書房・ちくま少年図書館、『いのちきしてます』三一書房

1979年（42歳） 8月：豊前市中央公民館で「豊前人民法廷」。翌日、豊前環境権裁判、門前払い判決。「アハハハ……敗けた敗けた」の垂れ幕を掲げる。控訴。

1981年（44歳） 3月：控訴審、却下判決。上告。

1982年（45歳） 1月：環境権訴訟をすすめる会解散。2月：「草の根通信」111号よりサブタイトルを「豊前火力絶対阻止」から「環境権確立に向けて」に変える。6月：『ルイズ―父に貰いし名は』で講談社ノンフィクション賞受賞。

1984年（47歳） 9月：九電株主総会決議取り消し請求訴訟（株主権訴訟）提訴。

1985年（48歳） 12月：環境権訴訟、最高裁が却下判決。

1986年（49歳） 3月：なかつ博に非核平和館展示。8月：第1回平和の鐘まつり開催（以後毎年）。

1987年（50歳） 3月：差し入れ交通権訴訟（Tシャツ裁判）提訴。11月：日出生台での日米共同訓練反対全国集会（3万人・玖須河原）でアピール。

1988年（51歳） 1・2月：高松市での四国電力伊方原発出力調整実験反対行動。1月：警視庁による家宅捜

1982年 『ルイズ―父に貰いし名は』講談社

1983年 『いつか虹をあおぎたい』フレーベル館、『久さん伝―あるアナキストの生涯』講談社、『ウドンゲの花―わが日記抄』講談社

1984年 『小さな手の哀しみ』径書房、『憶ひ続けむ―戦地に果てし子らよ』筑摩書房

1985年 『記憶の闇―甲山事件「1974→1984」』河出書房新社、『私兵特攻―宇垣纏長官と最後の隊員たち』新潮社

1986年 『仕掛けてびっくり反核パビリオン繁盛記』朝日新聞社

1987年 『狼煙を見よ―東アジア反日武装戦線〝狼〟部隊』河出書房新社

1988年 『あぶらげと恋文』径書房、『右眼にホロリ』径書房

1989年 『小さなさかな屋奮戦記』筑摩書房・ちくまプリマーブックス

1990年 『どろんこサブウ―谷津干潟を守る戦い』講談社、『母よ、生きるべし』講談社

1992年 『ゆう子抄―恋と芝居の日々』講談社

1993年 『怒りていう、逃亡には非ず―日本赤軍コマンド泉水博の流転』河出書房新社

索を受ける。9月：国家賠償請求裁判提訴（96年一部勝訴、控訴。00年勝訴）。7月：島根原発2号機試運転反対集会に参加。

1998年（61歳）　1月：築城基地日米共同訓練に抗議の座り込み。10月：『松下竜一　その仕事』全30巻の刊行開始を機に、「松下竜一　その仕事展」開催（中津市）。

1999年（62歳）　1月：米海兵隊実弾砲撃演習に抗議して日出生台に通う（以後毎年）。

2003年（66歳）　6月：築城基地前座り込み169回に参加。同月、福岡市での講演の後、小脳出血で倒れる。リハビリに励む。

2004年（67歳）　6月17日、中津市の村上記念病院で多発性肺嚢胞症による出血性ショックにより死去。7月：『草の根通信』380号で終刊。

＊

――以後、故人をしのび、毎年中津市で「竜一忌」が開かれている。（2012年で第8回目）

1994年　『生活者の笑い、「生」のおおらかな肯定』論楽社・論楽社ブックレット、『ありふれた老い―ある老人介護の家族風景』作品社

1996年　『底ぬけビンボー暮らし』筑摩書房

1997年　『汝を子に迎えん―人を殺めし汝なれど』河出書房新社

1998年　『本日もビンボーなり』筑摩書房、『松下竜一その仕事』（全30巻）河出書房新社、刊行開始（～02年）

2000年　『ビンボーひまあり』筑摩書房

2002年　『巻末の記』河出書房新社、『そっと生きていたい』筑摩書房

＊

2006年　復刻『草の根通信1』（1～205号）

2008年　復刻『草の根通信2』（206～380号）、『環境権の過程（松下竜一未刊行著作集4）』・『かもめ来るころ（松下竜一未刊行著作集1）』・『出会いの風（松下竜一未刊行著作集2）』海鳥社（新木安利・梶原得三郎 編）

2009年　『草の根のあかり（松下竜一未刊行著作集3）』・『平和・反原発の方向（松下竜一未刊行著作集5）』海鳥社（新木安利・梶原得三郎 編）

2012年　『暗闇に耐える思想―松下竜一講演録』花乱社・花乱社選書（新木安利・梶原得三郎・藤永伸 編）

＊本書の口絵および本文中の写真は、松下洋子様よりご提供いただきました。また本書刊行に際し、梶原得三郎・新木安利・小坂正則各氏のご協力を賜りました。深く感謝申し上げます。

［著者］

松下竜一　まつした・りゅういち（1937〜2004）

1937年、大分県中津市生まれ。高校卒業後、家業の豆腐屋を継ぐ。

1968年、短歌と散文で綴った歌文集『豆腐屋の四季』を自費出版。翌年、講談社から刊行、ベストセラーに。

1970年、豆腐屋を廃業、作家生活に転じる。

1972年、豊前火力発電所建設反対運動へ。1973年、運動の機関誌として「草の根通信」を創刊。以後、執筆活動と並走してさまざまな市民運動に取り組む。

1982年、『ルイズ―父に貰いし名は』で講談社ノンフィクション賞受賞。1998〜2002年、著作集『松下竜一　その仕事』全30巻が河出書房新社より刊行。他、著書多数。

2004年、中津市にて死去。67歳。


（詳細は410頁、著者略年譜・著書目録参照）

暗闇《くらやみ》の思想《しそう》を／明神《みょうじん》の小《ちい》さな海岸《かいがん》にて

二〇一二年八月二八日　初版第一刷

著　者　松下竜一《まつしたりゅういち》

発行所　株式会社　影書房

発行者　松本昌次

〒114-0015　東京都北区中里三―四―五
ヒルサイドハウス一〇一

電　話　〇三（五九〇七）六七五五

FAX　〇三（五九〇七）六七五六

E-mail＝kageshobo@ac.auone-net.jp

URL＝http://www.kageshobo.co.jp/

〒振替　〇〇一七〇―四―八五〇七八

本文印刷＝ショウジプリントサービス

装本印刷＝ミサトメディアミックス

製本＝協栄製本

定価　二、四〇〇円＋税

ISBN978-4-87714-427-2

澤井余志郎	ガリ切りの記 ——生活記録運動と四日市公害	二〇〇〇円
小坂正則	市民電力会社をつくろう! ——自然エネルギーで地域の自立と再生を	一五〇〇円
肥田舜太郎	〔増補新版〕広島の消えた日 ——被爆軍医の証言	一七〇〇円
槌田敦・藤田祐幸・山崎久隆・中嶌哲演他	隠して核武装する日本	一五〇〇円
鎌仲ひとみ	ヒバクシャ ——ドキュメンタリー映画の現場から	二二〇〇円
菊川慶子	六ヶ所村 ふるさとを吹く風	一七〇〇円
平岡敬	時代と記憶 ——メディア・朝鮮・ヒロシマ	二五〇〇円
益永スミコ	殺したらいかん ——益永スミコの86年	六〇〇円
山田昭次	金子文子 ——自己・天皇制国家・朝鮮人	三八〇〇円